W0173983

Steffen W. Hillebrecht
Anke Peiniger

Grundkurs Personalberatung

Alles, was Sie wissen müssen

ROSENBERGER FACHVERLAG LEONBERG

Bibliografische Information der Deutschen Nationalbibliothek

Die Deutsche Nationalbibliothek verzeichnet diese Publikation in der Deutschen Nationalbibliografie; detaillierte bibliografische Daten sind im Internet unter http://dnb.d-nb.de abrufbar.

3., aktualisierte und ergänzte Auflage

© 2010, 2008, 2005 by Rosenberger Fachverlag, Leonberg

Das Werk einschließlich aller seiner Teile ist urheberrechtlich geschützt. Jede Verwendung außerhalb der engen Grenzen des Urheberrechtsgesetzes ist ohne Zustimmung des Verlages unzulässig und strafbar. Das gilt insbesondere für Vervielfältigungen, Übersetzungen, Mikroverfilmungen und die Einspeicherung und Verarbeitung in elektronischen Systemen.

www.rosenberger-fachverlag.de

Umschlaggestaltung und Grafik: Eva Rosenberger, Stuttgart
Lektorat: Manuela Olsson, M.A., Göppingen
Druckvorstufe: UM-Satz- & Werbestudio Ulrike Messer, Weissach
Druck: AALEXX Buchproduktion GmbH, Großburgwedel
Printed in Germany
ISBN 978-3-931085-77-3

Vorwort

Entweder Sie sind schon ein Personalprofi oder Sie wollen es werden. In beiden Fällen haben Sie hiermit eine Top-Publikation über Personalberatung gewählt, weil alle dazu gehörigen Themen ohne Schnörkel, klar und direkt angesprochen werden. Personalberatung ist eine Dienstleistung, die sich an Menschen als Kunden orientiert und Menschen auch zum Gegenstand hat. Das mag verleiten, sie für einfach zu halten, allein schon weil wir selbst zur Spezies Mensch gehören und meinen, unsere eigenen Funktionsweisen gut zu kennen. Aber ist das wirklich zutreffend? Die Vertreter der Wirtschaft und auch die einzelnen Individuen erkennen immer mehr ihren Bedarf an Professionalität und Seriosität bei der Personalberatung, einer Dienstleistung mit sehr vielen Facetten, wie Sie noch sehen werden. Die Wertschätzung für diesen Bedarf wird von den Kunden mit Bereitschaft zur Zahlung durchaus respektabler Honorare zum Ausdruck gebracht, was Sie als professioneller Personalberater getrost nutzen dürfen und sollten – wenn die Leistung stimmt.

Die Autoren empfehlen sich für dieses Werk bereits durch ihren persönlichen Werdegang.

Prof. Dr. Steffen W. Hillebrecht greift auf sieben Jahre Unternehmens- und Personalberatung in der Medienwirtschaft zurück. Neben der klassischen Aufgabe der Besetzung von Führungspositionen wurde er regelmässig mit Projekten in der Personal und Organisationsentwicklung betraut. Seit 2003 ist er Professor für Buchhandel und Verlagswirtschaft an der HTWK Leipzig.

Anke Peiniger, mit der natürlichen Autorität einer zweifachen Mutter ausgestattet, war viele Jahre als Personalchefin in einem Gießereiunternehmen im Bergischen Land in Nordrhein-Westfalen tätig, bevor sie sich als erfolgreiche Firmengründerin in der Personalberatung, Schwerpunkt Personalberatung/Personalvermittlung etablierte. Daneben war sie einige Jahre Geschäftsführerin eines technischen Dienstleisters, einer Druckerei. Mittlerweile führt sie schon mehrere Jahre den Bundesverband Personalvermittlung als Vorsitzende des Vorstandes. Unter ihrer Ägide wurden beim Verband anspruchsvolle Qualitätsstandards eingeführt und verschiedene Aus- und Weiterbildungsmaßnahmen entwickelt und umgesetzt.

Natürlich ist Ihnen klar, dass das Spektrum Ihres Wirkens als professioneller Personalberater groß ist. Sie agieren mit Führungspersönlichkeiten von Wirtschaft und öffentlicher Verwaltung bis hin zu Persönlichkeiten, die erst am Anfang ihres Weges ins berufliche, auch gesellschaftliche Leben stehen. Das erfordert von Ihnen hohe Ansprüche an sich selbst, die Fähigkeit zu deren Umsetzung, Einfühlungsvermögen ohne Ende und schließlich immer einen frischen, wachen Geist, der Ihnen sagt, was konkret zu tun und zu lassen ist. Wenn Sie hierbei ethische Maßstäbe anlegen, haben Sie nicht zu hoch gegriffen. Sollten Sie alles dies beherzt angehen, werden Sie für sich persönlich feststellen: Der Beruf des Personalberaters bereitet Freude, den Menschen zu dienen und dies wird Ihnen zu recht immer wieder ein Gefühl hoher Zufriedenheit bescheren. Versprochen.

GERT DENKHAUS
Rechtsanwalt und langjähriger Geschäftsführer
von Verbänden professioneller Personaldienstleister
(BZA/BPV)
Bonn, Februar 2008

Vorwort

Die Personalberatung erfährt durch die demografische Entwicklung einerseits und den konjunkturbedingten Arbeitskräftebedarf andererseits wieder einen beachtlichen Bedeutungszuwachs. Dieser schlägt sich sowohl bei der quantitativen Nachfrage nach Beraterinnen und Berater als auch bei der zunehmend anspruchsvolleren Fachkompetenz nieder.

Personalberatung und Arbeitsvermittlung haben – bei unterschiedlichen Ausgangspunkten – gemeinsam das Ziel, Angebot und Nachfrage auf dem Arbeitsmarkt schneller und passgenauer zum Ausgleich zu bringen. Dies erfordert mehr und mehr neue, unkonventionelle Konzepte und Wege.

Bei allen Tätigkeiten, von der Beratung arbeitsuchender Menschen über die Vermittlung von Arbeitsplätzen bzw. der Vermittlung geeigneter Fach- und Führungskräfte bis hin zu Serviceleistungen rund um die Personal- und Organisationsentwicklung sowie die Personalverwaltung steht dabei der Mensch im Mittelpunkt, seine Zukunft im Arbeitsumfeld, seine Zufriedenheit und sein Erfolg.

Durch gemeinsame und engagierte Bemühungen im Rahmen der Berufsausbildung, der akademischen Ausbildung und der persönlichen Fortbildung wird die Qualität der Personalberatung für die Zukunft gesichert. Das vorliegende Buch gibt hierzu wichtige Informationen und Grundlagen. Es kann ebenso als Einführung in die gesamte Bandbreite der Personalberatung dienen wie auch der Reflexion des beraterischen Handelns von langjährig tätigen Beraterinnen und Beratern.

PROF. DR. FRANZ EGLE
Geschäftsführender Vorstand
Heinrich-Vetter-Forschungsinstitut für Arbeit und Bildung e.V.
Mannheim, Januar 2010

Inhalt

Liebe Leserin, lieber Leser,

Sie haben schon das eine oder andere über Personalberatung gehört, und das hat bei Ihnen Lust auf „Mehr" geweckt. Oder Sie arbeiten bereits in der Personalberatung und wollen Ihr Wissen abrunden. Sie werden es selbst bald merken oder haben es schon erfahren, dass die Personalberatung ein spannendes und abwechslungsreiches Arbeitsfeld ist. Viele Jahre in der Personalberatung erbrachten uns mit jedem Auftrag etwas Neues: neue Anforderungen, neue Erfahrungen, neue Problemlösungen. Auch wenn viele Aufträge einem ähnliches Ablaufmuster folgen, ist Routine nur ein Teil und Abwechslung eine Konstante in der Beratungsarbeit. Wir haben diese Vielfalt in den verschiedensten Aufgaben erfahren, wie z. B.

– bei Aufträgen zur Personalsuche, die von der Abteilungsleitung Marketing und Vertrieb über Chefredaktionen bis hin zur Alleingeschäftsführung eines mittelständischen Druck- und Verlagshauses und Positionen in Industrie-, Handel und Handwerk – vom Maschinenbediener bis zum Vorstandsmitglied reichten;
– bei der Konzeption und Durchführung von Personalentwicklungsmaßnahmen und Traineeprogrammen für kaufmännischen Führungsnachwuchs, einschließlich der Auswahl über Assessment Center;
– bei der Gestaltung von Seminarprogrammen für Mitarbeiterinnen und Mitarbeiter in Verlagen und Buchhandlungen;
– bei der Beratung in operativen Fragen, wie z. B. bei Hilfestellungen in der Formulierung von Anstellungsverträgen* und der Vergütungsberatung;
– bei der Konfliktlösung bei Personalproblemen;
– bei der Umsetzung von Sozialplänen;
– bei der externern Personalleitung und Personalsachbearbeitung.

Diese – nicht abschließende – Aufzählung zeigt die Bandbreite der Personalberatung. Manche Personalberaterinnen und -berater sehen in einer Spezialisierung auf eines der Arbeitsfelder ihre berufliche Chance,

---

* Ein Hinweis an dieser Stelle: Rechtsberatung, auch in Fragen der Arbeitsvertragsgestaltung, ist laut Rechtsberatungsgesetz fachkundigen Personen wie z. B. Rechtsanwälten vorbehalten. Eine Rechtsberatung war mit dieser Form der Beratung nie verbunden.

zumeist in der Personalbeschaffung. Andere wollen die gesamte Bandbreite abdecken. Beides hat seinen Reiz, stellt aber auch spezifische und hohe Anforderungen.

Ein spezialisierter Berater kann sich in seinem Bereich besonders ausweisen und muss das Fachwissen nur in einem überschaubaren Bereich pflegen. Er muss aber auch mit seiner Akquisitionsarbeit deutlich stärker auf Kundengewinnung abstellen und viel stärker den besonderen Vorteil seiner Dienstleistung gegenüber Konkurrenzangeboten beweisen.

Ein Allrounder deckt ein größeres Angebotsfeld ab und kann damit einen Kunden viel umfassender betreuen, was sowohl die Erlöse steigert als auch die Akquisitionsarbeit deutlich erleichtert. Wer eine Personalbesetzung erfolgreich durchgeführt hat, kann leichter einen Folgeauftrag zur Personalentwicklung erhalten. Er muss aber auch ein umfangreicheres Fachwissen pflegen.

So oder so werden Sie sich nur mit einer qualitativ hochwertigen Dienstleistung am Markt behaupten können. Dazu kommt eine Besonderheit der Branche: Man hat es mit Personal und damit mit Menschen zu tun, die ein Anrecht auf professionellen und anständigen Umgang haben.

Gerade das altmodische Wort „Anstand" hat in der Beratung eine hohe Bedeutung. Ihre Gegenüber müssen als Bewerberin oder Bewerber, als Mitarbeiterin oder Mitarbeiter eines Kundenunternehmens oftmals sehr persönliche Daten offen legen. Diese persönlichen Daten fangen bei der Ausbildung und der beruflichen Entwicklung an, mit allen Stärken und Schwächen, und reichen bis hin zu Fragen zur Motivation und zu ihren Fähigkeiten, einschließlich der Defizite. Aber ohne diese Offenheit kann ein Personalberater – wir werden aus Gründen der Lesbarkeit meistens nur eine Form verwenden, auch wenn prinzipiell Damen und Herren gleichermaßen gemeint sind – nicht prüfen, ob Arbeitgeber und Arbeitnehmer, ob Personen und Aufgaben zueinander passen. Diese Offenheit erfordert Vertrauen. Bei jedem Arbeitsschritt sollte man deshalb verantwortungsvoll mit dem entgegengebrachten Vertrauen umgehen. Wer dieser Anforderung gerecht werden will, wird in der Personalberatung ein spannendes und abwechslungsreiches Betätigungsfeld finden, das in seiner Reichhaltigkeit kaum etwas Vergleichbares findet. In vielen Jahren Berufserfahrung waren Neuartigkeiten und Überraschungen häufiger als Routine. Und jede ungewöhnliche Situation birgt ihre eigenen Chancen!

Ein interessantes Feld für die Personalberatung entsteht durch die Internationalisierung. Andere Länder, andere Sitten, andere Anforderungen! Für Personalberater gibt es hier neue Herausforderungen und Möglichkeiten der Spezialisierung. Dieser Bereich ist noch in der Entwicklung. Wir werden dem Thema in unserer nächsten Auflage ein gesondertes Kapitel widmen.

Noch ein Hinweis: Alle Angaben wurden sorgfältig recherchiert und entsprechen erprobtem beruflichen Handeln. Dennoch kann keine Gewähr für die Richtigkeit übernommen werden. Dies gilt insbesondere bei rechtlichen Hinweisen. Mit unseren Ausführungen ist daher auch keine Rechtsberatung verbunden. In konkreten Fällen empfehlen wir daher die Kontaktaufnahme mit einem Rechtsanwalt oder auch mit einem der einschlägigen Berufsverbände (siehe Anhang).

Ihnen, liebe Leserin, lieber Leser, wünschen wir eine gewinnbringende Lektüre und viel Freude und Erfolg im Berufsfeld der Personalberatung. Wenn Sie nach dem Durcharbeiten Fragen oder Anmerkungen haben, freuen wir uns auf Ihre Zuschrift unter swhillebrecht@web.de oder peiniger.personalberatung@t-online.de

STEFFEN W. HILLEBRECHT und ANKE PEINIGER

1 Grundlagen und Selbstverständnis der Personalberatung

1.1 Einige Anforderungen an Personalberater

Sie interessieren sich für den Beruf des Personalberaters. Oder Sie haben schon erste Gehversuche in diesem Bereich unternommen, und wollen nun die Personalberatung zu Ihrem zukünftigen Arbeitsfeld machen. Sicher haben Sie schon einiges gehört oder gelesen, mit Kollegen und Bekannten über Erfahrungen oder Einschätzungen gesprochen. Sie wissen, dass es sich um ein interessantes Betätigungsfeld handelt, in dessen Mittelpunkt Menschen stehen. Sie werden viele schöne Erfahrungen machen, aber auch einige unangenehme Erlebnisse durchstehen müssen und daraus manches lernen können. Sie freuen sich darauf und akzeptieren auch Schwierigkeiten. Sie können sich also schon gut vorstellen, was Sie als Personalberater erwartet.

Personalberatung ist kein Berufsfeld, das unbedingt ein bestimmtes Ausbildungsprofil erfordert. Eine akademische Ausbildung ist heute die Regel und erleichtert vieles, wird aber nicht zwingend vorausgesetzt. Manche haben durch ihre Lebens- und Berufserfahrung viel Praxis erworben und können auch ohne Studium erfolgreich sein. Lebens- und Berufserfahrung ist auf alle Fälle hilfreich, damit die Kunden Sie als sachkundigen Berater akzeptieren. Gerade Personalberater, die sich auf eine Branche oder ein Berufsbild spezialisieren, sollten sich dort selbstverständlich auskennen. Wichtiger aber noch ist Ihre Ausstrahlung: Sorgfalt, Souveränität und die Bereitschaft, sich auf andere Menschen einzulassen. Das nennt man neudeutsch den „human factor".

Ob Sie diesen „human factor" bereits haben oder zumindest das Potenzial dazu besitzen, werden Sie für sich offen und ehrlich beantworten müssen. Als kleine Unterstützung lade ich Sie zu einem kurzen Test ein: Welcher der folgenden Aussagen können Sie ganz, welcher teilweise zustimmen? Welche Aussage müssen Sie verneinen? (Tipp: Markieren Sie „stimme zu" mit einem grünen Plus, „teilweise" mit einem schwarzen Kreis und „lehne ab" mit einem roten Minuszeichen, um so die Bilanz auch optisch leichter erkennbar zu machen.) Ergänzend können Sie mit einer vertrauenswürdigen und möglichst sachkundigen Person über die Ergebnisse sprechen.

Eignen Sie sich zum Personalberater?

☐ Ich interessiere mich für Menschen
☐ Ich denke gerne in Beziehungen
☐ Ich spreche gerne Menschen an, auch wenn sie mir nicht bekannt sind
☐ Ich habe ein breites Allgemeinwissen
☐ Ich spüre, ob andere Menschen zusammen passen oder nicht
☐ Ich telefoniere gerne und komme dabei schnell auf den Punkt
☐ Ich kann mir neue Themen, neues Wissen leicht erarbeiten
☐ Wenn ich mit anderen Leuten spreche, erzählen sie mir oft auch tiefer gehende Dinge und Privates von sich heraus
☐ Ich kann Gespräche leicht zusammenfassen und dabei die wesentlichen Ergebnisse herausfiltern
☐ Ich kann unsicheren Menschen durch Fragen oder Hinweise schnell ihre Unsicherheit nehmen
☐ Ich bin bereit, meinen Standpunkt in Frage zu stellen, wenn es dazu Anlass gibt
☐ Ich spüre, ob mir mein Gegenüber ehrlich und offen begegnet oder nicht
☐ Ich habe eine breite Berufserfahrung (auch aus Ausbildung und Praktika)
☐ Meine Gegenüber akzeptieren von mir auch kritische Anmerkungen
☐ Ich bin zu steter Weiterbildung bereit
☐ Wenn ich etwas nicht will, dann kann ich dies meinem Gegenüber verbindlich, aber deutlich genug mitteilen
☐ Ich interessiere mich für Zwischenmenschliches und kann es sicher einordnen
☐ Ich habe einen seriösen, vertrauenserweckenden Auftritt
☐ Ich kann systematisch arbeiten, ohne mich immer eng an Vorgaben halten zu müssen
☐ Ich habe mich schon öfters in Arbeitsteams eingefügt und auch Verantwortung übernommen (muss nicht auf den Beruf beschränkt sein, kann auch ehrenamtliches Engagement umfassen!)
☐ Ich komme auch in schwierigen Gesprächen auf den Punkt
☐ Ich habe ein gutes Vorstellungsvermögen
☐ Ich informiere mich gerne aus Fachliteratur über neue Entwicklungen
☐ Ich interessiere mich für viele verschiedene Dinge, auch wenn diese nicht direkt etwas mit meinem Beruf/meiner Ausbildung zu tun haben
☐ Ich kann auch mit ungewöhnlichen, überraschenden Situationen umgehen
☐ Ich kann mir Zahlen, Daten und Fakten gut merken
☐ Mir wurde schon öfters gesagt, dass ich ein gutes Einfühlungsvermögen habe
☐ Ich bin gerne zu Arbeit am Abend und am Wochenende bereit
☐ Ich habe Verbindung zu Fachverbänden oder Berufsverbänden
☐ Ich nehme mich und andere ernst und respektiere jede Person mit ihrer Leistung und ihrem bisherigen Lebensweg

Zählen Sie bitte zusammen:

__ mal zugestimmt
__ mal teilweise zugestimmt
__ mal verneint

Je öfter Sie den Aussagen zustimmen konnten, desto besser sind Ihre Voraussetzungen für eine Beratungstätigkeit. Grundsätzlich sollten die Pluspunkte deutlich überwiegen. Sie werden im weiteren Verlauf merken, dass die Aussagen auf bestimmte Anforderungen und Aufgaben hinweisen und wichtige Eigenschaften für eine erfolgreiche Arbeit als Personalberater beschreiben.

Nun sind nicht alle Eigenschaften gleich bedeutend. Je nach Aufgabe kommt es mehr auf die eine oder die andere an. Und Sie müssen auch nicht perfekt sein. Wichtig ist aber ein entsprechendes Potenzial und die Bereitschaft, dieses Potenzial durch Fortbildung und Arbeitserfahrung auszubauen. Gerade Berufsanfänger werden durch Mitarbeit in einem Beratungsteam, z. B. als Researcher oder Juniorberater, vieles lernen können, was wichtig ist, und werden schrittweise an umfassendere Aufgaben heran geführt.

1.2 Überblick über die Dienstleistungen

Die Begrifflichkeiten in der Beratungsbranche sind sehr vielfältig und uneinheitlich. Eine klare Abgrenzung gegeneinander ist nicht möglich und die verschiedenen Begriffe sind redundant besetzt. Es gibt die Bezeichnungen: Personalberater, Executive Search, Headhunter, Personalvermittler, Arbeitsvermittler, Researcher, Coaches, Direct Search usw. Es gibt gesetzlich keine Vorgaben, wie diese Begriffe inhaltlich zu definieren sind. Kunden – Arbeitgeber wie Arbeitnehmer – haben sehr oft Probleme mit der jeweiligen Zuordnung.

Die Bundesagentur für Arbeit hat am 21.05.03 folgende Abgrenzung zu Personalberatung/Arbeitsvermittlung definiert:

„Ein Personalberater wird im alleinigen Interesse und Auftrag eines Arbeitgebers tätig. Seine Tätigkeit besteht darin, den Arbeitgeber bei dessen Selbstsuche nach Arbeitnehmern zu unterstützen. Dafür erhält er von ihm eine weiter überwiegend erfolgsunabhängige Vergütung. Die Rechtsprechung geht davon aus, dass der Personalberater und sein Auftraggeber (Arbeitgeber) vermittlungsrechtlich eine Einheit bilden, wenn eine

„völlige tatsächliche Integration des Personalberaters in den Willen des Auftraggebers (Arbeitgebers) erfolgt. Das ist dann der Fall, wenn der Auftraggeber jederzeit Herr des Stellenbesetzungsverfahrens bleibt, das heißt, alle wesentlichen Entscheidungen – einschließlich derjenigen über die einzelnen Schritte der Suche und Auswahl der Arbeitskräfte – selbst trifft. Sind diese Voraussetzungen gegeben, ist der Personalberater kein unabhängiger Dritter und somit seine Tätigkeit keine Vermittlung im Sinne des § 421g Abs. 1 Satz 2 in Verbindung mit § 296 Abs. 2 Satz 1 SGB III. Eine Tätigkeit als Personalberater für einen bestimmten oder für mehrere Arbeitgeber schließt nicht aus, dass der Personalberater außerhalb seines Beratungsauftrages bzw. seiner Beratungsaufträge für Arbeitsuchende oder Arbeitgeber als Arbeitsvermittler tätig wird, vergleichsweise einem Zeitarbeitsunternehmen (Verleiher), das sich auch auf dem Gebiet der Arbeitsvermittlung betätigt. Diese Tätigkeit unterläge dann den einschlägigen Vorschriften über die private Arbeitsvermittlung. Anmerkung hierzu weiter: Der BFH hat darauf hingewiesen, dass ein vereinbartes Fest- oder Zeithonorar auf eine Personalberatung hindeutet, während ein Erfolgshonorar ein Indiz für einen reinen Personalbeschaffungsauftrag, also eine Arbeitsvermittlung ist (Urteil vom 19.09.2002 – IV R 70/00).

In der Praxis setzt sich immer stärker durch, die verschieden bezeichneten Beratungen bzw. Vermittlungen unter dem Oberbegriff „Personalberatung" einzuordnen. Allerdings werden Vergütungsansprüche für „Arbeitsvermittlungen" (= Arbeiten auf Erfolgsbasis) weiterhin unter dem Maklerrecht eingeordnet. Bei Arbeiten nach Festhonorar bzw. Honorar nach Zeitfortschritt liegt ein Dienstvertrag vor. In Streitfällen um die Bezahlung (Vergütung/Honorar) ist diese Unterscheidung nicht unwesentlich.

Die Personalberatung insgesamt ist eine Dienstleistung, mit dem Ziel, für den Auftraggeber eine Problemlösung zu bewirken. Auftraggeber können sowohl Arbeitgeber als auch Arbeitnehmer sein (siehe auch HILLEBRECHT, 2003, S. 60ff.). Das Problem des Kunden „Arbeitgeber" umfasst alle Fragen der Arbeitsplatzbesetzung. Das Problem bzw. der Auftrag kann einen oder mehrere Bereiche der Personalarbeit betreffen.

Zerlegt man diese Definition in ihre Elemente, so heißt dies:

- Personalberatung insgesamt ist eine Dienstleistung: Der besondere Wert der Dienste besteht in einem bestimmten Wissen, das im Auftrag angewandt wird (z. B. das Wissen um geeignete Ansprache von Bewerbern bzw. Arbeitgebern, das Wissen um die bestmögliche Beurteilung von Arbeitnehmern). Ohne den Einsatz des speziellen Wissens kann der Auftrag nicht erfolgreich durchgeführt werden.
- Die Personalberatung kann sich sowohl an Arbeitgeber als auch an Arbeitnehmer wenden.
- Die Personalberatung betrifft die Personalarbeit. Dabei ergibt sich eine große Spannbreite an Tätigkeitsfeldern.

Was bedeutet das im Einzelnen? Als Personalberater sind Sie Dienstleister und begleiten den Auftraggeber. Sie können einzelne Arbeitsschritte für ihn durchführen oder beeinflussen, übernehmen aber nicht die Letztverantwortung für das Ergebnis. Schon gar nicht dürfen Sie dem Auftraggeber die Verantwortung entwenden. *Berater haben eine Prozesshoheit, aber keine Ergebnishoheit.* Dies entbindet nicht von der Notwendigkeit, im Bedarfsfall klar Stellung zu beziehen („Wenn Sie mich so fragen, würde ich ..., und zwar aus folgenden Gründen: ..." Oder: „Aus meiner Sicht empfiehlt sich folgendes Vorgehen ...").

Auf Arbeitgeber bezogen umfasst Personalberatung alle Bereiche der Personalarbeit bis hin zur Personaleinsatzplanung und in manchen Fällen sogar Organisationsentwicklung. Gemeinhin sind Personalberater gefragt bei der Suche und Auswahl von geeigneten Bewerbern für eine vakante Stelle, beim Vertragsabschluss (juristische Überlegungen, Gehaltsfindung)[*]. Die Förderung der einzelnen Mitarbeiter in ihrer beruflichen Entwicklung (Personalentwicklung) und die Beratung bei der Freistellung von Mitarbeitern (Outplacement) sind ebenfalls wichtige Tätigkeitsfelder.

---

[*] Rechtsberatung ist gemäß den Bestimmungen des Rechtsberatungsgesetzes Rechtsanwälten vorbehalten. Insofern sollten Nichtjuristen diesen Arbeitsbereich meiden und Auskünfte zu Rechts- und Vertragsfragen nur in allgemeiner Form geben, verbunden mit dem deutlichen Hinweis auf die Notwendigkeit, vertiefende Information bei sachkundigen Rechtsanwälten einzuholen.

Gegenüber Arbeitnehmern kann die Personalberatung verschiedene Hilfen bei der Suche nach einem neuen Arbeitsverhältnis bieten (man spricht dann eher von Arbeitsvermittlung).

Arbeitsfelder Stellenbesetzung/Stellensuche

Personalberatung	
Personalvermittlung (Beratungsleistung, vom Arbeitgeber beauftragt, zur Gewinnung neuer Mitarbeiter/innen)	Arbeitsvermittlung (Beratungsleistung, vom Arbeitnehmer beauftragt, mit der Zielsetzung, eine neue Stelle zu erhalten)

Bis zum 26.03.2002 war für die Arbeitsvermittlung/Personalvermittlung eine Genehmigung des Landesarbeitsamtes erforderlich. Seit dem 27.03.2002 besteht diese Erlaubnispflicht nicht mehr, lediglich eine Gewerbeanmeldung ist erforderlich. Seit 2002 ist es auch möglich, dem Arbeitssuchenden bei erfolgreicher Arbeitsvermittlung ein Honorar in Rechnung zu setzen. Die Höhe ist jedoch gesetzlich geregelt: 2 000 EUR einschl. MwSt. können maximal berechnet werden, nach vorheriger schriftlicher Vereinbarung. Die Honorarvereinbarungen mit Arbeitnehmern für eine Karriereberatung oder Coaching können dagegen frei vereinbart werden. Honorarvereinbarungen mit Arbeitgebern unterliegen keiner gesetzlichen Begrenzung und können frei vereinbart werden. Eine schriftliche Vereinbarung ist anzuraten, ist aber nicht zwingend erforderlich.

Die Personalberatung in der Personalwirtschaft

Personalwirtschaftliche Projekte	Personalvermittlung
Personalberatung	
Betriebswirtschaftliche Beratung im Bereich Personal	Arbeitsvermittlung

Beratung ist immer nur dann erfolgreich, wenn alle Beteiligten zufrieden sind und das Ergebnis mittragen können. Idealerweise führt der Personalberater die Erwartungen der Arbeitgeber und Arbeitnehmer zusammen und sorgt für einen fairen Interessenausgleich. Der Berater agiert damit als fach- und sachkundiger Moderator. In Einzelfällen kann es aber auch dazu kommen, dass die Interessen des Auftraggebers oder eines anderen Beteiligten einen Kompromiss nicht zulassen. Diese Fälle werden manchmal sogar auf dem Rechtsweg ausgetragen. Als Personalberater werden Sie für sich entscheiden müssen, wie weit Sie diesen Weg mitgehen möchten und zu welchem Zeitpunkt Sie aussteigen. Die Prüfsteine sind die Regelungen des Beratungsvertrages, die Erfolgsaussichten für das Projekt, die eigene Fachkompetenz sowie Moral und Ethik.

Im Kern der Personalberatung geht es aber immer um eine Problemlösung. Diese Problemlösung besteht darin, dass

– ein Unternehmen eine Vakanz mit einem geeigneten Bewerber ausfüllt;
– ein Arbeitnehmer eine neue Arbeitsstelle findet;
– personalwirtschaftliche Prozesse optimiert werden, durch innerbetriebliche Maßnahmen wie z. B. eine veränderte Aufbau- und/oder Ablauforganisation, oder auch durch die Verlagerung betrieblicher Prozesse (z. B. Lohn-/Gehaltsbuchhaltung) zu einem externen Dienstleister.

Der Schwerpunkt wird aber aller Erfahrung nach im Bereich der Personal- bzw. Arbeitsvermittlung liegen. Teilt man diese Felder anhand des Kriteriums „Zielperson" auf, so ergeben sich folgende Einsatzfelder der Personalberatung:

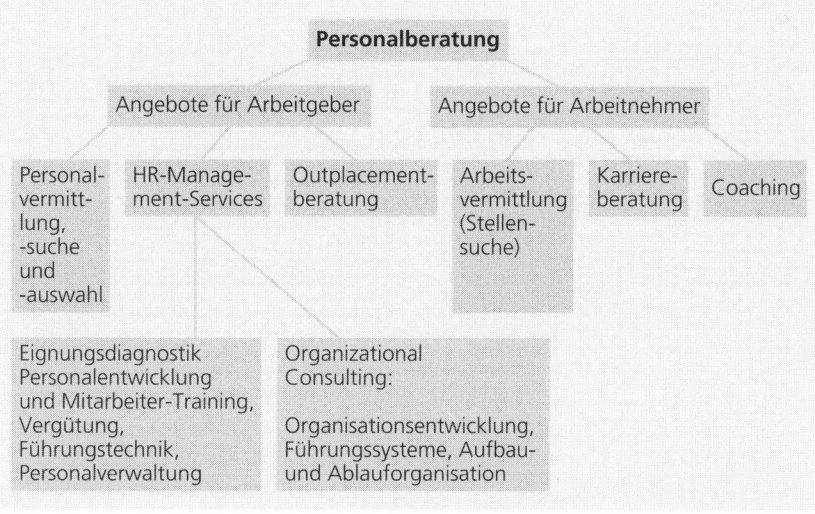

Vielleicht vermissen Sie den Bereich Zeitarbeit bzw. „gewerbliche Arbeitnehmerüberlassung". Dazu ließe sich leicht ein eigenes Buch schreiben, auch wenn dieser Bereich nicht zu den klassischen Feldern der Personalberatung gehört. Die gewerbliche Arbeitnehmerüberlassung berührt allerdings oft Elemente aus der Personalberatung, wenn z. B. ein Zeitarbeitsunternehmen geeignete Mitarbeiter für einen Kunden aussucht und diese nach einer gewissen Überlassungzeit vom Auftraggeber übernommen werden (Vermittlung aus Zeitarbeit).

Die einzelnen Felder der Personalberatung umfassen bestimmte Arbeitsschritte und Angebotsmerkmale:

1. *Personalvermittlung*
   Die Personalvermittlung beinhaltet die Personalsuche und -auswahl für Arbeitgeber bei der Besetzung von Vakanzen.

2. *HR-Management-Services*
   HR-Management-Services (HR = Human Resources) lassen sich untergliedern in Personalentwicklung bzw. Training und in strategische Beratung (Organizational Consulting):
   Personalentwicklung bezieht sich auf alle Maßnahmen, mit denen Mitarbeiter sich neue oder zusätzliche Kenntnisse erwerben sollen, um den aktuellen Arbeitsplatz in Zukunft noch besser ausfüllen zu können oder um auf einen neuen Arbeitsplatz vorbereitet zu werden. Gefördert bzw. entwickelt wird also die Anstellungs- oder Beschäftigungsfähigkeit, im Fachjargon „employability" genannt. Dabei geht es um fachliche, soziale und persönliche Kompetenzen. Die Trainingsmaßnahmen oder Schulungen können sowohl einzelne Mitarbeiter als auch Gruppen oder ganze Belegschaften betreffen.
   Strategische Beratungsangebote umfassen Grundsätze der Personalbeurteilung, der Vergütung und der Anstellungsbedingungen über Benchmarking-Programme (welches Unternehmen, welche Abteilung ist im Vergleich die am besten arbeitende und warum ist das so?) und vergleichbare Beratung, Change-Management-Prozesse (also die Umgestaltung von Unternehmen und Arbeitsweisen im Unternehmen), Personalmarketing-Konzepte bis hin zu EDV-Konzepten für die Personalarbeit.

3. Outplacement-Beratung

Das Outplacement bezeichnet alle Hilfestellungen für arbeitgeberseitig gekündigte Mitarbeiter. Die Unterstützung soll den betroffenen Mitarbeitern die berufliche Neuorientierung erleichtern und möglichst schnell zu einem neuen Arbeitsplatz verhelfen.

4. Arbeitsvermittlung

Die Arbeitsvermittlung ist eine arbeitnehmerorientierte Dienstleistung, die seit dem 27.03.2002 nicht mehr erlaubnispflichtig ist. Ziel ist es, dem arbeitssuchenden Arbeitnehmern eine neue Anstellung zu vermitteln. Dazu werden die Kompetenzen, die Interessen und weitere Faktoren (z. B. Mobilität, Gehaltsvorstellung) des Arbeitnehmers ermittelt und bei möglichen Arbeitgebern vorgestellt.

5. Karriereberatung

Die Karriereberatung ist eine Dienstleistung für Arbeitnehmer, bei denen der Arbeitnehmer im Gespräch und teilweise auch mit ergänzenden Testverfahren seine Interessen und Kompetenzen darstellt und gemeinsam mit dem Karriereberater erreichbare Ziele definiert und die nächsten Schritte in Richtung auf das definierte Ziel unternimmt. In der Regel bezahlt der Arbeitnehmer für diese Dienstleistung.

6. Coaching

Das Coaching ist eine Form der Beratung und Begleitung auf Zeit, bei der ein Arbeitnehmer als Coachee gemeinsam mit dem Coach seine aktuelle Lage analysiert und Schritte zur Realisierung seiner Potenziale entwickelt. In die Gespräche können neben originär beruflichen Themen auch private Elemente einfließen, da diese oft den beruflichen Erfolg mit beeinflussen. Der Coaching-Prozess basiert auf Vertraulichkeit, auch wenn die Dienstleistung evtl. durch den Arbeitgeber (mit-) finanziert wird.

Größere Personalberatungsunternehmen bieten ihren Kunden die komplette Bandbreite an und sind damit für umfangreiche Beratungsleistungen der richtige Ansprechpartner. Kleinere Beratungsgesellschaften und Einzelberater spezialisieren sich oft auf ausgewählte Handlungsfelder und können mitunter einen entsprechenden Auftrag sehr gezielt bearbeiten, und teilweise deutlich günstiger als ein großes Unternehmen.

In den folgenden Kapiteln werden wir uns genauer mit den einzelnen Beratungsfeldern beschäftigen.

1.3 Selbstverständnis der Personalberater

Wir haben Ihnen bereits den Personalberater als einen sach- und fachkundigen Moderator vorgestellt. Seine originäre Aufgabe ist es, für den Auftraggeber eine – möglichst – optimale Lösung zu bewerkstelligen. Doch was heißt „optimal"? Die beste Lösung zeigt sich darin, dass der Auftraggeber nach dem Projektabschluss wieder eigenständig arbeiten kann, und zwar besser als vor dem Beratungsauftrag. Ein Berater hat als Berater dann versagt, wenn der Auftraggeber dauerhaft auf die Hilfe des Beraters angewiesen ist. Das bedeutet aber nicht, dass dem Projektabschluss nicht eine gewisse „Coachingphase" folgen kann, in der beide Seiten regelmäßig den Erfolg prüfen und ggf. neue Maßnahmen definieren.

Eine wesentliche Voraussetzung für den Erfolg ist, dass alle Beteiligten den Berater umfassend und rückhaltlos informieren. Dieses Vertrauen erhält der Berater aber nur dann, wenn er seinerseits Verschwiegenheit zusichert, also die Informationen nicht missbraucht.

Selbstredend ist ein Berater verpflichtet, sich stets auf dem aktuellen Stand von Praxis- und Theoriewissen zu halten. Der Berater sollte seinem Beratungskunden also immer mindestens zwei Schritte voraus sein, damit er die Abläufe kontrollieren kann. Neben einer soliden Ausbildung, möglichst durch einschlägige Berufserfahrung ergänzt, sind eine stete Fort- und Weiterbildung verpflichtend. Dazu zählen neben dem regelmäßigen Studium der Fachliteratur auch der Besuch von geeigneten Veranstaltungen (Seminare, Erfahrungsaustauschgruppen), eine gewisse Präsenz an Hochschulen (durch Vorträge und Lehraufträge) und eventuell auch einmal Praktika oder Hospitationen in befreundeten Unternehmen.

Schließlich sollte sich ein Berater immer unabhängig von „kontraproduktiven Einflussnahmen" halten. Kontraproduktiv ist alles, was die eigene Unabhängigkeit gefährdet und einen dauerhaft in Unternehmensinterna verstrickt. Die Mitwirkung im Aufsichtsrat oder in vergleichbaren Gremien Ihres Kunden kann diese Unabhängigkeit ebenso gefährden wie die Abgabe von Gefälligkeitsgutachten oder die Annahme von unverdienten Honoraren und Geschenken. Nach Moral und Ethik zu handeln ist für einen Berater unabdingbar.

Dieses Selbstverständnis spiegelt sich z. B. in den Satzungen der entsprechenden Berufsverbände: dem Bund der Personalberater im Bundesverband Deutscher Unternehmensberater e.V. (BDU), dem 2005 aufgelösten Verband Deutscher Executive Search-Berater e.V. (einige VDESB-Mitglieder haben sich mittlerweile der Association of Executive Search Consultants (AESC, www.aesc.org) angeschlossen, der auf einer vergleichbaren Basis operiert) oder dem Bundesverband Personalvermittlung e.V. Man kann sich an diese Grundsätze auch halten, ohne dort Mitglied zu sein. Allerdings haben sich die Verbände vorbehalten, dass nur Mitglieder mit dem Hinweis auf den Verband und seine Berufsgrundsätze auftreten dürfen.

Fehlverhalten spricht sich in der Branche des Kunden ohnehin schnell herum und gefährdet langfristig die wirtschaftliche Situation. In bestimmten Fällen ist sogar eine straf- und/oder zivilrechtliche Verfolgung möglich. Zertifizierungen durch den BDU oder bestimmte Ausbildungsgänge wie z. B. der Studiengang Consulting an der Fachhochschule Ludwigshafen/Rhein oder die verschiedenen, seit 2006 an der SRH-Fachhochschule Heidelberg angebotenen Zertifikats- und Vollstudiengänge, wollen das Qualitätsniveau absichern und fördern. Ergänzend kann das für 2008 neu geschaffene Ausbildungsprofil zum/r „Personaldienstleistungskaufmann/-frau" einen wichtigen Baustein darstellen.

Am 13.12.2003 wurden von Berufsverbänden, Institutionen wie Arbeitsagentur, DIHK, BDA u.a., unter Moderation des damaligen Bundeswirtschafts- und Arbeitsministeriums „Qualitätsstandards für Personalberatung und -vermittlung" erarbeitet. Diese Standards können im Rahmen der Freiwilligkeit von jedem Personalberater angewandt werden. Die Berufsverbände gehen mit ihren jeweiligen Berufsgrundsätzen weit über diese Standards hinaus.

1.4 Beratungsprozess im Überblick

Der Beratungsprozess einer Personalberatung gliedert sich in mehrere Schritte, die in Zusammenarbeit mit dem Auftraggeber, in Zusammenarbeit mit Dritten (z. B. mit den Bewerbern bei einem Auftrag zur Personalauswahl, mit den Medien bei der Schaltung einer Stellenanzeige) oder auch allein erfolgen kann. Einige Schritte werden öffentlich wahrgenommen werden, andere hingegen eher verdeckt ablaufen. Jeder Schritt besitzt seine eigene Funktion, die sich teilweise in ihrer Wirkung bei Auftraggeber, Auftragnehmer und Dritten unterscheiden kann. Das folgende Beispiel Personalsuche und -auswahl zeigt den Umfang eines Beratungsprozesses sowie die Funktionen der einzelnen Beratungsschritte bei den Beteiligten auf:

Der Prozessablauf in einer Personalberatung

Prozessabschnitt	Sicht des Auftraggebers	Sicht von Dritten (z. B. Bewerbern)	Sicht des Personalberaters
Auftragsklärung	Information über die eigenen Interessen und Ziele; Aufforderung zur Angebotsabgabe	–	Klärung des Arbeitsauftrags und des zu lösenden Problems

Die Darstellung zeigt, dass viele Schritte aufeinander aufbauen und sorgfältig miteinander verzahnt werden müssen. Ein wesentliches Erfolgskriterium jeder Beratung ist daher die systematische Planung: Außer dem gewünschten Ergebnis ist vor allem der Zeitbedarf zu berücksichtigen. Sie müssen auch überlegen, welche Störungen auftreten können und wie Sie mit ihnen umgehen wollen.

Prozessabschnitt	Sicht des Auftraggebers	Sicht von Dritten (z. B. Bewerbern)	Sicht des Personalberaters
Auftragsverein-barung (Vertrag)	Festlegung von Auftragsziel und -umfang sowie Honorar	–	Eindeutige Festlegung von Auftragsziel und -umfang sowie Honorar
Bewerberanspra-che durch Stellen-ausschreibung/-Direktansprache/Reaktion auf Stellengesuch	Veröffentlichung der Stellenvakanz	Stellenausschrei-bung als Auf-forderung zur Bewerbung	Klärung der Marktlage: Wer hat Interesse (sowohl quantita-tiv als auch quali-tativ)
Eigene Bewerber-datenbank	–	Berater-Netzwerk (Kollegen)	–
Vorauswahl an-hand Unterlagen und Vorgespräche mit Bewerbern	Vorbereitende/entlastende Dienst-leistung	Klärung der Eig-nung, Abgabe vertiefender Infor-mationen über die offene Stelle	Klärung der Kongruenz von Bewerber und Stellenprofil
Vertiefende Auswahlverfahren (Interviews, Assessment Center etc.)	Klärung der Kongruenz von Bewerber und Stellenprofil sowie der „Chemie"	Klärung der Kongruenz von Karrierevor-stellung und Per-spektiven sowie der „Chemie"	Vertiefende Klärung der Kongruenz von Bewerber und Stellenprofil
Empfehlungen zur Stellenbesetzung	Entlastende Dienstleistung/Feedback, Refle-xion des eigenen Eindrucks	Feedback, Reflexion des eigenen Eindrucks	Abschließende Klärung der Kongruenz von Bewerber und Stellenprofil
Empfehlungen zum Anstellungs-vertrag (Gehalt, Zusatzleistungen, weitere Rege-lungen)	Entlastende Services, Hilfe beim Interessen-ausgleich	Hilfe beim Interes-senausgleich	Kundenbindung durch ergänzende Services
Coachinggespräch nach Arbeitsauf-nahme	Ergänzende Services	Ergänzende Services	Kundenbindung, Controllingfunk-tion zur eigenen Arbeitsqualität

1.5 Berufs- und Funktionsbezeichnungen

In der Personalberatung haben sich für bestimmte Arbeitsfelder und
Funktionen folgende Bezeichnungen heraus kristallisiert:

– *Berater/in:* verantwortliche Personen, die im Kundenkontakt stehen
und dem Kunden mit Beratungsleistungen dienen. Als Eingangsvoraussetzung sind ein Hochschulstudium und erste Berufserfahrung innerhalb und/oder außerhalb der Personalberatung, alternativ mehrjährige Fach- und Führungserfahrung erforderlich.
– *Consultant:* englische Bezeichnung für den Berater
– *Junior-Berater/in (Junior Consultant):* Berater in den ersten Berufsjahren, die in Beratungsprojekten mitarbeiten und dabei durch erfahrene
Berater ausgebildet werden. Junior-Berater übernehmen in der Regel
die Auswertung von Daten und Recherchen. Dafür erwartet man von
ihnen eine (Fach-)Hochschulausbildung.
– *Partner/in:* Berater auf oberer Ebene, die am Unternehmen als Gesellschafter beteiligt sind und Verantwortung für einen Unternehmensteil
oder eine größere Einheit im Unternehmen besitzen. Partner sind vor
allem in der Akquisition von Aufträgen und der Kundenbetreuung tätig
und übernehmen zusätzlich Leitungsaufgaben in verschiedenen Projekten. In einzelnen Unternehmen wird noch eine Unterscheidung nach
Partner und Senior-Partner vorgenommen. Partner haben entweder eine Karriere als Berater absolviert oder kommen von außen. Im zweiten Fall besitzen sie mehrjährige Leitungserfahrung in Wirtschaft oder
Verwaltung. Eine Promotion wird aufgrund der repräsentativen Aufgaben gerne gesehen, manchmal auch ein MBA-Abschluss einer re-
nommierten Business School.
– *Projektassistent/in:* Mitarbeiter auf der operativen Ebene, die für Se-
kretariats- und Sachbearbeitungsaufgaben zuständig sind. Eingangsvoraussetzungen sind neben einer abgeschlossenen Berufsausbildung,
manchmal auch Fachhochschulstudium, in der Regel erste Berufserfahrungen.
– *Projektleiter/in:* Mitarbeiter auf der Beratungsebene, die ein Projekt
verantwortlich leiten. Zu dieser Verantwortung zählen die Einhaltung
des Budgets und des Zeitplanes sowie die fristgerechte Lieferung der
vereinbarten Beiträge durch die Teammitglieder. Als Eingangsvoraus-

setzungen gelten regelmäßig neben einem (Fach-)Hochschulstudium auch mehrjährige Berufserfahrungen, die sowohl innerhalb als auch außerhalb der Personalberatung gesammelt wurden.

– *Recruiter:* Mitarbeiter in der Beratung, die für die Ansprache und Auswahl von Bewerbern zuständig sind. Als Eingangsvoraussetzung wird oftmals ein (Fach-)Hochschulstudium gewünscht, seltener eine Berufsausbildung mit anschließender Berufserfahrung.

– *Researcher:* Mitarbeiter, die in der Personalsuche eine vorbereitende Funktion einnehmen. Sie identifizieren Zielpersonen bzw. Personengruppen, sammeln allgemein zugängliche Daten zu den Personen wie auch zur Branche und zu wichtigen Unternehmen der Branche allgemein und bereiten diese für die Berater auf. Sie sollten für die Recherchearbeit gewandt mit Telefon und EDV umgehen können. In manchen Personalberatungen ist diese Funktion für Einsteiger vorgesehen, mit der Möglichkeit, sich für eine höherwertige Aufgabe zu qualifizieren.

– *Senior-Berater/in (Senior Consultant):* Berater mit mehrjähriger Berufserfahrung und Verantwortung für einen umfassenderen Aufgabenbereich, regelmäßig mit Budget- und Umsatzverantwortung. Senior-Berater werden daher oft auch in der Projektakquisition tätig. Senior-Berater führen in der Regel ein Team aus Junior-Beratern, Team-Assistenten und weiteren Mitarbeitern. Als Voraussetzungen bringen sie in der Regel ein Hochschulstudium und mehrjährige Beratungserfahrung mit.

– *Team-Assistent/in:* Mitarbeiter auf der operativen Ebene, die vor allem für Sekretariats- und teilweise auch für Sachbearbeitungsaufgaben zuständig sind.

Die konkrete Ausgestaltung der einzelnen Positionen und die Verantwortungsbereiche variieren natürlich zwischen den einzelnen Unternehmen. In „kleineren" Beratungsunternehmen werden die verschiedenen Funktionen oftmals von einer oder einigen wenigen Personen in Personalunion wahrgenommen.

Die insgesamt in der Personalberatung tätigen Unternehmen und Arbeitnehmer lassen sich nur schätzen. So geht der BDU in seiner Pressemitteilung vom 10. Mai 2007 für das Jahr 2006 von ca. 1 885 Unternehmen aus, mit ca. 4 700 Beratern sowie weiteren 2 225 Researcher und

2 750 Verwaltungskräften. Diese wickelten ca. 58 000 Aufträge ab. Laut IAB-Bericht (Stand: 2005) sind 13 500 Personalvermittlungsunternehmen gewerbeordlich gemeldet, ca. 3 500 davon sind aktiv tätig. Es wurden rund 300 000 Vermittlungen getätigt (Quelle: BPV – Stand 2005).

Zu den Entgeltstrukturen für die in der Beratung Tätigen können an dieser Stelle nur grobe Richtwerte benannt werden, da diese ebenfalls von den jeweiligen Unternehmen und dem Standort abhängen. In Ballungsräumen wie München oder Frankfurt/Main liegt das Gehalt regelmäßig höher als in ländlichen Regionen. Zudem spielen die Berufserfahrung und das Alter eine Rolle, und nicht zuletzt die Arbeitsmarktlage.

Team- und Projektassistenten erhalten in der Regel ein Gehalt, wie es für Sekretariatsstellen üblich ist, d. h. etwa 25 000 – 40 000 Euro pro Jahr. Junior-Berater steigen oftmals mit einem Jahresgehalt von 28 000 – 35 000 Euro ein, nehmen aber oft eine schnelle Entwicklung nach oben. Projektleiter erzielen teilweise Gehälter von 45 000 – 65 000 Euro. Partner können sechs- bis zum Teil siebenstellige Jahresgehälter verbuchen. Je höher man in der Unternehmenshierarchie angesiedelt ist, desto höher wird der so genannte *Erfolgsanteil* am Gesamteinkommen. Dieser setzt sich aus Faktoren zusammen wie der Anzahl der akquirierten und betreuten Kunden, der Höhe der abgewickelten Projektetats und dem realisierten Unternehmensgewinn. Bei einfacheren Funktionen beträgt die Erfolgskomponente maximal 10 – 15 Prozent. Bei Partnern kann die Erfolgskomponente 40 Prozent und mehr ausmachen.

Bei Freiberuflern divergiert das Einkommen je nach Arbeitsfeld, Branche und nach der Hierarchieebene, die beraten wird. Das Einkommen wird oft nach so genannten *Tagewerken oder Mannstunden* berechnet, oft aber auch anhand bestimmter Anteile am Projektvolumen oder einer anderen Bezugsgröße. Ein freiberuflicher Berater, der z. B. auch Organisationsentwicklung anbietet, kann durchaus Tagessätze zwischen 750 und 1 600 Euro realisieren. Ein auf Stellenbesetzung spezialisierter freiberuflicher Berater wird als Honorar ein Sechstel bis ein Drittel der Jahres-Bruttolohnsumme der fraglichen Vakanz erhalten können, abhängig von der Branche, Wertigkeit der Position und dem Schwierigkeitsgrad bei der Suche. Bei Top-Executive-Positionen können auch höhere Beträge möglich sein. Die Honorare für Personalberater im Buchhandel – dem klassischen Beispiel für niedrig honorierte Aufträge – werden kaum mit den Honoraren zu vergleichen sein, die Personalberater für Topmanager in der Großindustrie oder Finanzwirtschaft realisieren.

Insgesamt liegen die Gehälter in der Personalberatung aber nicht auf der Höhe der Honorare in der Unternehmensberatung allgemein. Hierfür sind verschiedene Faktoren verantwortlich, vom konjunkturabhängigen Stellenwert der Personalberatung und der damit verbundenen Zahlungsbereitschaft der Auftraggeber bis hin zur Konkurrenzlage. So hat der Konjunkturabschwung in den Jahren 2002-2005 erhebliche Einbußen bei den Einkünften mit sich gebracht. Sie liegen in manchen Fällen bis zu 25 Prozent unter den Referenzwerten von 2000. Der Konjunkturaufschwung, der 2006 einsetzte, hat hingegen eine deutliche Ausweitung der Personalberatungsaufträge mit sich gebracht. Allein der BDU geht für 2006 von Steigerungen um bis zu 20 Prozent gegenüber 2005 aus. Dieser Trend dürfte sich sicher fortsetzen, da nach wie vor Fach- und Führungskräfte, Ingenieure und Techniker, sehr gefragt sind. Er bringt nicht zuletzt auch deutlich verbesserte Einkommens- und Beschäftigungschancen in der Personalberatung mit sich.

Auch der BPV schätzt die Geschäftsentwicklung aufgrund erheblichen Personalbedarfs, bedingt durch eine positive Konjunkturentwicklung und des demografischen Wandels, als sehr gut ein. Gegenüber 2005 konnten 2006 Steigerungsraten von 50 Prozent in der Vermittlung erzielt werden, für die Folgejahre ist eine weitere Steigerung durchaus realistisch.

1.6 Rechtliche Rahmenbedingungen

An dieser Stelle kann nicht der Platz für eine umfassende Darstellung sein, zumal eine Rechtsberatung den Rechtsanwälten sowie – im Sinne einer Auskunftspflicht – den Behörden vorbehalten ist*. Dort sollte man sich im konkreten Fall informieren. Über die Grundlagen allgemein orientiert zu sein, kann Ihnen aber vielleicht doch hilfreich sein.

---

* siehe Hinweise zum Rechtsberatungsgesetz in Kapitel 3.8.2 (Vertragsgestaltung)

Die Personalberatung als solche unterliegt seit kurzem keinen besonderen Rechtsvorschriften mehr (siehe hierzu auch Abschnitt 3.1), wenn man einmal die Zeitarbeit außer Acht lässt. Personalberatung stellt in der Regel eine persönliche Dienstleistung höherer Art dar, die eine höhere Bildung bzw. eine ausgeprägte Fach- und Führungserfahrung erfordert. Nach der Gesetzeslage kann die Personalberatung folglich den freien Berufen zugeordnet werden, wenn sie in ihrer Art und Eigentümlichkeit vergleichbar derjenigen der unternehmensberatenden Betriebs- und Volkswirte ausgeübt wird (§ 18 Einkommenssteuergesetz/EStG). Dazu sind bestimmte Voraussetzungen zu beachten, die von den Finanzbehörden als Kriterium für eine Einstufung als freier Beruf herangezogen werden (siehe auch QUIRING, 1999, S. 70ff.).

Kriterien für Freiberuflichkeit

– Die Rechtsform des Einzelunternehmens oder der Gesellschaft bürgerlichen Rechts. Demgegenüber gelten Kapitalgesellschaften und Handelsgesellschaften in ihren diversen Formen kraft Gesetz als Kaufmann und sind damit ein Gewerbe. Sonderregelungen gelten für die so genannte Partnerschaftsgesellschaft.

– Die Tätigkeit wird auf Basis einer betriebs- oder volkswirtschaftlichen Hochschulausbildung oder einer gleichwertigen Ausbildung (z. B. VWA-Diplom, IHK-geprüfter Betriebswirt, MBA-Abschluss, Ausbildung als Wirtschaftspsychologe) ausgeübt und umspannt auch die gesamte Bandbreite an Tätigkeiten aus dem Ausbildungsfeld. (Positivbeispiel: Ein Diplom-Wirtschaftspsychologe oder ein Diplom-Kaufmann arbeiten als Personalberater, wobei sie auch andere Dienstleistungen zumindest der Form halber anbieten, wie z. B. Marketing- und Verkaufsberatung oder allgemeine Unternehmensberatung; Negativbeispiel: Ein klinischer Psychologe betreibt eine Personalberatung, diese Tätigkeit baut aber erkennbar nicht auf seinem Ausbildungsfeld auf.)

– Die Arbeit wird nach Arbeitsaufwand, d. h. auf Basis von Tages- oder Stundensätzen, ggf. auch auf Basis von Honorarordnungen, abgerechnet, nicht als Erfolgshonorar. Das Erfolgshonorar gilt als Hinweis auf ein Gewerbe.

– Das Arbeitsfeld deckt eine größere Spannbreite betriebswirtschaftlicher Anwendungen ab. Laut Unternehmenszweck, Angebotsunterlagen wie Prospekten etc. und nachgewiesenen Projekten sollte möglichst nicht nur die Personalauswahl betrieben werden, sondern es sollten noch mehr Dienstleistungen abgedeckt werden wie z. B. Organisations- und Personalentwicklung, allgemeine Unternehmensberatung.

– Der Inhaber (bzw. die Inhaber) betätigen sich selbst „in leitender und eigenverantwortlicher Funktion" im Unternehmen. Wenn sie Mitarbeiter angestellt haben, sollte der Unternehmenserfolg maßgeblich von der persönlichen Arbeitsleistung der Inhaber abhängen.

– Die Nebentätigkeiten erfordern in der Regel eine eigene, geistige Leistung (z. B. Vorträge, Seminare, Veröffentlichungen) und unterstützen die Haupttätigkeit. Anders ist es bei „routinemäßig, kaufmännisch-verwaltenden Tätigkeiten", wie z. B. Aufsichtsratsmandaten, Tätigkeiten für Wirtschaftsverbände usw. Diese weisen auf eine gewerbliche Tätigkeit hin.

Der Ermessensspielraum der Steuerbehörden wird sicher um so eher zugunsten einer freiberuflichen Tätigkeit ausgelegt, je mehr der angeführten Kriterien im Sinne der Freiberuflichkeit erfüllt werden.

Allerdings sind bestimmte Bereiche der Personaldienstleistungen auf alle Fälle als Gewerbe einzuordnen, nämlich die Arbeits- und Personalvermittlung, soweit sie erfolgsabhängig honoriert wird (wie z. B. im Bereich der Arbeitsvermittlung nur möglich) und alle Dienstleistungen rund um die Personalverwaltung, wie z. B. die Lohn- und Gehaltsbuchhaltung im Auftrag eines Unternehmens.

Die Vorteile der Freiberuflichkeit liegen auf der Hand:

– die erleichterte Unternehmensgründung, da man im Regelfall nur seine unternehmerische Tätigkeit bei der zuständigen Kommune anmeldet und keine besonderen Genehmigungen etc. abwarten muss (Besonderheiten aus dem Handelsrecht, dem GmbH- oder dem Aktiengesetz können sich aufgrund der gewählten Rechtsform dennoch ergeben!)
– der Wegfall der Gewerbesteuer-Veranlagung, wobei diese regelmäßig zur Disposition gestellt wird, zuletzt im Herbst 2004
– die Möglichkeit der einfachen Buchführung, also keine Pflicht zur doppelten Buchführung, und der Wegfall zur Offenlegung des Jahresabschlusses (keine Hinterlegung beim Handelsregister!)
– eine vereinfachte Umsatzsteuer-Veranlagung

Über die genauen Vorteile sowie weitere, beachtenswerte Merkmale informieren Steuerberater, auf Unternehmensgründung spezialisierte Rechtsanwälte sowie die zuständigen Industrie- und Handelskammern.

Wer als Personalberater Mitarbeiter einstellt, wird zudem gesetzliche Pflichten als Arbeitgeber übernehmen. Diese sollen hier aber nicht weiter berücksichtigt werden, da sie nicht berufsspezifisch sind, sondern für jeden Arbeitgeber gelten. Dass sich ein Personalberater im Arbeitsrecht auskennen sollte, sei an dieser Stelle der Form halber angefügt.

Für die Wahl einer bestimmten Rechtsform sind verschiedene Kriterien maßgeblich: z. B. das verfügbare Gründungskapital, eine mögliche Haftung bzw. ein wünschenswerter Haftungsausschluss, die Anzahl der Beteiligten, die Publizitätspflichten oder die steuerlichen Folgen. Zudem wird eine Rechtsform außerhalb der Form der Einzelunternehmung bzw. der GbR bereits die Gewerbeeigenschaft nach sich ziehen. Lassen Sie sich beraten!

Je nach gewählter Rechtsform werden weitere Gesetze zu beachten sein. Entscheidet man sich, als Einzelunternehmer oder in Form eine Gesellschaft bürgerlichen Rechts (GbR oder BGB-Gesellschaft) aktiv zu werden, gelten die Bestimmungen der §§ 705 – 740 BGB. Bei einer offenen Handelsgesellschaft (oHG) und einer Kommanditgesellschaft (KG) kommen zusätzlich die §§ 105ff. Handelsgesetzbuch (HGB) bzw. §§ 161ff. HGB zur Anwendung. Bei einer Gesellschaft mit beschränkter Haftung (GmbH) gilt das GmbH-Gesetz (GmbHG), bei einer – in der Personalberatung eher theoretischen Form – Aktiengesellschaft (AG) das AG-Gesetz. Schließlich kann man sich überlegen, ob man seine Tätigkeit nicht in Form eines „eingetragenen Vereins" (e.V.) organisiert, wenn z. B. ein Träger der Wohlfahrt für bestimmte benachteiligte Personengruppen aktiv werden will. Sofern sich mindestens sieben Gründungsgesellschafter finden, kann auch die Rechtsform einer Genossenschaft gemäß Genossenschaftsgesetz (GenG) überlegt werden.

Abschließend ist auf die Rechtsform der Partnerschaftsgesellschaft hinzuweisen, die für freie Berufe zur gemeinsamen Ausübung des jeweiligen Berufs vorgesehen ist (§ 1 PartnGG). Sie ist im Prinzip eine Form der Gesellschaft bürgerlichen Rechts, mit Elementen aus der offenen Handelsgesellschaft, und beruht auf den entsprechenden Vorgaben der §§ 705-740 BGB i.V.m. §§ 105-160 HBG. Sie ermöglicht aber den Partnern, die Haftung für bestimmte Fehler in der Berufserfüllung auf den Verursacher allein einzuschränken (§ 8 II PartnGG) und für diesen Fall die gesamtschuldnerische Haftung aller Gesellschafter zu durchbrechen.

Diese Rechtsform bietet sich insbesondere dann an, wenn mehrere Personalberater gemeinsam als Unternehmens- und Personalberater arbeiten wollen (wichtig hierbei die Beachtung der Einordnung als Katalogberuf der „beratenden Volks- und Betriebswirte" gemäß § 18 EStG i.V.m. § 1 PartnGG) oder aber wenn sich Personalberater mit Steuerberatern und/oder Rechtsanwälten zusammenschließen wollen, um durch die Kombination der Tätigkeiten umfassendere Beratungsdienste anzubieten.

> Unternehmen der gewerblichen Arbeitnehmerüberlassung gelten regelmäßig als Gewerbe mit allen damit verbundenen Pflichten. Eine derartige Tätigkeit ist der zuständigen Behörde anzuzeigen (§ 14 GewO). Zudem ist sie einigen Sonderregelungen unterworfen, z. B. der Genehmigung ihrer Tätigkeit durch die zuständige Agentur für Arbeit sowie einer genauen Kontrolle der geleisteten Sozialabgaben etc.

Unabhängig von der Rechtsform wird man immer zur Zahlung von Einkommenssteuer bzw. Körperschaftssteuer, zur Buchführung nach den Grundsätzen ordnungsgemäßer Buchführung und – bei allen als Gewerbe angemeldeten Unternehmen nach Eintragung in das Handelsregister – zur Mitgliedschaft in der örtlichen Industrie- und Handelskammer verpflichtet sein (siehe auch § 14 V 1 GewO).

Zudem haben Sie eine „Firma" zu bestimmen. Sie brauchen eine korrekte Bezeichnung, unter der Sie Ihre Tätigkeit ausüben. Das kann z. B. „Regine Mustermann – Personalberatung" sein oder „Münchner Personaldienst GmbH". Die Firmierung muss eindeutig und darf nicht mit einer bereits bestehenden Firma verwechselbar sein. Sie sollte auch nicht über die Größe des Geschäftsbereichs täuschen. So kann der Firmenname „Deutsche Personalberatung" für ein Zwei-Personen-Unternehmen bei der Eintragung Probleme verursachen, da sie bei Außenstehenden den Eindruck erweckt, es handle sich um ein bundesweit vertretenes Unternehmen. Branchenüblich ist oft die Firmenzusammensetzung aus den Namen der Gründer (auch in abgekürzter Form) und eine Spezifikation der Dienstleistung, wie z. B. „Personalberatung", „Unternehmens- und Personalberatung", „Executive Search" oder „Personaldienste für die Medienbranche". Sie haben zumindest zwei Vorteile in der Kommunikation: Durch den Namen der Gründer wird ein persönlicher Bezug gewährleistet, und der Kunde bringt dadurch leichter Vertrauen auf. Zweitens wird klar, dass sich das Unternehmen spezialisiert hat und dadurch in seinem Segment auch Kompetenz besitzt.

!

Regelmäßig inserieren Beraternetzwerke auf der Suche nach neuen Kollegen, die sich ihrem Netzwerk anschließen wollen. Die bekannteste Form ist das Franchising. Dies kann eine hilfreiche Chance sein, gerade für diejenigen, die sich von administrativen und rechtlichen Dingen rund um ihre Existenz herum möglichst entlasten wollen. Ergänzend kann man auf die Erfahrungen der Kollegen zurückgreifen, in regelmäßigen Runden sich gegenseitig helfen und größere Aufträge gemeinsam bearbeiten. Der Nachteil besteht darin, dass man für diese Dienstleistungen eine bestimmte Gebühr zu entrichten hat und hinsichtlich des Marketings und der Kundenbeziehung bestimmten Vorgaben unterworfen wird. Die entsprechenden Verträge und Businesspläne sollten daher sorgfältig geprüft werden, möglichst mit einer rechtskundigen Person oder einem Gründungsberater bei einem Berufsverband oder einer IHK. Unklar ist manchmal auch die Seriosität eines derartigen Netzwerkes, in einzelnen Fällen können diese wie Schneeballsysteme aufgebaut sein: Sie als Berater müssen mehr oder weniger wertlose Rahmendienstleistungen gegen hohe Gebühren übernehmen, ohne in irgendeiner Weise auf den Umfang der Rahmendienstleistungen und die Gebührenhöhe Einfluss nehmen zu können. Vielleicht werden Sie sogar dazu animiert, Beratungskunden ebenfalls überhöhte Dienstleistungen zu verkaufen, um sich auf diesem Wege schadlos zu halten. Prüfen Sie entsprechende Angebote deshalb sorgfältig: Die Existenzdauer eines Netzwerkes am Markt ist ein wichtiges Indiz, aber weder ausreichend noch stets zutreffend.

Neben den organisationsrechtlichen Fragen sollte auch der juristische Charakter einer vereinbarten Dienstleistung „Personalberatung" bedacht werden. Die Dienstleistung Personalberatung kann nämlich als ein Dienstvertrag (§§ 611ff. BGB) oder als ein Werkvertrag (§§ 631ff. BGB) vereinbart werden.

Bei einem *Dienstvertrag* ist der Dienstnehmer verpflichtet, einen bestimmten Dienst zu leisten (z. B. Erstellen einer Suchanzeige, Begutachtung von Bewerbungsunterlagen, Durchführen eines Workshops zur Personalentwicklung, Durchführung von Personalverwaltungsaufgaben etc.). Ein bestimmter Erfolg über das zeitliche Bemühen hinaus ist intendiert, aber nicht geschuldet.

Bei einem *Werkvertrag* verpflichtet sich der Auftragnehmer gegenüber dem Auftraggeber, einen bestimmten, genau definierten Erfolg herbeizuführen. Dabei gilt es, den Erfolg genau zu spezifizieren. Es macht nämlich einen Unterschied, ob man als Erfolg die Durchführung einer bestimmten Dienstleistung (z. B. Schaltung einer Suchanzeige, Begutachtung von Bewerbungsunterlagen, Durchführung einer Schulung) oder ein konkretes Ergebnis (z. B. Vermittlung eines idealen Mitarbeiters bis zum unterschriftsreifen Arbeitsvertrag, erfolgreiche Vermittlung von bestimmten Schulungswissen) vereinbart.

Nun kann der erfolgreiche Abschluss eines Beratungsauftrages nicht unbedingt garantiert werden. In der Personalberatung ist dies auch schlecht denkbar, da Sie nie absolut sicher sein können, einen bestimmten Mitarbeiter mit einem genau definierten Profil zu finden und zur Unterschrift unter einen Arbeitsvertrag zu bewegen. Man stelle sich vor, dass vielleicht der Arbeitgeber einen Kandidaten ablehnt, um nicht die vereinbarte Vergütung leisten zu müssen! Oder der Idealkandidat tritt den neuen Arbeitsplatz nicht an, weil er es sich zum relevanten Datum anders überlegt hat. Haben Sie als Erfolg die Vermittlung eines bestimmten Mitarbeiters definiert, können Sie nun kein Honorar einfordern und sind womöglich auch noch schadenersatzpflichtig, weil der Auftraggeber im Vertrauen auf die erfolgreiche Vermittlung bereits seinerseits Aufträge akquiriert hat. Es empfiehlt sich daher, im Angebot, im Auftrag und in den Allgemeinen Geschäftsbedingungen (AGBs) darauf hinzuweisen, welche Art von Vertrag abgeschlossen wird und welcher Erfolg mit dem Beratungsauftrag gemeint ist.

Im Übrigen gilt nochmals der Hinweis, dass gerade im Bereich der Personalangelegenheiten und Personaldienstleistungen der Gesetzgeber eine erstaunliche Kreativität entfaltet, der die Rechtsprechung in keiner Weise nachsteht. Aktuelle Information ist für jeden Personalberater erforderlich! Die Lektüre von Nachschlagewerken (z. B. GÜNTER SCHAUB: Arbeitsrechts-Handbuch, aktuelle Auflage, C. H. Beck, München) und Fachzeitschriften gehören daher zum unabdingbaren Pflichtenkatalog. Damit wird man übrigens nicht nur auf der rechtlich sicheren Seite sein, sondern auch gegenüber dem Kunden und gegenüber den eigenen Mitarbeitern bzw. Kollegen stets als kompetenter Gesprächspartner auftreten.

2 Akquisition, Auftragsklärung und -vereinbarung mit Arbeitgebern

Ein Auftrag ist meistens das Ergebnis einer mehr oder weniger umfangreichen Akquisitionsarbeit. Für Berater bestehen verschiedene Möglichkeiten, potenzielle Kunden anzusprechen und von den Vorteilen einer Zusammenarbeit zu überzeugen. Um erfolgreich akquirieren zu können, sollten Sie sich zunächst über die eigenen Stärken und Kompetenzen im Klaren sein. Darauf aufbauend lassen sich die Bedürfnisse am Markt erkunden. Je besser eigene Stärken und erkannte Bedürfnisse zusammenpassen, um so leichter wird Ihnen ein Akquisitionsgespräch fallen. Diese sehr grundsätzlichen Faktoren entscheiden über Ihren dauerhaften Erfolg am Markt der Personalberater, deshalb möchten wir hier auch in die Tiefe gehen.

Die weiteren wichtigen Schritte sind eine sorgfältige Auftragsklärung und -vereinbarung. Dazu gehört alles von der Auftragserteilung bis zum Beginn des eigentlichen Beratungsprozesses. Damit sichern Sie einen reibungslosen Beratungsablauf ab. Werden im Vorfeld bereits Fehler eingebaut bzw. durch Unachtsamkeit ermöglicht, steht der Erfolg schnell auf dem Spiel. Die beraterische Erfahrung zeigt, dass ein hoher Anteil an Problemen im späteren Projektablauf auf unklare Auftragsvereinbarung oder eine falsche Ablaufplanung zurückzuführen sind.

2.1 Definition der eigenen Kompetenzen

Ihre Kompetenzen und Stärken sind Ihre Vorteile bei einem Kundengespräch. Die richtige Darstellung Ihrer Kompetenzen verdeutlicht Ihrem (potenziellen) Auftraggeber, warum ausgerechnet Sie das Problem des Kunden in seiner Tragweite erfassen können und warum Sie geeignet sind, dieses Problem zu lösen.

Ihre Schwächen sind verbunden mit der Herausforderung, diese nach Möglichkeit durch Fort- und Weiterbildung auszugleichen oder aber auch die Konsequenz zu ziehen, sich nur solche Betätigungsfelder zu suchen, in denen Sie kompetent und sicher arbeiten können.

Die Definition Ihrer Stärken und Schwächen entscheidet folglich über
Ihren Unternehmenserfolg und zeigt Ihnen an sich selbst, was für Sie
„Personalentwicklung" bedeuten kann und damit zu einem möglichen
Angebotsfeld Ihrer Personalberatung führen könnte. In der nachfolgenden Matrix können Sie Ihre Stärken und Schwächen definieren und in einem zweiten Schritt auch die Anforderungen des Marktes an Ihre Personaldienstleistungen prüfen. Um Ihnen die Beantwortung zu erleichtern,
sind zwei Beispiele als Muster integriert, die sich auf einen Einzelberater
konzentrieren. Selbstredend lässt sich diese Tabelle sowohl für Sie persönlich wie auch für Ihr Unternehmen als Ganzes verwenden.

Stärken-Schwächen-Matrix

Das sind meine (unsere) Stärken	und so kann ich (können wir) sie in der Beratung einsetzen	Das sind meine (unsere) Schwächen	und diese Konsequenzen muss ich (müssen wir) daraus ziehen
umfassende Erfahrung in der Personalarbeit aus fünf Jahren als Personalreferent in einem Verlagshaus	Angebot der Beratung zur gesamten Personalarbeit (Full-Service-Dienste)	kaum Kenntnisse im Arbeitsrecht	Zusammenarbeit mit Rechtsanwalt oder Verzicht auf Beratung in Vertragsangelegenheiten
gute Kenntnisse der Medienbranche aus Berufstätigkeit, Lehrtätigkeit an Berufsakademie für Medienberufe und Buchveröffentlichung	Schwerpunktbildung Beratung in der Medienbranche	Beziehungen in der Branche beschränken sich auf den „Mittelbau" (also Abteilungsleiter und leitende Mitarbeiter) im KMU	Spezialisierung in der Personalsuche auf Fachkräfte und Führungskräfte auf den Ebenen 2-4, keine „Top-Managementberatung"

Sie können die Tabelle zunächst einmal spontan ausfüllen, um die wichtigsten Merkmale zu erkennen. Sinnvoll ist es aber auf alle Fälle, sich in
einem ruhigen Moment intensiv damit auseinanderzusetzen, vielleicht
auch anhand der Aufzählung aus dem ersten Kapitel.

Die Beschäftigung mit dieser Stärken-Schwächen-Matrix wird Ihnen folgenden Nutzen bringen:

- Sofern Sie für sich eine Arbeitsaufnahme in einer Personalberatung überlegen, können Sie Ihre eigene Kompetenzen und Defizite prüfen, als Basis für eine entsprechende Berufsentscheidung;
- In einem Bewerbungsgespräch bei einer Personalberatung können Sie auf diese Stärken verweisen und gleichzeitig deutlich machen, dass Sie Ihre Schwächen erkannt und mit ihnen umzugehen gelernt haben;
- Falls Sie sich als Personalberater selbständig machen, können Sie systematisch Ihr Profil definieren, mit dem Sie sich am Markt behaupten wollen, und Ihre Marktchancen besser erkennen. Gerade bei einer Finanzierung mit Fremdkapital wird man von Ihnen eine vergleichbare Auflistung verlangen, um das Kreditrisiko besser beurteilen zu können. Basel II lässt grüßen!

Hilfreich wird es zudem sein, diese Matrix mit einem Existenzgründungsberater oder vertrauenswürdigen Kollegen zu besprechen. Manchmal kann auch ein Coachinggespräch weiter helfen.

Sie haben nun für sich Ihre Stärken und Schwächen definiert. In einem zweiten Schritt – sinnvoll vor allem für jene, die eine Existenzgründung in der Personalberatung planen – sind Sie eingeladen, Ihre Marktchancen und Marktrisiken auszuloten. Dazu kann Ihnen die nachfolgende Chancen-Risiken-Matrix eine gute Basis bieten, wobei ebenfalls Beispiele das Vorgehen erläutern:

Chancen-Risiken-Matrix zur Marktpotenzial-Analyse

Das sind die Marktchancen	und meine (unsere) passenden Stärken	Das sind die Risiken und Herausforderungen des Marktes	und meine (unsere) „schwachen Stellen"
Outsourcing in vielen Medienunternehmen	Angebot zur Übernahme von „full service" (incl. Personalverwaltung): ist v. a. für kleinere Medienhäuser von Interesse, zumal durch Berufserfahrung in der Medienbranche	abnehmender Personalbedarf in der Medienbranche	Betonung von Beratung zur Personalsuche reicht nicht aus, um notwendige Erlöse zu generieren, da im Moment durch Konjunktur kaum Neueinstellung

Das sind die Marktchancen	und meine (unsere) passenden Stärken	Das sind die Risiken und Herausforderungen des Marktes	und meine (unsere) „schwachen Stellen"
Intensive Konkurrenz auf dem Medienmarkt verlangt nicht zuletzt nach guten Fachkräften	durch Berufstätigkeit und nebenamtliches Engagement (Lehrauftrag an Berufsakademie für Medienberufe) ausgeprägte Kontakte zu guten Kräften und relativ hoher Bekanntheitsgrad in der Branche	hoher Konkurrenzdruck durch andere Berater, wird noch zunehmen: sinkende Honorare möglich	Gefahr sinkender Honorare: keine zu hohen Fixkosten aufbauen (z. B. keine festen Mitarbeiter einstellen)

Möglicherweise haben Sie beim Ausfüllen bereits bemerkt, dass einiges von dem genannt wurde, was bereits im Selbsttest im ersten Kapitel angesprochen wurde. Sie müssen nicht bereits alle Kompetenzen zum Zeitpunkt der Beschäftigungsübernahme vorweisen können. Es empfiehlt sich aber, eigene Entwicklungsmöglichkeiten, eigenen Entwicklungsbedarf zu erkennen und geeignete Maßnahmen einzuplanen und so die eigenen Stärken zu pflegen und schwache Stellen abzubauen. In manchen Bereichen wird Ihnen die zunehmende Lebens- und Berufserfahrung der nächsten Jahre weiter helfen, in anderen Bereichen können Sie durch Seminarbesuch, Fachlektüre oder anderes sich weiter entwickeln. Am besten baut es sich natürlich auf einer mehrjährigen Berufserfahrung auf, die nicht nur die relevanten Kenntnisse, sondern auch einige Kontakte und damit ein tragfähiges Netzwerk vermittelt.

Gleichen Sie an dieser Stelle Ihr Stärken-/Schwächenprofil einmal mit den Anforderungen in der Personalberatung ab. Dazu kann Ihnen die folgende Aufstellung helfen. Definieren Sie dabei das Soll laut Marktpotenzialanalyse in den ersten drei Spalten, z. B. mit roter Farbe, und halten Sie auch die zukünftige Bedeutung (zunehmend, gleich bleibend, abnehmend) in der vierten Spalte fest. Selbstredend muss diese Vorlage nicht alle aus Ihrer Sicht wichtigen Kompetenzen enthalten – Sie können nach Bedarf ergänzen.

Gehen Sie dann die Tabelle nochmals durch anhand Ihrer derzeit vorhandenen Kompetenzen, z. B. mit grüner Farbe. So erkennen Sie Ihren eigenen Personalentwicklungsbedarf. In den Bereichen, in denen Sie den erkannten Anforderungen noch nicht gerecht werden, können Sie sich geeignete Maßnahmen (Seminarbesuch, Teilnahme an Erfa-Runden, Lektüre von Fachliteratur etc.) überlegen. Ein Nebeneffekt dieser Übung: So lernen Sie, wie Sie mit einfachen Mitteln Personalentwicklungsbedarf und PE-Maßnahmen für Kunden bestimmen können (siehe dazu auch Kapitel 4).

Kompetenzprofil und Entwicklungsbedarf für Personalberater

Kompetenz- bereich	Grund- lagen- wissen	alltäg- liche Anwen- dung	Trainer- kompe- tenz	zukünf- tige Bedeu- tung	Maß- nahmen
a) *Fachliche Kompetenzen* Arbeitsrecht Organisations- lehre Kosten- rechnung Marketing Vertriebswissen Sonstiges:					
b) *Soziale Kompetenzen* Teamführung Konflikt- techniken Moderations- technik Sonstiges:					
c) *Persönliche Kompetenzen* Zeitplanung EDV- Anwendung Umgang am Telefon Gesprächs- führung Sonstiges:					

Bis jetzt haben Sie sich mit Ihren Stärken und Schwächen sowie Ihren Kompetenzen für eine Tätigkeit als Personalberater beschäftigt. Setzen Sie dies nun in einen „Verkaufsprospekt" um. Schreiben Sie auf, was für eine Dienstleistung Sie Ihren Kunden anbieten wollen und warum Sie für einen Kunden einen Mehrwert bieten, der das Honorar für die Beratung bei weitem übersteigt. Denken Sie bitte auch daran: Je besser die Beschreibung ist, desto eher können Sie und Ihr Auftraggeber die Argumente mit überprüfbaren Zielgrößen verbinden. Dazu später mehr.

Erster Schritt
Beschreiben Sie Ihre Dienstleistung, die Sie anhand der Marktpotenzial-Analyse definiert haben:

Ich möchte folgende Dienstleistungen in der Personalberatung anbieten:

Zweiter Schritt
Definieren Sie den Nutzen für Ihren Auftraggeber. Bestimmen Sie dabei quantitative und qualitative Zielgrößen. Der Nutzen muss aus Sicht des Auftraggebers höher sein als die Kosten, die für Ihren Einsatz anfallen. Der Nutzen könnte z. B. entstehen in Form:

– einer auf Zeit eingekauften Expertise, für die kein neuer Mitarbeiter eingestellt (und vielleicht wieder entlassen) werden muss, auf der Basis eines aktuellen, im Wettbewerb erprobten Fachwissens, was eigene Entwicklungsarbeit mit entsprechenden Kosten und Fehlern überflüssig macht
– eines Rückgang der Zahlen von neuen Mitarbeitern, die in der Probezeit wieder gehen oder gekündigt werden, aufgrund Ihrer guten Menschenkenntnis oder Ihrer Bewerberdatenbank
– einer Einsparung von Personalkosten in Höhe von x Euro pro Mitarbeiter, weil Sie den Personaleinsatz optimieren können
– eines Rückgangs des Krankenstandes um einen bestimmten Prozentsatz oder eine bestimmte Zahl, weil Sie die Arbeitszufriedenheit erhöhen können
– einen Rückgang der Beschwerden über Kollegen/Vorgesetzte, aufgrund des verbesserten Arbeitsklimas oder aufgrund einer sorgfältigeren Personalauswahl
– einer erhöhten Zahl an Mitarbeitervorschlägen um x pro Abteilung/Mitarbeiter, aufgrund einer höheren Motivation der Arbeitnehmer
– einer längeren Verweildauer der Angestellten im Unternehmen um x Jahre, damit der Return on Investment für geleistete Aus- und Weiterbildung höher ausfällt, d. h. Rückgang der Fluktuationsraten um einen bestimmten Prozentsatz (bei Technologieunternehmen sehr wichtig, da die Einarbeitungskosten oft noch die Einstellungskosten übersteigen!), ebenfalls aufgrund eines verbesserten Arbeitsklimas

Im Personalbereich kommt aber auch qualitativen Kennwerten eine hohe Bedeutung zu. Dazu zählen

– das Wohlbefinden von Vorgesetzten mit ihren Mitarbeitern und umgekehrt (was wiederum zu einer geringeren Fluktuation führt)
– die Zufriedenheit der Mitarbeiter mit der Arbeitsumgebung (was die Motivation erhöht und den Krankenstand senkt, oder auch die Bereitschaft zu Überstunden steigert)
– die Bereitschaft der Mitarbeiter, auch außerhalb der Arbeitszeit für das Unternehmen einzustehen, z. B. durch Parteinahme in Diskussionen, oder durch die Bereitschaft, Werbung für Produkte des Unternehmens zu machen (was wieder zu quantitativen Zielen führt, nämlich einer Erhöhung des Umsatzes um x Euro!)

Setzen Sie dies in ein Argumentationsschema um.

Ich biete eine gute Dienstleistung an, weil der Auftraggeber folgenden Nutzen realisiert:

....

....

....

....

....

....

Dem Nutzen stehen Kosten gegenüber. Dies sind neben dem Kaufpreis der Beratungsleistung weitere Kosten, die oft übersehen werden, nämlich:

– die Zeit Ihres Auftraggebers, die er mit Ihnen zubringt;
– die Notwendigkeit, Firmeninterna preis zu geben, mit der Gefahr verbunden, dass dies die Konkurrenz vielleicht in die Hände bekommen könnte;
– die Unruhe in der Belegschaft, wenn externe Berater in das Haus kommen – man weiß nie, inwieweit die bewährte Routine gestört wird und welche Fehler dabei aufgedeckt werden und welche Mitarbeiter im ungünstigen Fall dabei auf der Strecke bleiben könnten (besonders bei Personalentwicklungsaufträgen befürchtet).

Diese Zielgrößen wie auch die Hinweise auf die weiteren Kosten dienen dazu, die Vorteilhaftigkeit Ihres Angebots zu untermauern. Anhand dieser Zielgrößen können Sie Ihr Angebot verfeinern und in eine konkrete Nutzenargumentation umsetzen.

Dazu ein kurzer Ausflug in die Marketinglehre gefällig? Im Marketing geht man davon aus, dass ein Angebot dann nachgefragt wird, wenn es einen Produktvorteil besitzt, der für den Nachfrager

– erkennbar,
– entscheidungsrelevant und
– dauerhaft, also nicht nur vorübergehend ist.

Sind diese Merkmale geben, spricht man von einem „komparativen Konkurrenzvorteil" (BACKHAUS, 1992, S. 17). Das eigene Angebot sollte nicht nur objektiv vorteilhaft sein, sondern auch aus Kundensicht den anderen Angeboten überlegen sein. Die von Ihnen definierten Nutzenprofile müssen also für den Kunden nachvollziehbar und entscheidungsrelevant sein. Ist dies nicht der Fall, wird Ihre Dienstleistung – leider! – auf keine Nachfrage treffen.

Dabei muss man nicht in allen Dimensionen der Beratungsleistung eine Spitzenleistung bieten. Es reicht aus, wenn man in den für den Kunden wichtigen Disziplinen der Konkurrenz überlegen ist. Dies kann eines oder mehrere der folgenden Felder betreffen:

– ein besonders günstiges Preis-Leistungs-Verhältnis im Vergleich zu anderen Personalberatern;
– ein besonderes Know-how im Bereich der Personalauswahl oder Personalentwicklung, das kein anderer Konkurrent besitzt, z. B. besonders effektive Auswahlmethoden, tiefergehende Gehaltsvergleiche oder innovative Schulungskonzepte, die eine deutlich kürzere Schulungszeit erfordern;
– Kontakte zu besonders begehrten Mitarbeitern, die sonst kein anderer Personalberater aufweist (die berühmte Bewerberdatei);
– besondere Branchenkenntnisse;
– die Fähigkeit, ein persönliches, von Vertrauen getragenes Verhältnis aufzubauen.

Gehen Sie jetzt nochmals in die Definition Ihres Wettbewerbsvorteils. Fragen Sie sich bei Ihren Ausführungen, ob

– die angebotene Leistung für den potenziellen Kunden erkennbar ist,
– für den potenziellen Kunden in seinem Wertesystem einen erkennbaren Vorteil bietet,
– der Vorteil der angebotenen Leistung dauerhaft ist, also auch noch in zwei oder drei Jahren bestehen wird,
– und auch Sie selbst die Kompetenz und die Ressourcen besitzen, die versprochene Qualität des Angebots durchzuhalten.

Dazu kann Ihnen die nachfolgende Tabelle behilflich sein:

Analyse des Wettbewerbsvorteils

Meine Stärken/ Kompetenzen sind	Sind diese für den Nachfrager erkennbar (und wodurch)?	Sind diese aus Nachfragersicht auch entscheidungsrelevant?	Sind diese gegenüber der Konkurrenz dauerhaft durchzuhalten?

Wenn Sie alle diese Punkte positiv beantworten können, haben Sie einen guten Schritt vorwärts gemacht. Sie kennen die Vorteile Ihres Angebots aus Kundensicht und können nun zur Akquisition der Aufträge übergehen. Sie werden Ihren Angebotsvorteil dauerhaft pflegen und nach Möglichkeit ausbauen, um im Wettbewerb auch in Zukunft zu bestehen. Und Sie werden anhand der Markt- und Konkurrenzbeobachtung auch erkennen,

– ob Ihr Angebotsvorteil in näherer oder fernerer Zukunft bestehen bleibt,
– oder ob die Interessen der potenziellen Kunden sich vielleicht verlagern werden und Sie damit aus dem Blickfeld der Kunden geraten,
– oder ob vielleicht die Konkurrenz andere, aus Kundensicht besser geeignete Angebote macht,
– oder ob es gar eine Konkurrenz gibt, die Sie bisher gar nicht als Konkurrenz wahrgenommen haben!

Denken Sie daran: Sie haben alle Möglichkeiten, Ihren Wettbewerbsvorteil zu pflegen! Sie müssen sich nur dieser Möglichkeiten bewusst werden und sie aktiv umsetzen – zugegebenermaßen ist das oft leichter gesagt als getan. Schaffen Sie sich ein gutes Umfeld, das Ihnen offene und fachkundige Rückmeldungen geben kann (Branchenverband, Berufsverbände von Ingenieuren oder Betriebswirten, Wirtschaftsjunioren etc.) und pflegen Sie Ihr persönliches Umfeld, dass Ihnen ein ehrliches und sachlich fundiertes Feedback zu geben vermag. Zudem gibt es inzwischen eine Vielzahl guter Fortbildungsangebote, von Seminaren und Kongressen über Fachzeitschriften und Fachbücher bis hin zu persönlichen Coachinggesprächen. Planen Sie eine entsprechende Fortbildung unbedingt ein, zumal Sie bei auswärtigen Seminaren und Kongressen auch Ihr Netzwerk weiter ausbauen können. Als Anhaltswerte dienen diese Zahlen:

– Besuch von branchenspezifischen Weiterbildungsveranstaltungen und Kongressen: mindestens fünf Tage pro Jahr, wobei ein Seminartag mit einem Aufwand von ca. 400 – 1 000 Euro zu Buche schlägt, für Teilnahmegebühren, Spesen/Fahrtkosten etc.;
– Literatur (Fachbücher, Zeitschriften): je nach beruflicher Position, Interessen und Ausbildungsstand sind 200 – 1 000 Euro angemessen, wobei durch Mehrfachnutzung im Kollegenkreis sich die Kosten verteilen lassen;

– Coaching: nach Bedarf, wobei prophylaktisch zwei Tage und ein Etat von 1 500 Euro eingeplant werden können.

Zugegebenermaßen entstehen hier schon die ersten Kosten, ohne dass Sie gleich einen konkreten Auftrag erhalten. Aber nur so können Sie sich wettbewerbsfähig halten.

2.2 Möglichkeiten und Grenzen der Akquisition

Akquisition bedeutet, einen potenziellen Kunden so anzusprechen, dass er das angebotene Produkt bzw. die angebotene Dienstleistung erwirbt, zumindest aber ein so positives Bild vom Angebot gewinnt, so dass das Angebot bei der nächsten Beschaffungsentscheidung in die engere Auswahl gezogen wird.

Beachten Sie dabei, dass ein Kunde in der Regel einen Personalberater beauftragt, weil er ein bestimmtes Problem lösen muss. Dieses Problem kann z. B. im Bedarf eines neuen Mitarbeiters liegen, der bestimmte Merkmale aufweisen soll. Oder es müssen Mitarbeiter zu einem bestimmten Thema geschult werden, weil davon die Innovationsfähigkeit des Unternehmens oder der betriebliche Frieden abhängt. Oder im Verlauf einer Personalbeschaffungsmaßnahme entsteht ein innerorganisatorisches Problem, das darüber mitentscheidet, ob die neu ausgewählte Führungskraft sich erfolgreich einarbeiten kann.

2.2.1 Aktive Auftragsakquisition

Aktive Akquisition bedeutet, auf potenzielle Kunden direkt zuzugehen. Das kann auf verschiedene Weise geschehen:

– persönliche Ansprache bei Hausbesuchen vor Ort beim Kunden, nach Terminvereinbarung oder auch auf gut Glück (Kaltakquise);
– persönliche Gespräche bei Fachmessen, Branchenkongressen, z. B. den Personalkongressen diverser Fachverbände;
– Anschreiben per Brief und E-Mail (Direct Mailing), mit oder ohne Beilage von Prospekten und weiterem Informationsmaterial;

- Ansprache per Telefon;
- Ansprache mittels Anzeigen und Werbebeilagen in Publikationen aller
  Art, von Zeitungen und Zeitschriften angefangen über Werbesendun-
  gen in Hörfunk und Fernsehen oder Werbeplakaten auf öffentlichen
  Verkehrsflächen (Flughäfen, Bahnhöfen etc.) bis hin zu Online-Ange-
  boten, wie z. B. Pop-up-Ads, die beim Aufrufen einschlägiger Home-
  pages aufgehen sowie Einträgen in Branchenverzeichnissen und „Gelben Seiten";
- Ansprache über werblich gestaltete Personalsuchanzeigen, eine Sonderform der aktiven Ansprache, da zunächst nicht direkt um einen neu-
  en Auftrag geworben wird, sondern Bewerbern eine Vakanz angezeigt
  wird. Indirekt wird damit auch anderen Unternehmen gezeigt, dass
  man im entsprechenden Segment tätig ist (besonders bekannt sind die
  Anzeigen mit dem „klingelnden Telefonhörer" einer Düsseldorfer Beratung, die regelmäßig an prominenter Stelle in FAZ, Süddeutscher
  Zeitung usw. erscheinen).

Im Prinzip ist jede dieser Akquisitionsformen ein Verkaufsgespräch, an
dessen Ende ein Auftrag steht oder zumindest die Aussicht, näher in Be-
tracht gezogen zu werden. Jede dieser Akquisitionsformen unterliegt bestimmten Erfolgsfaktoren. Dazu einige Anregungen:

- bei persönlicher Ansprache ist eine gute Vorbereitung des Besuchs unabdingbar, von der Information über den möglichen Kunden (Branche,
  Größe, typische Probleme seiner Branche, erkennbarer Bedarf) über eine kluge Terminabsprache (möglichst nicht in Druckzeiten, wie vor-
  mittags vor 9.30 Uhr oder nach 11.30 Uhr, was aber branchenabhän-
  gig ist) mit dem richtigen Gesprächspartner (d. h. telefonisch immer die
  Funktion des Gesprächspartners und seine Entscheidungsbefugnisse
  klären!) bis hin zur guten Auswahl von Informationsmaterial (Image-
  broschüre, Beispiele für Beratungsleistungen und deren Erfolge);
- bei persönlichen Gesprächen auf Messen und Kongressen analog sorgfältig zusammengestelltes, nicht zu umfangreiches Informationsmaterial übergeben und im Gespräch mögliche Projekte soweit präzisieren,
  dass bei der Nacharbeit bereits ein konkreter Vorschlag gemacht werden kann; wobei die Gespräche nicht „gehetzt" erfolgen sollten, also
  mindestes 20–30 Minuten Zeit pro Gesprächspartner erfordern;

– bei telefonischer Kontaktaufnahme gelten ähnliche Regeln wie bei persönlichen Gesprächen, wobei man zwar kein Informationsmaterial direkt übergeben kann, ein entsprechendes Angebot aber als Türöffner
  dienen kann, um die tatsächlich zuständige Person zu erreichen;
– bei Anzeigenwerbung Wert darauf legen, dass nicht nur ein gutes
  Image als sachkundiger Berater vermittelt wird, sondern auch die Zielgruppe zur Kontaktaufnahme aktiviert werden kann, z. B. durch das
  Angebot eines kostenfreien Leitfadens; darüber hinaus auf die Ziel-
  gruppenrelevanz des Mediums achten – lieber eine kleinauflagige Fachzeitschrift auswählen, die eine hohe Zielgruppenaffinität besitzt, als eine weit verbreitete Zeitschrift, die nur zu einem geringen Prozentsatz
  von Ihrer Zielgruppe gelesen wird! (eine Auswahl bekannter Fachzeitschriften der Personalwirtschaft finden Sie in Kapitel 9.6.)

Berücksichtigen Sie in Ihrer Jahresplanung ausreichend Zeit für Akqui-
sitionstätigkeiten. Der dafür erforderliche Aufwand hängt von der eigenen Position ab. Partner oder Bereichsleiter in einer Beratungsgesellschaft
oder auch selbständige Personalberater müssen hierfür einen höheren
Zeitaufwand rechnen als Projektleiter. Erprobte Anhaltswerte aus eigener Erfahrung sind:

– Gespräche/Telefonate mit Kunden, zur Kontaktpflege und Generie-
  rung von Folgeaufträgen: ca. 15–30 Stunden pro Monat
– bei Personalvermittlung zudem ergänzende Telefonate und Gespräche
  mit interessanten Bewerbern: ca. 10–20 Stunden pro Monat
– aktive Kontaktaufnahme zur Neukundengewinnung: nach Auftragsla-
  ge, mindestens 8–10 Stunden pro Monat

Die Schwierigkeit bei der Kalkulation dieser Zeiten besteht darin, dass
Kundenwerbung oft en passant geschieht, also selten an einem Tag geschlossen absolviert wird. Da ruft ein Kunde aus dem letzten Jahr an, um
über den Erfolg mit dem neuen Mitarbeiter zu berichten, oder ein Bewerber aus einer Stellenausschreibung vor einem halben Jahr signalisiert,
dass er sich nun auch räumlich verändern könnte – all dies sind vielleicht
jeweils 10 oder 20 Minuten, die sich aber im Zeitablauf zu einer größeren Summe addieren.

Sollten Sie selbst nicht der „Akquisetyp" sein, ist es besser, sich Unterstützung zu holen. Dies kann z. B. ein erfahrener „Vertriebler" sein, aber auch jemand, der in der Region gute Kontakte hat und die Branche kennt. Ungewöhnlich, aber durchaus realistisch ist der Einsatz von freien Handelsvertretern. Die Personaldienstleistung erfordert allerdings auch bei dieser Personengruppe hohe soziale Kompetenz.

2.2.2 Passive Auftragsakquisition

Passive Akquisition beruht auf der Überlegung, dass durch regelmäßige, positiv besetzte Präsenz in der Öffentlichkeit ein potenzieller Auftraggeber sich den Namen merkt und bei Bedarf auf den Berater zugeht. Dazu zählen insbesondere:

– die Presse- und Öffentlichkeitsarbeit, z. B. durch Pressemitteilungen, Kundenmagazine oder durch die Mitwirkung in Fachinterviews;
– eine informative und übersichtliche eigene Internetseite;
– die Veröffentlichung von Arbeitsmaterial, als Aufsätze in der Fachpresse oder als Fachbücher;
– analog die Durchführung und Veröffentlichung von Studien (z. B. zu durchschnittlichen Arbeitszeiten in einzelnen Berufsfeldern, oder zur Gehaltsentwicklung bei ausgesuchten Berufen oder zur Effizienz der Ausschreibungswege Printanzeige vs. Internetanzeige);
– die Mitwirkung bei öffentlichen Veranstaltungen, z. B. bei Fachkongressen und Fachseminaren, bei denen man Vorträge, Workshops oder Diskussionsbeiträge in Podiumsdiskussionen anbietet;
– die Beziehungspflege in Fachverbänden, wie z. B. den Wirtschaftsjunioren oder anderen Organisationen, in der Hoffnung auf Weiterempfehlung an Dritte;
– nicht zuletzt die Mund-zu-Mund-Propaganda von zufriedenen Kunden.

Je nach zeitlichem Freiraum, persönlichen Neigungen und Zugang wird der eine mehr zum Schreiben von Fachartikeln neigen, der andere eher das öffentliche Forum bei Fachveranstaltungen oder das Netzwerken in den einschlägigen Fachverbänden suchen. Fachaufsätze können als Kopie einem Angebot oder einer Akquisitionsmappe beiliegen, um so die eigene Fachkompetenz zu untermauern. Oder Sie versenden Fachaufsätze an Ihren Kundenkreis, um auf diese Weise mit geringem Aufwand den Kontakt zu halten. Jedoch werden Sie relativ selten etwas über die tatsächliche Wirkung erfahren. Zudem erfordert das Schreiben eines guten Fachaufsatzes leicht ca. 15 – 25 Arbeitsstunden. Ein Fachbuch wird je nach Umfang und wissenschaftlichem Tiefgang bis zu 20 Arbeitstage und mehr erfordern. Und: Fachaufsätze sollten nie älter als zwei bis drei Jahre alt sein, da sonst schnell der Eindruck aufkommt, man sei nicht sehr aktuell und damit innovativ.

Die Mitwirkung an einer Fachveranstaltung erfordert demgegenüber deutlich weniger Aufwand und Arbeitszeit. Zudem kann man relativ schnell anhand der Rückfragen merken, wie viele Personen man tatsächlich anzusprechen vermochte. Jedoch wird es unbekannten Beratern relativ schwer fallen, bei größeren Fachveranstaltungen eingeladen zu werden.

Beziehungspflege (Networking) schließlich ist etwas für besonders Kontaktfreudige. Allerdings sollte die Akquisitionsabsicht nicht allzu offensichtlich werden. Wer bei jedem Gespräch seine Dienste anbietet, wird schnell als Gesprächspartner ausfallen. Sinnvoller ist es auf alle Fälle, bei entsprechenden Anfragen mit einigen Tipps und Hilfestellungen aufzuwarten und freundlich anzubieten, dass man bei Bedarf gerne weiter helfen würde, aber die Bekanntschaft auch ohne Auftrag eine sehr erfreuliche sei.

2.2.3 Verbindung von aktiver und passiver Akquisition

Über die Wirksamkeit der einzelnen Maßnahmen gibt es keine genauen Zahlen. Man kann davon ausgehen, dass bei etablierten Beratern zwischen 40 und 70 Prozent der Aufträge über Folgeaufträge und Weiterempfehlungen zustande kommen. Newcomer hingegen werden stärker mit Maßnahmen der aktiven Akquisition operieren müssen. Die jeweiligen Anteile werden auch sehr stark nach dem Betätigungsfeld variieren.

Klug ist es auf alle Fälle, einen Mix an Maßnahmen vorzusehen. Die Kunst besteht darin, an neue Kunden zu denken und „alte" Kunden nicht zu vergessen. So kann man bestehenden Kunden regelmäßig einen Pressespiegel zur Personalentwicklung zusenden oder auch über Branchenentwicklungen (z. B. Gehaltsniveau bei Informatikern, Bürokräften etc.) zu informieren. Genauso kann man über „Schnupperangebote" wirkungsvoll beide Formen verbinden. So bietet es sich an, einen Gehaltsvergleich in Zusammenarbeit mit einer Fachzeitschrift anzubieten, wobei die Teilnahmegebühren im Prinzip nur die Selbstkosten decken. Die dabei gewonnen Daten lassen sich wiederum als Studie veröffentlichen, mit der man mögliche Kunden ansprechen kann. Zudem darf man gerade im Bereich der Personalsuche nicht die Wirkung von Suchanzeigen als Werbemittel unterschätzen. Sie zeigen den anderen Unternehmen, in welchen Bereichen man als Personalberater arbeitet und können bei häufigerer Frequenz ein gewisses „Markenbild" erzeugen.

> Machen Sie sich immer im Herbst einen Werbe- und Akquisitionsplan für das kommende Jahr, der die Daten der relevanten Fachveranstaltungen oder bestimmte andere wichtige Termine vermerkt. In den Plan werden dann bestimmte Maßnahmen eingetragen, wie z. B. Kontaktpflege zu früheren Auftraggebern, Schreiben von Fachaufsätzen, Schalten von Anzeigen, Besuchen von Fachveranstaltungen etc.

2.3 Definition des Auftragszieles

2.3.1 Klare Zielvereinbarungen mit dem Arbeitgeber

Gehen wir im Geiste schon einen Schritt weiter: Ihre Akquisition war erfolgreich und Sie werden vom Auftraggeber gebeten, ein bestimmtes Projekt durchzuführen. Zu diesem Zeitpunkt liegt es nahe, mit dem Auftraggeber die genauen Ziele des Auftrages abzustimmen. Doch gerade hier zeigen sich die ersten Schwierigkeiten. Nicht immer kann Ihnen der Auftraggeber sein Problem genau schildern, wobei dies im Falle einer Vakanz noch am einfachsten zu bewerkstelligen ist. Bei Personal- oder Organisationsentwicklungsfragen nimmt der Auftraggeber oft nur Symptome eines Problems wahr. Hinter dem Symptom mangelnder Leistungsbereitschaft können z. B. ein fehlendes Leitbild, demotivierende Führungsstrukturen oder ungenügende Karriereaussichten stecken. In nicht wenigen Fällen sind Personalprobleme direkt oder indirekt sogar von Ihrem Gesprächspartner verursacht, was dieser aber so nicht wahr haben oder zugeben möchte. Der Auftrag bedeutet aber immer, das ursächliche Problem zu erkennen und zu lösen. Dies erwartet ein Auftraggeber von einem Berater, und dies sind Sie Ihrem Selbstverständnis als

Berater und damit auch Ihrer eigenen Glaubwürdigkeit schuldig. Von daher sind Sie verpflichtet, zu Beginn eines Projektes eine genaue Problemdefinition vorzunehmen, die der vertraglich vereinbarten Zusammenarbeit zu Grunde gelegt wird. Unterbleibt bei der Auftragsvereinbarung eine genaue Zielvereinbarung, wird sich das fast immer gegen Sie als Berater richten. Der Auftraggeber verlässt sich auf Ihre Beratungskompetenz, und dies verpflichtet Sie zur umfassenden Information über alle relevanten Gesichtspunkte, auch wenn dies am Anfang etwas umständlich anmuten kann.

2.3.2 Briefing

Am Anfang eines Beratungsprozesses steht eine umfangreiche gegenseitige Information von Auftraggeber und Auftragnehmer, gerne auch als „Briefing" bezeichnet. Ihr Auftraggeber wird Ihnen sein Problem und seine Erwartungen an eine Lösung schildern. Sie haben die Möglichkeit, für den Auftrag relevante Informationen zu erfragen und mögliche Lösungswege zu skizzieren. Im Vorgespräch zum Auftrag erkennen Sie, ob Sie tatsächlich in der Lage sind, den Auftrag zu bewältigen und welche Grenzen Ihnen gesteckt sind.

Hier sollten Sie unbedingt selbstkritisch sein und lieber auf einen Auftrag verzichten als ihn letztlich nicht den Anforderungen entsprechend erfüllen zu können.

Für die Informationsgewinnung stehen Ihnen verschiedene Quellen zur Verfügung, die Sie anhand einer Checkliste abarbeiten können:

- Gespräche mit dem Auftraggeber und ggf. mit seinen Mitarbeitern oder auch mit Vorgesetzten, mit dem Aufsichtsrat etc.
- moderierte Workshops zur eindeutigen Klärung der Problemlage
- Analyse von Unternehmensdaten (Personalgrundsätze, Geschäftsberichte, Organisationsgrundsätze, Personalkosten etc.)
- Analyse von allgemeinen Brancheninformationen (Branchenverbände, Statistische Ämter etc.)

Das Vorgespräch ist in der Regel das wichtigste und oftmals neben Firmenunterlagen auch die einzige Informationsquelle.

Der nachfolgende Katalog an Fragen kann Ihnen bei der Problemdefinition hilfreich sein, wobei je nach Auftrag die Fragen variiert werden können (in Klammern sind Vorschläge für Variationen angegeben):

Fragen zur Auftragsklärung

- Wie kann Ihr Problem beschrieben werden? (Welche Aufgaben soll der neue Mitarbeiter wahrnehmen? Haben Sie dazu bereits eine Stellenbeschreibung vorliegen?)
- Welche Folgen hat es, wenn das Problem nicht gelöst wird? (entfällt bei Personalsuche)
- Wie nehmen Ihre Mitarbeiter die Problemsituation wahr? (Wie nehmen die zugeordneten Mitarbeiter das Ausscheiden des alten Mitarbeiters wahr?)
- Bis wann soll das Problem gelöst werden? (Bis wann sollte der neue Mitarbeiter eingestellt sein? Bis wann sollten die neuen Organisationsstrukturen greifen?)
- Welche Rahmenbedingungen gelten für den Auftrag? (z. B. bei Personalberatung: Gehaltsniveau, besondere Merkmale/Anforderungen an den neuen Mitarbeiter; bei Organisationsberatungen: Zeitrahmen, Anzahl betroffene Mitarbeiter und deren Erfahrungen mit früheren Beratungsmaßnahmen etc.)

Dies sind, wie gesagt, nur Vorschläge für mögliche Fragen. Bei klaren Aufgaben (Suche eines Nachfolgers für einen ausscheidenden Mitarbeiter, bei dem Stellenbeschreibungen etc. vorliegen) wird sich dieses Vorgespräch knapper halten lassen als bei diffizilen Problemlagen, wie sie bei Aufträgen zur Organisationsentwicklung typisch sind.

Oft genug bemerkt Ihr Auftraggeber im Vorgespräch, dass seine bisherige Ansicht zum Problem nicht ausreicht und sich hinter dem wahrgenommenen Problem noch andere verbergen. Dies wird vor allem bei Anfragen der Personal- und Organisationsentwicklung passieren. Letztlich können Sie erst auf dieser Basis die erforderlichen Projektschritte definieren, den Projektaufwand kalkulieren und gleichzeitig Ihrem Auftraggeber zeigen, ob Sie ihn richtig verstanden haben. Je nach Umfang des Auftrages kann dieses Briefing-Gespräch eine Stunde oder zwei Stunden dauern, wobei ergänzende Formen der Informationsgewinnung zusätzliche Zeit erfordern. Zudem sollten Sie etwas Zeit für die Vorbereitung des Gesprächs einplanen. Auch dafür können einige Fragen sehr hilfreich sein:

Vorbereitung auf das Briefing

- Was weiß ich bereits über den Auftraggeber? (Quellen: Internet, Geschäftsberichte, Artikel in der Fachpresse etc.)
- Was erwartet der Auftraggeber von mir? (Informationen aus Erstkontakt)
- Was kann ich anbieten?
- Mit welchen Unterlagen kann ich mein Angebot untermauern? (Referenzen, Fachartikel, Musterunterlagen, Projektpläne aus früheren Vorhaben)
- Habe ich oder hat jemand anderes aus meinem Unternehmen bereits Erfahrungen mit dem fraglichen Kunden gewonnen, vielleicht sogar schon ein Projekt gemeinsam durchgeführt?

Das Vorgespräch sollte selbstverständlich schriftlich dokumentiert und dem Auftraggeber als „Rebriefing" nochmals zugeleitet werden, um sich zu vergewissern, dass sich beide Seiten richtig verstanden haben und genau wissen, was der jeweils andere erwartet. Dieses Rebriefing kann z. B. als Einleitung zum verbindlichen Leistungsangebot oder als Anhang zum Auftrag verwendet werden.

2.4 Projektplanung

Die Beratungskompetenz schließt eine Prozesskompetenz mit ein. *Prozesskompetenz* ist Ihre Fähigkeit, die für die Zielerreichung notwendigen Arbeitsschritte zu definieren. Dazu sollten Sie, in Abhängigkeit von Projektziel und Projektumfang, sogenannte Projektschritte definieren und nach jedem Projektschritt Meilensteine setzen.

Als Projektschritte bieten sich alle Teile eines Projektes an, die gemeinsam zu absolvieren sind und ein Zwischenergebnis erbringen können:

Personalsuche und -auswahl
- die Formulierung der Stellenausschreibung auf der Basis des Stellen- und Anforderungsprofils für die Schaltung der Ausschreibung
- die Auswertung und Aufbereitung der eingegangenen Bewerbungsunterlagen
- die Vorbereitung, Durchführung und Aufbereitung der Auswahlgespräche bzw. der jeweils angewandten Auswahlverfahren

Personalentwicklungsprozess
– die Potenzialdefinition bei den betroffenen Mitarbeitern
– die Erstellung des ausgearbeiteten PE-Planes

Organisationsentwicklungsprojekt
– die Bestandsaufnahme mittels Mitarbeitergesprächen und Befragungen
– die Vorbereitung, Durchführung und Auswertung von Mitarbeiter-
  Workshops zur Einführung neuer Organisationsstrukturen bzw. -ver-
  fahren

Outplacement-Projekt
– die Gespräche mit Personalabteilung und betroffenen Mitarbeitern zur
  Bestandsaufnahme
– die Erarbeitung eines konkreten Outplacement-Planes und die Umsetzung der Maßnahmen

Diese Teilschritte lassen sich auch sehr gut hinsichtlich des erforderlichen
Projektaufwandes kalkulieren, so dass man den erforderlichen Zeitaufwand und damit die Dauer des Projektes ebenso bestimmen kann wie
Ihren Arbeitsaufwand in Stunden oder Tagewerken. Anhaltswerte aus eigener Beraterpraxis sind:

Mit welchem Zeitbedarf ist zu rechnen?
– Vorgespräch mit Kunden (Vorbereitung, Durchführung, Nachbereitung): 4 – 12
  Stunden zuzüglich Anfahrtszeit
– Angebotserstellung: 3 – 8 Stunden, bei komplexeren Projekten z. B. bei Personal-
  und Organisationsentwicklung manchmal auch 16 Stunden
– Formulieren einer Stellenausschreibung: ca. 3 – 5 Stunden
– Erstellen eines Mediaplanes für eine Stellenausschreibung: ca. 1 – 4 Stunden, je nach
  Zugriffsmöglichkeit auf EDV-gestützte Muster
– Entwicklung eines PE-Planes für einen Mitarbeiter: 2 – 4 Tage
– Vorbereitung, Durchführung und Nachbereitung eines 1,5-tägigen Assessment
  Centers: 5 – 8 Tage, je nach bereits vorhandenen Modellen und Materialien
– Vorbereitung, Durchführung und Dokumentation eines eintägigen Workshops zur
  Organisationsentwicklung mit ca. 20 Teilnehmern: 4 – 5 Tagewerke, verteilt auf
  zwei Berater

Damit ist noch nicht gesagt, wie lange ein Projekt insgesamt dauern kann.
Das hängt davon ab, wie die Arbeitsaufträge im beratenen Unternehmen
umgesetzt werden oder wie schnell bei Personalsuchaufträgen die ange-

sprochenen Personen reagieren. Ein Personalsuchauftrags kann zwischen Beginn und erfolgreichem Abschluss des Arbeitsvertrags zwischen ein und sechs Monaten Zeit erfordern, ein Auftrag zur Organisationsentwicklung kann sich manchmal über neun Monate und länger hinziehen. Darauf wird in den nachfolgenden Kapiteln noch näher eingegangen.

Jeder Projektschritt wird zu einem bestimmten Teilergebnis führen, und diese Teilergebnisse bieten sich dazu an, gemeinsam mit dem Auftraggeber besprochen zu werden, ob man in der gewünschten Richtung arbeitet, ob Korrekturen erforderlich sind usw. Daher kann man diese Teilergebnisse zu Meilensteinen machen. Geeignete Meilensteine können sein:

Personalsuche
– die Vorlage der fertigen Stellenausschreibung
– die fertige Aufbereitung der eingegangenen Bewerbungsunterlagen, der Auswahlgespräche bzw. der jeweils angewandten Auswahlverfahren

Personalentwicklungsprozess
– die Ergebnisse der Potenzialdefinition
– der ausgearbeitete PE-Plan, einschließlich der Kosten- und Zeitkalkulation

Organisationsentwicklungsprojekt
– die Ergebnisse aus der Bestandsaufnahme
– die Ergebnisse der Implementierungsmaßnahmen

Outplacement-Projekt
– die Ergebnisse aus den Mitarbeitergesprächen
– die ausgearbeiteten Outplacement-Maßnahmen, einschließlich einer Kosten- und Zeitkalkulation

Auf die einzelnen Projektschritte wird in den nachfolgenden Kapiteln noch näher eingegangen.

Die Dynamik des Beratungsprozesses hat gerade bei Personal- oder Organisationsentwicklungsaufträgen öfters schon eine Neudefinition des Projektzieles erforderlich gemacht und damit eine Prozesserweiterung.

Von daher werden Sie in der Beratungspraxis schnell den Nutzen solcher genau definierten Projektschritte und Meilensteine erkennen. Zudem wird schon bei der Projektplanung für Ihren Auftraggeber erkennbar, wie Sie gemeinsam mit ihm vorgehen wollen. Sie können Transparenz über Ihr Vorgehen und die dafür erforderlichen Aufwendungen schaffen, womit Sie Ihren Auftraggeber leichter auf dieses Vorgehen verpflichten. Sie geben Ihrem Auftraggeber das Gefühl, jederzeit den Projektverlauf zu kontrollieren und bei Bedarf eingreifen zu können. Dies wird sich positiv auf den Beratungsverlauf auswirken.

Unterbleibt eine ausdifferenzierte Projektplanung, werden Sie den Projektfortschritt schwerer nachvollziehen und mögliche Fehlentwicklungen erst (zu) spät erkennen können. Man wird Ihnen diese Fehlentwicklung zuschreiben und eventuelle Mehrkosten werden in den meisten Fällen Ihnen aufgebürdet. Manchmal kann eine Fehlentwicklung auch zu einem vorzeitigen Projektabbruch führen, mit allen Imageschäden und finanziellen Folgen für Sie als Berater.

2.5 Kalkulation und Honorarbildung

2.5.1 *Kalkulation des Projektaufwands*

Als Kalkulation wird die rechnerische Bestimmung des von Ihnen zu leistenden Aufwandes verstanden. Die Kalkulation baut auf den Werten der Projektplanung auf. Dafür sind drei Parameter von Bedeutung:

– *Ihre eigenen Kapazitäten:* Wenn die Erstellung einer Stellenausschreibung drei Stunden benötigt, müssen Sie diese übrig haben, d. h. es darf in der dafür notwendigen Zeit kein weiterer Auftrag zu bearbeiten sein, zumindest muss der Puffer Ihnen die fristgerechte Bearbeitung der relevanten Aufträge erlauben;
– *Die Kapazitäten des Auftraggebers:* Wie schnell kann er seine Informationen abgeben? Wie schnell kann er seine Mitarbeiter zum einem Workshop versammeln bzw. wie schnell können Arbeitsaufträge an die Mitarbeiter durchgeführt werden?

– *Kapazitäten und Arbeitsabläufe Dritter sowie die dabei entstehenden Kosten:* Wie schnell kann eine Zeitung eine Stellenanzeige veröffentlichen? Wie viel Tage oder Wochen vorab ist Anzeigenschluss? Was muss dazu an Vorarbeiten wie Layout durch einen Grafiker oder Freigabe des Korrekturabzuges erfolgen?

Jede Kalkulation muss folglich eine Zeitschiene und eine Kostenschiene beachten. Die nachfolgende Tabelle zeigt Ihnen ein entsprechendes Muster für einen Auftrag zur Besetzung einer vakanten Stelle auf (Anhaltspunkte für andere Projektarten erhalten Sie in den nachfolgenden Kapiteln):

Kalkulationsschema Personalberatung

Arbeitsschritt	eigener Aufwand	Leistungen Dritter	Termin bis:
Texten und Freigabe der Ausschreibung; Erstellen Mediaplan	Erstellen Text und Mediaplan, ca. 5 Stunden (fertig bis 24.03.)	Freigabe durch Auftraggeber (ca. 1 Woche)	bis 31.03.
Schalten der Anzeige	Koordination des Layouts, Korrekturabzug ca. 1,5 Std.	Grafiker: ca. 3 Tage Frist, ca. 500 Euro Honorar; Anzeige ca. 5 000 Euro zzgl. MwSt. (3-spaltig, 150 mm)	Erscheinen Anzeige am 11.04., Anzeigenschluss am 07.04., d. h. Grafiker braucht Auftrag bis 04.04.
Bewerbungsschluss und Auswertung der Bewerbungen, Abstimmen weiteres Vorgehen mit Auftraggeber	Auswertung der Unterlagen inkl. Dokumentation (ca. 45 min pro Bewerbung bei ca. 25 Bewerbungen = 19 Std.), tel. Auskünfte an Interessenten, zus. ca. 3 Std., telefonische Nachfassgespräche bei interessanten Kandidaten plus Dokumentation (ca. 90 min/Kandidat, ca. 5 Kandidaten	Bewerber: Erstellen und Versenden der Bewerbungsunterlagen	Bewerbungsschluss 3 Wochen nach Anzeige; 28.04., fertige Auswertung am 03.05. an Auftraggeber, Rückmeldung (Billigung oder Veränderung der Vorschläge) vom Auftraggeber binnen einer Woche. Rückmeldung bis 10.05.

Arbeitsschritt	eigener Aufwand	Leistungen Dritter	Termin bis:
Durchführung von Auswahl- interviews	Vorbereitung, Ge- sprächsführung und Dokumentati- on ca. 4 Std. pro Kandidat, bei 4 Kandidaten = 16 Std. dazu 6 Std. Reisezeit	Auftraggeber muss Gesprächs- partner und Be- sprechungsraum organisieren: ca. 8 – 10 Tage vorab. Bewerber müssen Zeit zur Vorbereitung haben (Infos über Unternehmen, Organisation der Freistellung für Gesprächster- min/Urlaubstag: ca. 8 – 10 Tage)	Terminverein- barung am 11./ 12.05. mit Bewer- bern für den 20./21.05. als Vorstellungster- min (telefonische Klärung, schriftli- che Einladung/ Bestätigung mit Bitte um Rückmel- dung innerhalb von drei Tagen)
Auswertung der Auswahl- interviews ggf. weitere Services	Auswertung der Gespräche, Emp- fehlung (ca. 30 min pro Kandidat = 2 Std.) ggf. wei- teres wie PE-Plan, Arbeitsvertrag etc. nach Aufwand; Abschlussarbeiten wie Rücksendung Bewerbungsunter- lagen und Erstel- len des Abschluss- berichtes = 4 Std.	–	Zusendung der Auswertung 28.05.
Gesamtaufwand	ca. 64 Std. = 8 Arbeitstage	ca. 5 500 Euro	

Im vorliegenden Beispiel kann also das Projekt, das Ende Februar be-
gonnen wurde, bis Ende Mai abgeschlossen werden. Verzögerungen sind
immer einzurechnen, ebenso auch zusätzlicher Aufwand. Es wäre also
auch mit einem Projektabschluss zur Monatsmitte oder dem Monatsen-
de Juni zu rechnen, z. B. wenn die erste Stellenausschreibung nicht genug
qualifizierte Bewerbungen erbringt und eine zweite Ausschreibung notwendig wird.

In dieser Aufstellung wird für beide Seiten deutlich, welche Leistungen sie einzubringen haben und welcher Zeitraum erforderlich ist. Der Auftraggeber kann zudem nachvollziehen, wie es zum veranschlagten Aufwand von 64 Stunden Arbeitszeit kommt und wird auch geringe Abweichungen nach oben akzeptieren. 5 – 10 Prozent Abweichungen gelten als zulässig, ohne dass ein neues Angebot bzw. eine neue Auftragsbestätigung erforderlich werden. Zumindest wird der Auftraggeber in der Regel kein Feilschen anfangen, ob nicht noch „irgendwo 500 oder 1 000 Euro Nachlass" möglich sind – die Leistung ist substantiiert beschrieben. Wenn man zudem bedenkt, dass bei Stellenbesetzungen aufgrund der Kündigungsfristen der gesuchten Mitarbeiter oft drei Monate (bei Führungskräften auch sechs und mehr Monate) zwischen Vertragsabschluss und Arbeitsaufnahme liegen, so sollte der Auftrag entsprechend frühzeitig vergeben werden. Im vorliegenden Beispiel könnte man also mit einer Arbeitsaufnahme zum 1. August oder 1. September rechnen.

Außerdem bestehen grundsätzliche Unterschiede in der Kalkulation eines Projektes der Personalvermittlung gegenüber einem Projekt in der Arbeitsvermittlung.

Während bei der Personalvermittlung die Honorarhöhe mit dem Arbeitgeber frei ausgehandelt werden kann, ist das Honorar, oder besser die Vergütung, bei einer Arbeitsvermittlung gesetzlich geregelt: 2 000 Euro einschl. MwSt. können maximal berechnet werden, nach vorheriger schriftlicher Vereinbarung. Diese Vergütungshöhe deckt i. d. R. die Kosten für eine qualitativ hochwertige Personaldienstleistung nicht. Deshalb ist eine Personalberatung, begründet auf die Arbeitsvermittlung betriebswirtschaftlich eher kritisch zu sehen. Empfehlenswert ist eine „Mischtätigkeit", bei der arbeitgeber- und arbeitnehmerseitige Beauftragungen parallel getätigt werden.

2.5.2 Honorarfindung und Honorarten

Grundsätzlich gibt es in der Honorargestaltung mit dem Arbeitgeber weder gesetzliche Vorgaben noch andere Beschränkungen.

Aufwand, Kosten und Gewinnerwartungen sind die Hauptkriterien für ein angemessenes Honorar. Das Projekt sollte also zu einem Betrag abgerechnet werden, der den eigenen Aufwand für das Projekt (das sind kostenrechnerisch gesehen die variablen Kosten, v. a. die Gehaltskosten der involvierten Mitarbeiter, Anzeigenkosten, Spesen etc.) sowie allgemeine Fixkosten (angemessener Anteil der Geschäftsleitung, Büromieten, Sekretariat, Telefon etc.) trägt und auch einen Gewinnanteil ermöglicht. Hierzu werden im nächsten Abschnitt noch einige Hilfestellungen und Informationen gegeben.

Daneben gelten noch weitere Kriterien, insbesondere:

– die Bekanntheit im Markt, die einen Aufschlag ermöglicht – oder auch einen Abschlag erfordert, wenn man als Newcomer mit niedrigeren Preisen sich erst noch einen Markt erschließen muss;
– die Konkurrenzlage und damit die Möglichkeit, bestimmte Preise durchzusetzen oder auch nicht;
– die Signalwirkung des Preises, die den Kunden suggeriert, dass der betreffende Berater ein Meister seines Fachs sein muss („hoher Preis = hohe Qualität");
– ggf. Honorarordnungen, wenn etwa Rechtsanwälte oder Steuerberater mit Personalberatungsdienstleistungen beauftragt werden und dabei keine freie Honorarvereinbarung möglich ist.

Die beiden wesentlichen Kriterien sind die Konkurrenzlage, die eine bestimmte Honorarhöhe zulässt (oder auch nicht) und die eigenen Kostenstrukturen. Vor der Festlegung oder Korrektur des Honorars sollte man sich daher über diese beiden Parameter sehr intensiv informieren!

Drei verschiedene Honorarformen sind etabliert, und zwar:

– *Festhonorar/Pauschalhonorar:* Vereinbarung einer bestimmten Summe für ein Projekt, was allerdings hohe Anforderungen an die Kalkulation stellt. Einerseits sollten alle anfallenden Kosten abgedeckt sein, andererseits können Sie aber auch kein „Mondpreis" verlangen, der Sie aus dem Markt wirft; Auftraggeber finden Festhonorare übrigens sehr sympathisch, da sie von Anfang an Kostenklarheit besitzen; BDU-Mitglieder, die ausschließlich Führungskräfte vermitteln, kalkulieren dem Vernehmen nach zwischen 15 und 40 Prozent der Jahresentgeltsumme.

– *Aufwandshonorar:* Rechnungsstellung nach Tagewerken oder Stundensätzen, je nach kalkulierter oder tatsächlich angefallener Arbeitszeit errechnet. Das ermöglicht eine transparente Kalkulation, bedeutet aber aus Sicht des Auftraggebers eine gewisse Unsicherheit, so dass Sie möglicherweise eine Obergrenze festlegen müssen bzw. einen Richtwert angeben, der nur in vereinbarten Ausnahmen überschritten werden kann

– *Erfolgshonorar:* bei erfolgreichem Abschluss eines Projekts (z. B. erfolgreiche Vermittlung eines neuen Arbeitnehmers) fällt ein bestimmter Honorarsatz an, der sich an Basiswerten wie dem Monats- oder Jahresentgelt des vermittelten Arbeitnehmers ausrichtet. So werden bei tarifvertraglich bezahlten Arbeitnehmern bzw. bei Positionen für Fachkräfte oft ein bis drei Monatsgehälter vereinbart. Der inzwischen aufgelöste Verband Deutscher Executive Search Berater schloss in seinen Berufsgrundsätzen diese Honorarform aus. BDU-Mitglieder arbeiten grundsätzlich auch nicht auf Erfolgsbasis. Mitglieder anderer Verbände (z. B. des BPV) arbeiten sowohl auf Erfolgsbasis wie auch mit Honorarvereinbarungen nach Arbeitsfortschritt.

Es kann durchaus vorkommen, dass Mischformen vereinbart werden, insbesondere in der Personalvermittlung. So kann ein *Basishonorar* vereinbart werden, das zumindest die entstehenden Kosten abdeckt. Wird die vakante Stelle erfolgreich besetzt, darf der Personalberater dann ergänzend ein *Erfolgshonorar* berechnen.

Nicht unwichtig ist es auch, die Zahlungsmodalitäten zu klären. Es bestehen grundsätzlich drei verschiedene Möglichkeiten:

– *Zahlung mit Auftragsvergabe:* Bei Auftragsvergabe wird der gesamte Honorarsatz fällig. Das ist vor allem dann wichtig, wenn man als Auftragnehmer nicht sicher ist, ob der Auftraggeber solvent ist und/oder wenn der Auftragnehmer seinerseits einen hohen Teil der Projektkosten vorfinanzieren muss, z. B. für umfangreiche Anzeigenschaltungen etc.; allerdings wird sich diese Option aufgrund des aktuellen Wettbewerbsumfeldes nur selten durchsetzen lassen;

– *Teilzahlung* nach Projektfortschritt: Gezahlt wird je nach Projektab-
schnitt, z. B. ein Drittel nach Auftragsvergabe, ein Drittel nach einem
wichtigen Teilschritt und das letzte Drittel nach Projektabschluss, wobei sich diese Form bei längerfristigen Aufträgen im Bereich Personalentwicklung oder Organisationsentwicklung anbietet. Der Vorteil liegt
darin, dass es für Sie keinen vollständigen Zahlungsausfall geben kann
und der Auftraggeber seinerseits einen gewissen Rückbehalt als Sicherheit besitzt;
– *Zahlung nach Projektabschluss:* Nach Abwicklung eines Projektes
wird die gesamte Honorarsumme fällig. Das ist abgesehen vom Falle
des Erfolgshonorars vor allem dann üblich, wenn die Berater in einem
hoch kompetitiven Wettbewerbsumfeld tätig sind.

Ein Festhonorar ist immer dann angeraten, wenn eine bestimmte Leistung bereits vorab quantifiziert werden kann, z. B. ein Gutachten zu erstellen ist oder regelmäßige Verwaltungstätigkeiten zu erfüllen sind. Ein
Aufwandshonorar liegt bei Projekten nahe, die bestimmte Unwägbar-
keiten enthalten, z. B. wenn eine Organisationsberatung durchzuführen
ist oder aber ein Coaching-Auftrag erteilt wird. Hier kann aus Erfahrung
ein bestimmter Richtwert benannt werden.

Aus Gründen der Fairness ist die Honorierung nach Projektfortschritt
vorzuziehen, da sie beiden Seiten Sicherheit bietet und gleichzeitig für den
Berater die Vorfinanzierung überschaubar hält.

Schließlich muss noch geklärt werden, wie mit Spesen und projektbezo-
genen Kosten verfahren wird, wie z. B.

– Reisekosten und Hotelübernachtungen
– Kosten für Stellenanzeigen
– Kosten für Tests

In der Regel sollten diese gegen Nachweis abgerechnet werden, wobei es
sich empfiehlt, mit dem Steuerberater bzw. Finanzamt die Verwendung
der Originalbelege abzustimmen: Werden diese an den Auftraggeber mit
der eigenen Rechnung weitergegeben, oder erhält der Auftraggeber nur
Kopien? Es empfiehlt sich, die Originale für die eigene Buchführung zu
behalten, denn für den Auftraggeber ist die Kostenberechnung des Auftragnehmers normalerweise die Originalrechnung.

Die Honorarform und die Zahlungsmodalitäten sollten unbedingt im Beratungsangebot, zumindest in den angehängten Allgemeinen Geschäftsbedingungen enthalten sein. Sie können beim Projektgespräch zu Beginn en passant dem Auftraggeber mit einigen erklärenden Worten kommuniziert werden und sorgen so von Anfang an für Klarheit in einem absolut grundlegenden Punkt! Eine schriftliche Vereinbarung bzw. ein schriftlicher Vertrag ist nicht zwingend, aber zu empfehlen.

2.5.3 Allgemeine Grundlagen der Kalkulation und Honorarbildung

Die verhältnismäßig sichere Kalkulation eines Beratungshonorars erfordert einige Erfahrung, was den voraussichtlichen Projektaufwand als auch was die eigenen Kosten- und Erlösstrukturen betrifft. Es ist klug, zunächst einmal davon auszugehen, dass man im Jahr 120–150 Tage beim Kunden vor Ort verbringen kann. Diese Grenze wird gezogen durch:

– Feiertage und Wochenenden, die in der Regel kaum vom Kunden nachgefragt werden (zusammen etwa 115 Tage im Jahr), wobei es höchstens im Falle von Personalsuchaufträgen einmal in Frage kommt, bestimmte Kandidaten einen Samstagstermin zum Gespräch anzubieten
– notwendigem Erholungsurlaub (20–30 Tage pro Jahr)
– bei Einzelunternehmern und Inhabern durch den Zeitaufwand für allgemeine Büroorganisation, bei Mitarbeitern in größeren Unternehmern für allgemeine Tätigkeiten wie Mitarbeiterkonferenzen, Führungsgespräche etc. (ca. ein Tag pro Woche, also 45–50 Tage pro Jahr)
– notwendige Weiterbildung in EDV-Fragen, Fachfragen, Arbeitsrecht etc., die mit 10 Tagen pro Jahr sicher nicht zu knapp bemessen ist. Gerade der Zeitbedarf für Weiterbildung darf nicht unterschätzt werden, sind Sie als Berater doch wesentlich davon abhängig, Ihren Kunden stets aktuelles Fachwissen zu präsentieren und immer zwei Schritte voraus zu sein!

Darin nicht berücksichtigt sind Krankheitstage etc., die man natürlich schlecht kalkulieren kann. Selbständige und Führungskräfte in der Beratung sind zwar selten krank – sie sind einfach zu sehr motiviert oder auch zu sehr auf die Einkünfte angewiesen. Doch wenn sie einmal krank sind, dann gleich richtig und damit entsprechend länger. (Für den Fall von Krankheit ist – vor allen in Einzel- oder kleineren Beratungsunternehmen – eine Betriebskostenausfallversicherung anzuraten).

Geht man nun von einem Einkommensziel als selbständiger Berater aus, das einem Bruttoeinkommen von 45 000 – 50 000 Euro entspricht (eine Vorstellung, die sicher am unteren Rand dessen liegt, was ein selbständiger Berater zu verdienen wünscht), und man hierzu noch den Arbeitgeberanteil an der Alters- und Krankenversicherung einbezieht, so hat man eine Mindestanforderung von 60 000 Euro pro Jahr. Will man dieses Einkommen mit 120 Arbeitstagen pro Jahr erzielen, so ergibt sich als Basis ein Tagessatz von 500 Euro, der je nach Einkommenswunsch auch höher liegen kann. Darin sind noch nicht eingerechnet:

– die Kosten des Büros, wie Büromiete, Telefon, Porti, Büromaterial, Versicherungen etc.
– die Kosten für Fortbildungsveranstaltungen, Fachliteratur etc.
– die allgemeinen Kosten für Akquisition und ähnliches (Reisekosten, Präsente und Unterlagen etc.)
– die Kosten für externe Services wie Steuerberater

Dafür wird man bei einem Einzelunternehmer nochmals mit 12 000 – 18 000 Euro pro Jahr rechnen können, was entsprechend umgelegt die Tagessätze um 100 – 150 Euro erhöht.

Schließlich ist fraglich, ob Sie tatsächlich an jedem veranschlagten Arbeitstag etwas tun, wofür Sie auch eine Rechnung schreiben können. Also sollte man auch dafür einen Aufschlag von 50 – 100 Euro auf den Tagessatz kalkulieren. So kommt man schnell auf einen Tagessatz von 850 – 1300 Euro.

Übliche Tageshonorare (Erfahrungswerte laut Kollegenauskunft):

– Bei freiberuflichen Beratern, die als Einzelunternehmer oder in kleinen Büros mit maximal vier bis fünf Beratern arbeiten: 600 – 900 Euro, in bestimmten Spitzengruppen auch deutlich mehr
– bei Unternehmensberatern in kleinen und mittleren Beratungsunternehmen (max. 25 Mitarbeiter): 800 – 1 700 Euro
– Bei Unternehmensberatern in Beratungsgesellschaften mit mehr als 20 Mitarbeitern: ab ca. 1 200 Euro für ein Tagewerk eines Juniorberaters bis hin zu 2800 Euro für einen Seniorberater oder Partner. Bei den Top-Adressen können die Honorare teilweise noch höher liegen

In den relativ hoch erscheinenden Tagessätzen der Beratungsgesellschaften sind allerdings auch Kosten enthalten, die bei einem Einzelunternehmen weniger oder gar nicht anfallen. Mit zunehmender Unternehmensgröße steigt der Anteil der Personen, die mit Verwaltungsaufgaben beschäftigt sind und damit keine direkt verrechenbare Leistung erbringen. Deren Kosten müssen natürlich durch die Honorare mitgetragen werden. Auf der anderen Seite ermöglichen die Verwaltungsstrukturen aber auch eine Entlastung der Mitarbeiter im Kundenkontakt, sie haben einen geringen Zeitaufwand für Verwaltungstätigkeiten.

Der Katalog der Kostenarten wird damit bei größeren Beratungsunternehmen entsprechend umfangreicher werden und diese Positionen enthalten:

– Gehaltskosten aller Geschäftsführer und Angestellten des Beratungsunternehmens, einschließlich Empfang, Sekretariat etc. und weitere mitarbeiterbezogene Kosten (z. B. Betriebsausflüge, Mitarbeitergetränke und andere „Goodies")
– Sozialabgaben des Arbeitgebers und vergleichbare Kosten
– Raumkosten (Büromiete bzw. Leasing bzw. Abschreibung für Eigentum; Gebäudebetriebskosten etc.)
– Kosten der Kommunikation (Telefon, Porti etc.) und der Fortbewegung (Firmenwagen, allgemeine Reisekosten)
– Kosten der Fortbildung, für Fachliteratur etc.
– Repräsentationskosten (Geschenke an Geschäftspartner, Bewirtungskosten etc.)
– projektbezogene Kosten, die nicht extra abgerechnet werden können
– Gewinnaufschlag von 15 – 25 Prozent, vor Steuern (Einkommens-/Körperschaftssteuer, Gewerbesteuer)

Für einige Branchen existieren Betriebsvergleiche, aus denen man Durchschnittswerte erhalten und mit eigenen Kennzahlen vergleichen kann. Übersteigen die eigenen Kosten den Branchendurchschnitt (z. B. ein Personalkostenblock von 48 Prozent am Umsatz bei durchschnittlich 45 Prozent), so kann man gezielt nach den Gründen forschen und frühzeitig eine betriebswirtschaftliche Schieflage aufdecken. Ansprechpartner für einen Betriebsvergleich können die Branchenverbände oder auch Steuerberater und Wirtschaftsprüfer sein, die oft auf entsprechende Zahlen zurückgreifen können, insbesondere dann, wenn sie sich auf eine bestimmte Branche spezialisiert haben.

Führt man sich diese Honorarerwartungen einerseits, die Konkurrenzlage und den erforderlichen Projektaufwand andererseits vor Augen, so
ergeben sich als absolute Untergrenzen folgende Anhaltswerte:

- Personalberatung: Kurzaufträge (z. B. Anzeigenschaltung, Vorauswahl
  anhand von Bewerberunterlagen etc.) erfordern einen Arbeitsaufwand
  von etwa acht Arbeitstagen und können schon ab 5 000 Euro zzgl.
  Mehrwertsteuer angeboten werden; vollständige Beratungsaufträge
  einschließlich der Durchführung von Auswahlinterviews werden ab ca.
  7 000 Euro möglich sein;
- Personalentwicklung: Ein PE-Konzept für einen einzelnen Mitarbeiter
  kann bereits mit drei Tagewerken und einem Angebotspreis von insgesamt 1 500 bis 1 900 Euro angeboten werden, wobei dies eine sche-
  matisierte Potenzialbestimmung ohne tiefergehende Assessment-Ver-
  fahren bedeutet;
- Organisationsentwicklung: Es müssen mindestens 10 bis 15 Tagewerke mit einem Honorarvolumen von etwa 12 500 Euro aufwärts veranschlagt werden, da hier umfangreichere Verfahren der Informationsgewinnung und der Mitarbeiterbeteiligung (z. B. durch Workshops) erforderlich sind. In der Regel werden derartige Projekte von zwei Beratern betreut, z. B. für die Moderation der Workshops und die
  Mitarbeitergespräche;
- Coaching und Beratung von Arbeitnehmern in Karrierefragen: Als An-
  haltswert seien 50–130 Euro pro Arbeitsstunde genannt. Diese Beratungsform ist nur deswegen „preiswerter" als eine Unternehmensberatung, weil die Kunden in der Regel Privatpersonen sind und deswegen weniger zu zahlen bereit sind. Auch die Tatsache, dass weniger
  Vorbereitungsaufwand erforderlich ist, spricht für eine niedrigere Honorierung. Wird das Coaching-Honorar hingegen von einem Unternehmen getragen, kann man hier 100–250 Euro pro Stunde ansetzen;
- Gewerbliche Arbeitnehmerüberlassung: Die Kalkulation erfolgt anhand des Stundenentgeltes für Arbeitnehmer zuzüglich der Arbeitge-
  beranteile an der Sozialversicherung, zuzüglich eines Aufschlages für
  Verwaltung etc. von regelmäßig 10–35 Prozent. Die konkrete Ausgestaltung hängt auch hier vom Angebot an Arbeitnehmer, der Nachfrage, der Dauer der Arbeitnehmerüberlassung und der Konkurrenzlage
  ab. Nachfolgende Zahlen sind Anhaltswerte für kaufmännisches Personal (Stand 2006 Durchschnittswerte netto, ohne Mehrwertsteuer):
  einfache Bürokräfte, Telefonisten etc.: 15–21 Euro pro Arbeitsstunde;

Sekretäre, Sachbearbeiter, Bürokaufleute: 19 – 28 Euro; qualifizierte Kaufleute (Personal-, Speditions-, DV-Kaufleute u. ä.): 20 – 30 Euro; geprüfte Buchhalter: 21 – 32 Euro. Bei technischen Zeichnern, Konstrukteuren, Ingenieuren etc. gehen die Beträge noch höher und können bis zu 70 Euro pro Stunde betragen.

Die externe Kalkulation, also das Zahlenwerk im Projektangebot, zeigt in der Regel einen etwas anderen Wert. Manchmal können Routinetätigkeiten mit einem höheren Satz kommuniziert werden, indem ein Tag für Vorbereitung angegeben wird, obwohl bereits fertige Materialien vorliegen (v. a. bei Assessment Center-Verfahren üblich!). Andererseits gibt es oft Nacharbeiten aus Kulanz oder anderen Gründen, die Sie nicht verrechnen können und welche die interne Kalkulation höher treiben als in der externen Kalkulation angegeben.

2.6 Angebotserstellung

2.6.1 Funktion des Angebots

In einem Angebot definieren Sie Ihre Leistungen, bezogen auf eine konkrete Problemstellung eines potenziellen Auftraggebers. Das Angebot geht damit deutlich über einen bloßen Verkaufsprospekt hinaus und klärt, bei Annahme durch die andere Seite, die Geschäftsgrundlage. Ein Angebot sollte entsprechend sorgfältig erstellt werden. Es empfiehlt sich daher, folgende Elemente aufzuführen:

– *Formulierung der Problemstellung und des Arbeitsauftrages,* um eine verbindliche Arbeitsgrundlage zu schaffen und dem Auftraggeber zu zeigen, dass man ihn richtig verstanden hat.
– *Vorschlag für ein Vorgehen/Projektplan:* Was soll mit wem bis wann passieren? Damit werden die Arbeitsschritte klar geregelt und mit einem Zeitplan verbunden, was die einzelnen Leistungen der Vertragsparteien genau und nachprüfbar definiert. Bei umfangreicheren Projekten sollte dieser Vorschlag als Projektplan angefügt werden.
– *Benennung der verantwortlichen Ansprechpartner:* Wer ist auf beiden Seiten Projektleiter/in? Wer ist Ansprechpartner bei grundsätzlichen Fragen? Bei Fragen, Projekterweiterungen oder -veränderungen ist damit schnelle Klärung möglich.

– Bei Personalsuchaufträgen: ein *Media-Plan,* der die Kosten und Leistungen Dritter definiert (siehe S. 69 f.).
– *Kostenplan/Honorarberechnung,* angefügt als Projektkalkulation mit
  Nennung der Zahlungsmodalitäten. Dem Kunden sollte übrigens signalisiert werden, dass es in begründeten Fällen durchaus Abweichungen geben kann, die aber selbstverständlich mit ihm abgestimmt werden. Dazu sollte auch eine Verfahrensregel getroffen werden, z. B.:
  „Wenn Abweichungen von mehr als fünf/zehn Prozent vom Angebotspreis zu erwarten sind, wird dies dem Auftraggeber entsprechend mit-
  geteilt und um Zustimmung zu den erweiterten Maßnahmen gebeten."
– *Frist für die Angebotsbindung,* um innerhalb einer angemessenen Frist,
  meist drei bis vier Wochen, Planungssicherheit zu bekommen (nimmt
  der Kunde an oder nicht, muss das Projekt in den Arbeitsplan integriert
  oder wieder ausgeplant werden): „Wir fühlen uns an das Angebot gebunden bis <datum>."
– Allgemeine Geschäftsbedingungen (mit Bestimmungen zum Gerichtsstand, zur Zahlungsweise/Rechnungsstellung, zur außerordentlichen
  Kündigung des Beratungsauftrages etc.).
– Hinweis, wie das Angebot angenommen werden kann, ggf. durch bei-
  gelegtes Antwortformular oder zweite Ausfertigung des Angebots, das
  gegengezeichnet zurückgesandt werden soll.

Prüfen Sie zum Abschluss Ihr Angebot nochmals anhand der folgenden
Checkliste:

Checkliste: Ist das Angebot korrekt?

☐ Projektziel klar definiert/Wunsch des Auftraggebers klar wiederholt

☐ Klare Benennung der Aufgaben/Verantwortlichkeiten von Auftraggeber und
  Auftragnehmer

☐ Klare Definition der Auftragssumme bzw. der Berechnungsgrundlage für das
  Honorar. Festlegung, wer Zusatzkosten trägt (z. B. Anzeigen-, Reisekosten)

☐ Projektplan beigefügt mit klaren Zeiten, Aufgaben und Verantwortlichkeiten

☐ AGBs beigefügt

☐ Texte und Papier entsprechen den Corporate Design-Richtlinien

☐ Für den Auftraggeber ist klar, bis wann und wie er auf das Angebot reagieren
  muss

☐ Ein Dritter hat das Angebot auf Vollständigkeit und Rechtschreibung kontrolliert

2.6.2 Allgemeine Geschäftsbedingungen

Oft werden auch Allgemeine Geschäftsbedingungen („das Kleinge-druckte") beigefügt. Gewerbliche Kunden haben ihrerseits in der Regel eine kleine Ergänzung, die sie bei Auftragsvergabe ihrer Annahmeer-klärung bzw. ihrem Auftrag beifügen und als verbindlich erklären. Der Zweck ist in beiden Fällen ein identischer: Die Vertragssituation soll stan-dardisiert werden, um im Falle eines Problems mit einfachen Mitteln rea-gieren zu können und dafür Handlungssicherheit zu gewinnen. In der Re-gel wird der stärkere Marktpartner seine AGBs durchsetzen können, und am Schwächeren wird es liegen, dies zu akzeptieren.

Damit AGBs überhaupt gelten, müssen diese „wirksam vereinbart" sein, d. h. deutlich erkennbar Bestandteil des Vertrages sein. Das heißt, dass der Vertragspartner, diese AGBs eindeutig gebilligt haben muss, z. B. durch einen entsprechenden Hinweis im Angebot.

AGBs sollten übrigens nicht zu umfangreich sein, da man sonst genau die Probleme schafft, die man vermeiden möchte. Es empfiehlt sich daher, nur die notwendigsten Elemente zu klären:

– Allgemeines (z. B. Verpflichtungen beider Seiten zu Verschwiegenheit und zum Datenschutz, offene Information über alle notwendigen Um-stände durch den Auftraggeber, Eigentumsvorbehalt von Ausarbei-tungen und Dossiers des Beraters)
– Honorarzahlungen (Honorarsätze, Zahlungsweisen, Behandlung von Kosten Dritter, z. B. bei Anzeigenschaltung)
– Rolle des Angebots (verbindliches oder frei bleibendes/unverbindliches Angebot), ggf. auch Angebotsbindungen (Auftragnehmer fühlt sich bis zu einem bestimmten Termin an das Angebot gebunden, um Klarheit über das weitere Vorgehen zu bekommen)
– Behandlung von Zusatzleistungen/Vereinbarung von Zusatzleistungen
– Schlussbestimmungen
– Erfüllungsort und Gerichtsstand

Eine Prüfung des Textes durch einen Rechtsanwalt ist selbstverständlich sinnvoll. Doch auch noch so akkurat erstellte AGBs werden einen nicht vor unliebsamen Überraschungen schützen, die durch die Rechtspre-chung vielleicht geschaffen werden. Insofern ist das Kleingedruckte kein Allheilmittel gegen die Fährnisse des Wirtschaftslebens.

2.6.3 Form eines Angebots

Die Form des Angebots kann je nach Auftrag differieren. Unter Kauf-
leuten kann dem Handelsbrauch entsprechend ein Angebot auch münd-
lich ausgesprochen und angenommen werden. Die Regel ist aber ein
schriftliches Angebot, weil dies Klarheit für alle Beteiligten schafft. Je
nach Unternehmenskultur und Branchengepflogenheiten kann das Angebot als Attach an einer E-Mail versandt werden, als lose Blätter in einer Klarsichthülle oder mehr oder weniger aufwendig gebunden. Einfach
und doch ansprechend ist der Versand in einer Klemmschiene oder einem
Klemmhefter, mit einer Klarsichtfolie oben auf und einem in Unterneh-
mensfarben gehaltenen verstärkten Bogen auf dem Rücken. Dazu wird
ein Begleitbrief oben aufgelegt, in dem man sich für das Vertrauen be-
dankt und sich auf die Zusammenarbeit freut.

Ein Vorabversand per Fax kann in dringlichen Fällen sinnvoll sein. Das
sollte aber immer nur die Ausnahme sein und stets durch den nachträg-
lichen Versand per Post „korrigiert" werden – der Eindruck von Faxpa-
pier ist nicht immer positiv. Auch beim Versand per E-Mail sollte man
daran denken, Formatierungsprobleme zu vermeiden, die den Gesamteindruck unnötig stören. Diese Probleme können zwar durch die heute
gängigen pdf-Dokumente beseitigt werden. Aber denken Sie bitte daran:
Ein per Mail versandtes Angebot bzw. ein Auftrag sollte auf jeden Fall
die Unterschriften der Vertragspartner enthalten – per Mail ist dies noch
nicht einfach möglich und die rechtliche Wertung der „digitalen Unterschrift" ist diffizil. Daher: Ein Mail-Angebot sicherheitshalber immer mit
Unterschriften versehen per Post oder Fax zurücksenden lassen.

Ein Hinweis: Angebote sind juristisch gesehen Handelskorrespondenz
und unterliegen den entsprechenden Bestimmungen zur Aufbewahrung
(7 Jahre) und der Kennzeichnung mit allen handels- und steuerrechtli-
chen Elementen (Angabe der „kaufmännischen Angaben" wie Adresse
und Rechtsform sowie der Geschäftsführer, ergänzend die Steuernummer
bzw. die Umsatzsteuer-ID). Dies gilt sowohl für brieflich als auch elek-
tronisch versandte Dokumente.

zu erreichen). Diese Daten sind vor allem bei unsicheren Kunden wichtig, um die Auswahl des jeweiligen Mediums zu begründen.

Media-Plan (Beispiel)

Medium	Preis für Spalten-mm	Reichweite und TKP	Anzeigen-schluss	Erscheinungs-termin
xy-Zeitung	€ 10,60 am Samstag, bei 160 mm, 2-spaltig = € 3 392,– zzgl. MwSt.	350 000 Leser TKP = € 9,42	Dienstag, 12.00 Uhr, bei Korrektur-abzug Montag, 12.00 Uhr	Samstag-Ausgabe
abc-Internet-Stellenbörse	pro Schaltung € 750,– zzgl. MwSt.	ca. 18 000 pageimpres-sions/Woche TKP = € 41,66	24 Stunden Vorlauf vor Erscheinungs-termin	tageweise aktualisiert

Im Beispiel ist die Internet-Stellenbörse preiswerter und schneller zu aktivieren. Allerdings spricht der TKP zunächst gegen die Online-Anzeige. Wenn man sich aber vor Augen hält, dass nicht jeder Leser der Tageszeitung ein potenzieller Bewerber ist, relativiert sich der TKP-Wert wieder.

War bis vor wenigen Jahren die Printanzeige „das" Medium schlechthin, erreicht man heute durch Internetanzeigen, besonders aber durch eine Kombination von Print- und Internetanzeigen sehr viele Bewerbergruppen. Breite Schichten von Bewerbern aller Alters- und Berufssparten haben heute einen PC mit Internetanschluss. Jedoch ist Wirkung der „guten alten" Printanzeige nicht zu unterschätzen: Hier kann ein Personalberater durch regelmäßige Präsenz seinen Bekanntheitsgrad steigern und die Vielfalt seiner Stellenangebote darstellen. Für Führungskräfte oder Spezialisten bieten sich überregionale Inserate z. B. in der Süddeutschen, der Frankfurter Allgemeinen oder der Welt an. Für andere Positionen, die häufig regional besetzt werden sollen, bieten sich die regionalen Zeitschriften an. Fachzeitschriften haben nicht mehr den hohen Stellenwert, wohl aber die Branchen-Internetportale (z. B. Kunststoff, Maschinenbau u.a.). Bei der Zielgruppe der Hochschulabsolventen und Young Professionals mit akademischer Ausbildung oder zumindest fundierter Betriebs- bzw. Fachschulausbildung ist das Internet der bevorzugte Stellenmarkt. Hier können insbesondere „jobpilot.de" und „monster.de" empfohlen werden. Zudem sollte man darauf vertrauen, dass spezialisierte Suchmaschinen den Interessenten die relevanten Stellenanzeigen aus allen Online-Börsen herausfiltern und demzufolge die Schaltung in einer großen Online-Stellenbörse meistens ausreicht.

2.6.4 Nachfassen zum Angebot

Es empfiehlt sich, einige Tage nach Versand des Angebots beim Empfänger anzurufen und nachzufragen, ob das Angebot angekommen ist. So geht man sicher, dass das Angebot tatsächlich angekommen und nicht „untergegangen" ist. Dabei kann man sich auch erkundigen, bis wann das Angebot wahrscheinlich bearbeitet wird. Kurz vor diesem Termin kann man nochmals anrufen oder per E-Mail nachfragen, ob es noch Fragen gibt.

Manchmal hat es gute Gründe, dass Ihr Adressat nicht gleich auf Ihr Angebot reagiert. Meistens wird Ihnen der so Kontaktierte für den Hinweis dankbar sein und das Angebot annehmen – oder Ihnen mehr oder weniger direkt bedeuten, dass Sie doch nicht ausgewählt wurden. Mehr als einmal werden Sie so auch erfahren, ob es vielleicht Probleme oder Missverständnisse gab, die dann noch rechtzeitig innerhalb der gewünschten Frist ausgeräumt werden können.

Sofern Sie mit dem Angebot nicht zum Zuge kamen, können Sie sich nochmals etwa zwei Wochen nach der Information erkundigen, ob es irgendwelche Probleme mit dem Angebot gab. Diese zweite Nachfrage ist aber nicht ganz unproblematisch. Manche Adressaten geben hier offen Auskunft, andere verweigern aus unterschiedlichen Gründen eine Auskunft oder suchen Ausflüchte. Als Begründung für eine Absage wird meistens die Honorarhöhe genannt. Das kann jedoch auch ein vorgeschobener Grund sein. Kommen Begründungen wie: „ging am Auftragsziel vorbei" oder „traf nicht die Interessen", so sollten Sie hausintern prüfen, was daraus für zukünftige Aufträge gelernt werden kann.

Wird die Absage nicht begründet, liegt das meist daran, dass der Adressat sich nicht in Diskussionen verwickeln lassen möchte. Ein zweites Nachhaken sollte beim Adressaten also immer den Eindruck hinterlassen, dass Sie sich für die Gründe interessieren und dass er sich für seine Absage nicht rechtfertigen muss.

2.7 Vertragsstörung und Vertragskündigung

Auch wenn es zunächst darum geht, einen Auftrag zu erhalten, muss man sich auf für den Fall vorbereiten, dass es Probleme im Beratungsprozess gibt und die Zusammenarbeit zwischen den Vertragspartnern unbefriedigend verläuft. Die Gründe dafür können verschieden sein:

– Auftraggeber möchte die Zusammenarbeit plötzlich beenden (z. B. Auswechseln des Verantwortungsträgers; Verantwortungsträger hat es sich anders überlegt)
– eigene Leistungsverhinderung, z. B. durch Krankheit/Fortgang des Bearbeiters
– ungünstige Konstellationen zwischen den Projektbeteiligten („Chemie stimmt nicht"), die sich in gegenseitiger Behinderung bemerkbar macht

Ein Patentrezept gibt es nicht. Auf alle Fälle sollte nicht gleich mit der juristischen Keule ausgeholt werden. In einem Gespräch zwischen den Projektleitern auf beiden Seiten kann oft geklärt werden, welche Ursachen vorliegen und wie man diese Ursachen beheben kann. Sollte auch dieses Gespräch nichts ergeben, ist oftmals die Kulanz besser als eine langwierige gerichtliche Auseinandersetzung. Bei unüberbrückbaren Differenzen und Vertragsstörungen, die eindeutig vom Auftraggeber zu verantworten sind, empfiehlt es sich, ein vorzeitiges Projektende zu vereinbaren und eine Abschlussrechnung zu erstellen. Sind hingegen die Ursachen auf der eigenen Seite zu suchen, wird man dem Auftraggeber einen gewissen Schadensersatz anbieten müssen.

In der Regel werden die Probleme durch das klärende Gespräch zu beheben sein, so dass man mit der gebotenen Umsicht meistens keine gravierenden Probleme befürchten muss.

!

– Nehmen Sie in die AGBs eine Klausel zur Vertragsstörung und Vertragskündigung auf!
– Erbitten Sie bei unbekannten Kunden oder bei Kunden mit bekannten wirtschaftlichen Schwierigkeiten eine Anzahlung, soweit nicht ohnehin im Vertrag eine Anzahlung vereinbart ist!
– Halten Sie die Vorfinanzierung von Leistungen Dritter (z. B.: Seminare, Media-Kosten) möglichst gering!

3 Executive Search als Aufgabe der Personalberatung

3.1 Grundlagen

Die Beratung bei der Rekrutierung neuer Mitarbeiter ist die Königsdisziplin der Branche. Wer von Personalberatung spricht, denkt meist genau an diese Aufgaben und Dienstleistungen:

- Beratung bei der Profilbestimmung eines „idealen Kandidaten"
- Direktansprache geeigneter Bewerber oder Ausschreibung der Stelle
- Vorauswahl unter Kandidaten
- Begleitung bei Auswahlverfahren wie etwa Interviews oder Assessment Center etc., einschließlich einer Empfehlung, welcher Kandidat in Frage kommt
- Hilfen bei der Einstellung des Ausgewählten, d. h. bei Vertragsgestaltung, Gehaltsfindung und Einarbeitung (ohne explizite Rechtsberatung)

Der Beratungsauftrag muss nicht immer alle Elemente umfassen. Manche Auftraggeber wollen nur eine Vorauswahl durch den Berater präsentiert bekommen und den weiteren Auswahlprozess allein steuern. Bei einer intensiven Wettbewerbslage wird dies von einigen Personalberatern akzeptiert. Der Beratungserfolg lässt sich bei einem umfassenden Auftrag natürlich am besten kontrollieren und absichern. Dass dieser auch den höchstmöglichen Umsatz verspricht, ist ein angenehmer Nebeneffekt, sollte aber nicht im Vordergrund stehen.

Mit der Reform des Dritten Sozialgesetzbuches zum 27.03. 2002 wurde die Erlaubnispflicht für die „gewerbsmäßige Arbeitsvermittlung (Personalvermittlung) aufgehoben; seither ist nur noch eine Gewerbeanmeldung erforderlich. Das Vermittlungsmonopol der damaligen Bundesanstalt für Arbeit wurde bereits 1994 aufgehoben. Seit dieser Zeit können Personalberater eine vermittelnde Tätigkeit zwischen Arbeitgebern und Arbeitnehmern aufnehmen und müssen sich in ihrer Tätigkeit nicht mehr auf Führungs- und besonders hervorgehobene Fachkräfte beschränken. (siehe auch DINCHER/GAUGLER, 2002, S. 15f.). Vor der Reform regelten – dies als kurzer Ausflug in die Historie – die „Grundsätze zur Abgrenzung von Personalberatung und Arbeitsvermittlung bei der Besetzung von Stellen für Führungskräfte der Wirtschaft" aus dem Jahre 1957 das Betätigungsfeld für freie Personalberater. Diese durften nur für Arbeitgeber tätig werden und mussten sich dabei auf den eng eingegrenzten Kreis an Fach- und Führungskräften beschränken (vgl. DINCHER/GAUGLER, 2002, S.111ff., 137ff.). Eine unabhängige Vermittlung war damit ebenso ausgeschlossen wie eine Beratung im Feld der „normalen Angestellten".

Was sich mit der Reform seit 27.03.2002 auch geändert hat: Die Dienstleistung darf nicht mehr nur den Arbeitgebern in Rechnung gestellt werden, sondern auch dem Arbeitnehmer jedoch in gesetzlich begrenzter Höhe.

Der Kundenkreis der Personalberater umfasst mittlerweile neben Wirtschaftsunternehmen auch Nonprofit-Organisationen und Verwaltungen. Die Verantwortung, die ein Geschäftsführer eines großen Wohlfahrtsverbandes oder der Direktor einer staatlichen Institution wahrnimmt, entspricht durchaus derjenigen eines Managers in der freien Wirtschaft und wird inzwischen auch mit interessanten Beträgen vergütet. Dies legt eine entsprechende professionelle Begleitung der Auswahl nahe.

In Einzelfällen kann die Bundesagentur für Arbeit Zuschüsse bzw. Leistungen bei der erfolgreichen Vermittlung von Arbeitslosen gewähren, was aber an Bedingungen gebunden ist, wie z. B. eine bestimmte Dauer der Arbeitslosigkeit (§ 421g SGB III).[*] Manchmal werden auch die Kommunen als Sozialhilfeträger aktiv und beauftragen Personalberater mit der Wiedereingliederung von Langzeitarbeitslosen und Sozialhilfeempfängern (sog. „Beauftragter Dritter"). Dafür leisten sie im Erfolgsfall Zuwendungen an die beauftragten Personalberater. Mit den Neuregelungen bei der Arbeitsförderung, allgemein auch als „Hartz IV" bezeichnet, sind umfangreiche Änderungen für die Beteiligung Dritter in Kraft getreten. Eine Darstellung der Möglichkeiten ist hier nicht möglich, da sie nicht mehr bundeseinheitlich geregelt sind, sondern regional unterschiedlich gehandhabt werden.

---

[*] Die Regelung war bis zum 31.12.2004 befristet. Durch das Vierte Gesetz für moderne Dienstleistungen am Arbeitsmarkt („Hartz IV") haben sich zum 01.01.05 umfangreiche Änderungen ergeben, die hier leider nicht dargestellt werden können.

Der am 27.03.2002 eingeführte „Vermittlungsgutschein" (§ 421g SGB III) ist ein interessantes Instrument, mit der private Personalvermittler Arbeitslose bei der Suche nach einer Stelle unterstützen. Interessant:

- weil der Arbeitslose sich den privaten Vermittler selbst aussuchen und ihn mit der Suche nach einer Stelle beauftragen kann. Die Arbeitsagentur „weist" also nicht zu;
- weil nach erfolgreicher Arbeitsvermittlung durch ein relativ unkompliziertes Abrechnungsverfahren mit der Arbeitsagentur für Arbeit das Vermittlungshonorar („Vermittlungsvergütung") abgerechnet werden kann;
- weil Arbeitgebern eine für sie kostenlose Beratungsleistung angeboten werden kann; diese Möglichkeit kann man durchaus als „Entree" bei der Akquise nutzen.

Die Vermittlungsvergütung hat jedoch zwei Haken:

- Sie ist begrenzt auf 2 000 Euro, einschl. MwSt., und wird in zwei Tranchen bezahlt: die erste Hälfte nach 6-wöchiger Beschäftigung, die zweite Tranche nach 6-monatiger Beschäftigungzeit in einem sozialversicherungspflichtigen Arbeitsverhältnis (= mindestens 15 Wochenstunden);
- Die kalkulierten Kosten für eine fundierte Beratungsleistung Personalvermittlung sind i.d.R. mit diesen 2 000 Euro nicht gedeckt. Als vorsichtiger Kaufmann sollte man auch eher mit 1000 Euro Einnahmen (abzgl. MwSt.) rechnen als mit der vollen Vergütungssumme; das Ausfallrisiko, d. h. ein Verbleib unter 6 Monaten ist relativ hoch.

Anspruch auf einen Vermittlungsgutschein (VGS) hat grundsätzlich jeder Arbeitslose (Leistungsbezieher), der 6 Wochen und länger arbeitslos ist. Der VGS kann formlos bei der Arbeitsagentur durch den Arbeitslosen beantragt werden. Anders ist es bei AlG II-Beziehern („Hartz IV"): Hier besteht kein Rechtsanspruch auf Ausstellung des VGS, sondern es ist eine „Kann-Leistung". Die jeweils betreuende Stelle (je nach Modell eine ArGe und optimierende Kommune) entscheidet von Fall zu Fall, ob ein VGS ausgestellt wird oder nicht. Der VGS in seiner jetzigen Form ist begrenzt auf den 31.12.2007. Erfreulicherweise haben sich die Koalitionsfraktionen bereits am 06.08.07 darauf geeinigt, den Vermittlungsgutschein bis zum 31.12.2010 fortzuführen, mit einigen Änderungen:

– Der Anspruch auf Ausstellung eines VGS besteht ab 01.01.08 erst
  nach 2 Monaten (bisher: 6 Wochen)
– Die zweite Tranche, nach 6-monatiger Beschäftigung, bisher 1000 Euro kann auf 1500 Euro erhöht werden. Dies ist jedoch eine Ermes-
  sensentscheidung, bezogen auf den Einzelfall. Hier sollen Vermitt-
  lungshemmnisse berücksichtigt werden.

Die frühzeitige Entscheidung stellt für die Branche der Personalvermittler eine erfreuliche Entwicklung dar: es besteht jetzt Planungssicherheit
bis Ende 2010.

Der Vermittlungsgutschein ist eines der wenigen Arbeitsförderinstru-
mente, bei denen öffentliche Gelder erst dann zur Auszahlung kommen,
wenn bereits ein wirtschaftlicher Erfolg nachweislich vorliegt, nämlich 6
Wochen keine Zahlung von Arbeitslosengeld erfolgen musste und Bei-
tragseinnahmen an die Solidargemeinschaft erbracht worden sind (= Ar-
beitgeber- und Arbeitnehmeranteile zur Sozialversicherung aus Arbeits-
entgelt).

Die Zahlen der Vermittlungen unter Einsatz des Vermittlungsgutschei-
nes sprechen für sich: Allein 2006 sind 63.000 Arbeitsverhältnisse dadurch zustande gekommen.

Häufig werden auch Zeitarbeitsfirmen mit der Auswahl von Mitarbeitern beauftragt, wobei sich deren Tätigkeitsfeld eher auf den Bereich von
Sachbearbeitern, Assistenten und gewerblichen Arbeitnehmern (dem
Fachbegriff für alle Handwerker und Arbeiter in Industrie und Dienstleistung) erstreckt. Allerdings kann hier der Arbeitgeber durchaus un-
terstützt werden, wenn es z. B. darum geht, aus einem Pool an Zeitmit-
arbeitern die persönlich und fachlich geeigneten Personen auszuwählen
und zunächst auf Zeit – böse Zungen meinen „zur Erprobung" oder als
erste Probezeit – zur Verfügung zu stellen. Letztendlich ist dies ebenso
eine Form der Personalberatung, konkret der Beratung bei Personal-
beschaffungsmaßnahmen.

Mit einer Auftragsvergabe an eine Personalberatung verspricht sich der
Arbeitgeber mehrere Vorteile:

– Die Erhöhung der „Trefferchance" durch Ansprache einer größeren Zahl an qualifizierten Bewerbern. Damit geht der Auftraggeber davon aus, dass Personalberater eine aktuelle, umfangreiche Datei von qualifizierten Personen besitzen, zumindest aber ein gutes Kontaktnetz.

– Die Hilfe bei einer Entscheidung unter Unsicherheit, da die Auftraggeber in Personalauswahlverfahren oft keine Routine haben. Kann man wirklich anhand von Unterlagen und einem oder zwei Gesprächsterminen erkennen, ob die betreffende Person sich menschlich einfügen und gleichzeitig den fachlichen Anforderungen gerecht werden wird?

– Nicht zuletzt eine „psychologische Entlastung": Wenn externe Experten bei der Auswahl mitwirken, dann kann man mit hoher Wahrscheinlichkeit von einem richtig ausgewählten Mitarbeiter ausgehen. Und sollte sich der oder die Neue dennoch als Fehlbesetzung heraus stellen, so kann man immer noch darauf hinweisen, dass sich bei dieser Personalentscheidung sogar die Experten geirrt haben!

Die Unsicherheit des Auftraggebers und das damit verbundene Risiko kann man anhand einer einfachen Investitionsrechnung nachvollziehen. Ein Betriebsleiter eines Industrie- oder Handelsunternehmens wird je nach Branche und Verantwortungsumfang mit vielleicht 75 000–90 000 Euro entlohnt, zuzüglich der Sozialleistungen des Arbeitgebers. Die Kosten für die Suche liegen auch ohne Beauftragung eines Personalberaters bei mindestens 6 000 – 8 000 Euro. Diese Kosten entstehen durch die Suchanzeige, die Arbeitszeit der Beteiligten, die Spesen für Vorstellungsgespräche usw. Ob ein neuer Mitarbeiter, der vielleicht fachlich überzeugt, aufgrund seiner Persönlichkeit nicht mit der Unternehmenskultur und den zugeordneten Mitarbeitern zurecht kommt, wird man oft erst nach mehreren Monaten entdecken, zu oft erst nach Ablauf der Probezeit. Damit sind 50 000 Euro, vielleicht auch 80 000 oder 90 000 Euro sozusagen fehlinvestiert. Nicht eingerechnet sind vergraulte Kunden und der damit weggebrochene Umsatz, eventuell zur Konkurrenz abgewanderte Mitarbeiter, falsche Investitions- oder Organisationsentscheidungen usw. Allein aus dieser Perspektive betrachtet kann sich die Einschaltung eines Personalberaters durchaus lohnen, wenn dieser durch adäquate Auswahlmethoden das Risiko einer Fehlbesetzung deutlich absenkt.

!

Die „Chemie" muss stimmen!

Personalberater müssen sowohl die fachliche Eignung der Kandidaten wie auch die persönliche Passung (die berühmte „Chemie") zwischen Auftraggeber und Kandidat überprüfen. Der Beratungsprozess ist so transparent zu gestalten, dass der Auftraggeber sich in vertrauenswürdigen Händen weiß. Die regelmäßige Kommunikation zwischen Berater und Auftraggeber hilft ebenso wie ein klug ausgearbeitetes, nachvollziehbares Instrumentarium. Dann stimmt auch die Chemie zwischen Berater und Auftraggeber.

3.2 Vorbereitung der Stellenbeschreibung

Zu den wesentlichen Vorbereitungen gehört es, gemeinsam mit dem Auftraggeber eine Stellenbeschreibung zu erstellen bzw. eine bereits vorhandene Stellenbeschreibung auf ihre Aktualität zu überprüfen. Je genauer hier die Vorarbeit ist, desto zielsicherer können Sie als Berater die Auswahlarbeit gestalten. Sie und Ihr Beratungskunde haben damit eine definierte Arbeitsbasis: Sie kennen die Anforderungen an den Stelleninhaber, sowohl hinsichtlich seiner Ausbildung, Kenntnisse und Erfahrung wie auch hinsichtlich der zukünftigen Anforderungen. Es formt sich für Sie ein Bild, welches Profil ein geeigneter Kandidat aufweisen sollte.

Wichtige Elemente einer Stellenbeschreibung sind:

– die Bezeichnung der Position
– eine Beschreibung des Aufgabenfeldes
– Umfang der Führungsaufgaben
– Anzahl Mitarbeiter und organisatorische Einordnung
– Vertretungsregelungen (wen muss der Stelleninhaber vertreten, wer wird den Stelleninhaber bei Verhinderung vertreten?)
– Budgetverantwortung und Vollmachten (z. B. Prokura, Handlungsvollmacht)
– Anforderungen an den Stelleninhaber (Ausbildung, berufliche Kenntnisse)
– Gehaltsspanne und weitere Leistungen wie Dienstwagen (Klasse? Privatnutzung?)

Ob diese Stellenbeschreibung stichwortartig als Spiegelstrichaufzählung oder in Prosa ausformuliert wird, bleibt dem persönlichen Geschmack vorbehalten. Beide Formen bieten Auslegungsspielraum. Gebräuchlich ist aber die stichwortartige Aufzählung, was auch in den vielen Formularvorlagen der diversen Organisationshandbücher deutlich wird. Auch wenn eine derartige Stellenbeschreibung zunächst nach Bürokratie aussieht, ermöglicht sie einem Personalberater erst das zielsichere Arbeiten.

Das Allgemeine Gleichstellungsgesetz (AGG), das seit August 2006 in Kraft ist, gibt u. a. für alle Formen und Phasen der Stellenbesetzung (sowohl extern als auch intern), der Entgeltfindung, der Teilnahme an Fortbildungen und für Personalfreisetzungen bestimmte Bedingungen vor, soweit öffentlich-rechtliche Vorschriften einzelnen Personengruppen nicht besondere Bevorzugungen gewähren (§ 2 AGG). Ausnahmen hiervon werden in den §§ 8-10 AGG definiert und beinhalten besondere berufliche Anforderungen und entsprechende Ausbildungen bzw. Berufserfahrungen, eine besondere religiöse bzw. weltanschauliche Orientierung bei entsprechenden Anstellungsträgern und das Alter, soweit die Anforderungen des Arbeitsplatzes hierzu entsprechende Festlegungen erlauben (z. B. Volljährigkeit bei Arbeitsplätzen mit Nachtarbeit). Ein Personalberater sollte im Verlauf der Auftragsvereinbarung diese Punkte prüfen und seinem Auftraggeber entsprechende Hinweise geben, sofern sich Anhaltspunkte für eine gesetzeswidrige Diskriminierung ergeben. Genauso muss der Personalberater auch im Verlauf des Auswahlprozesses darauf achten, dass die angewandten Auswahlmethoden neutral sind und eine Diskriminierung nicht zulassen. Selbstredend sollten diese Elemente geeignet dokumentiert werden, da hierbei die Beweislast beim Arbeitgeber bzw. Personalberater liegt (siehe auch QUIRING 2007).

Außerdem sollten Sie das Arbeitsumfeld erkunden: Was lässt sich über die Kollegen, direkten Vorgesetzten und direkten Mitarbeiter sagen? Sie sollten einen Eindruck erhalten, welcher Typ Mensch sich in der neuen Stelle am besten einfügen kann.

Sie sollten sich auch über den Anlass der Stellenbesetzung informieren. Es macht durchaus einen Unterschied, ob es sich um eine neu geschaffene Stelle handelt oder um eine Vakanz aufgrund einer Beförderung, einer Pensionierung, eines freiwilligen Ausscheidens des bisherigen Stelleninhabers oder um eine Vakanz aufgrund einer verhaltens- oder personenbedingten Kündigung. Dies wird die Einstiegsbedingungen für den neuen Mitarbeiter entscheidend mitgestalten. Viele Bewerber legen heute Wert darauf, das soziale Umfeld eines Unternehmens im Vorfeld kennen zu lernen. Wenn Sie hierzu Informationen im Bewerbungsgespräch geben können, geben Sie eine wichtige Entscheidungshilfe und sichern damit die Nachhaltigkeit bei der Stellenbesetzung.

Schließlich ist nicht unwichtig zu wissen, ob bei der Stellenbesetzung eine Mitarbeitervertretung mitwirken wird. Letzteres ist vor allem relevant bei der Frage nach einer internen Stellenausschreibung (§ 93 BetrVerfG) und der Anwendung von bestimmten Auswahlinstrumenten (§ 95 BetrVerfG), bei denen die Mitarbeitervertretung ein Mitwirkungsrecht hat. Als Personalberater tragen Sie zwar für die ordnungsmäßige Beteiligung der Mitarbeitervertretung keine Verantwortung. Eine Missachtung der Mitbestimmungsrechte kann aber den Einstellungsprozess verzögern und im schlimmsten Falle sogar verhindern. Sie tragen zwar nicht die Verantwortung, letztlich aber die Folgen, weil der von Ihnen präsentierte Bewerber nicht eingestellt wird!

Die nachfolgende Checkliste kann Ihnen bei der vollständigen Informationsgewinnung helfen:

Checkliste Stellenbeschreibung

☐ Ist eine Stellenbeschreibung vorhanden? Wenn nicht: Aufgabenkatalog anfertigen lassen oder Stellenbeschreibung gemeinsam mit Auftraggeber erstellen!
☐ Ist ein Organigramm vorhanden? Wenn nicht, zumindest gemeinsam mit Auftraggeber skizzieren!
☐ Gibt es weitere Informationen zur Stelle und zum Unternehmen, wie z. B. Geschäftsberichte und Imagebroschüren? (können bei Informationsanfragen unschlüssiger Bewerber herangezogen werden)
☐ Gibt es Corporate-Design-Vorgaben für die Gestaltung einer Stellenausschreibung, und wenn ja, wie kann man entsprechende Vorlagen erhalten (möglichst in EDV-Form)? Gibt es ergänzend Corporate-Wording-Vorgaben, nach denen bestimmte Formulierungen erforderlich sind oder zu vermeiden sind?
☐ Ist eine Mitwirkung der Mitarbeitervertretung notwendig?
☐ Gibt es sonst noch Besonderheiten der Arbeitsstelle und des Anstellungsträgers (z. B. Tendenzschutz bei Parteien, Gewerkschaften, kirchlichen Institutionen und Medienbetrieben nach § 118 BetrVerfG; oder auch eine vorgesehene Verlagerung des Betriebes und damit der Arbeitsstelle, was einen Wechsel des Arbeitsortes für den neuen Mitarbeiter mit sich bringen könnte)?
☐ Wie entstand die Vakanz?
☐ Bis wann sollte die Stellenbesetzung nach Möglichkeit erfolgen?
☐ Ist das Anforderungsprofil diskriminierungsfrei, oder liegen Umstände vor, die eine Diskriminierung gemäß §§ 8-10 AGG zulassen?

Mit diesen Informationen können Sie nun eine Stellenausschreibung erstellen und unter den Bewerbern eine Vorauswahl vornehmen. Deshalb sollten Sie diese Informationen nochmals zusammenfassen und Ihrem Auftraggeber zur Bestätigung vorlegen. Dies können Sie je nach Projektfortschritt im Angebot tun oder – sofern bereits ein Auftrag vorliegt – als Gesprächsmemo mit Bitte um Bestätigung zuleiten.

3.3 Stellenausschreibung und Kandidatensuche

3.3.1 Grundsätze

Stellenausschreibungen sind im Prinzip Verkaufsprospekte. Mögliche Bewerber sollen angesprochen und ihr Interesse soll geweckt werden, damit sie ein möglichst interessantes Angebot in Form ihrer Bewerbungsunterlagen abgeben. Genau diesen Personen wird die Vakanz „verkauft". Das kann auf verschiedene Weise geschehen:

- in direkter Zuleitung, z. B. als persönliche Ansprache, als Brief oder E-Mail
- als Aushang im Unternehmen (Schwarzes Brett, Intranet), wenn die Mitarbeitervertretung auf der Basis des § 93 BetrVerfG zunächst auf einer internen Stellenausschreibung besteht
- als Stellenanzeige in Zeitungen, Zeitschriften, in Online-Stellenausschreibungen oder auf der Firmen-Homepage

Der Text einer Ausschreibung wird je nach Medium variieren, weil z. B. die Eingabemaske einer Online-Stellenbörse bestimmte grafische Gestaltungen nicht zulässt oder weil man aus Platzgründen nicht alle Details in eine Printanzeige aufnehmen will und dafür auf eine Internetadresse verweist. Die Ausschreibung sollte aber auf alle Fälle stets die gleichen wesentlichen Informationen (Anstellungsträger, Stellenbezeichnung, Termin der Besetzung etc.) enthalten. Oft informieren sich Bewerber ausführlicher aus mehreren Quellen, wie z. B. im Internet ergänzend zur Printanzeige. Wenn sich hierin unterschiedliche Informationen oder gar Widersprüche ergeben, riskiert man seine eigene Glaubwürdigkeit und letztendlich die erfolgreiche Ansprache der gewünschten Personen.

3.3.2 Ausschreibungstext

Stellenausschreibungen folgen inzwischen einem Grundmuster, wobei je nach Corporate-Identity-Vorgaben Variationen möglich sind:

– Welches Unternehmen sucht einen neuen Mitarbeiter (Name, ergänzende Informationen wie Produktpalette, Größe des Unternehmens, Stellung am Markt, Mitarbeiterzahlen etc.)?
– Welche Vakanz ist zu vergeben (die Beschreibung der Position unter Berücksichtigung des AGGs, soweit nicht bestimmte Ausnahmen nach §§ 8-10 AGG dies ausdrücklich erlauben).
– Welche Aufgaben beinhaltet die Stelle?
– Welche Anforderungen sollte der Idealkandidat erfüllen?
– Hinweise zum Bewerbungsverfahren (einzureichende Unterlagen, gewünschte Zusatzinformationen wie Verfügbarkeit und Gehaltswunsch, notwendige Arbeitsproben, Bewerbungsfristen, Ansprechpartner für Rückfragen und Adresse für die Bewerbung).
– Sofern elektronische Bewerbungen zugelassen oder ausdrücklich erwünscht sind: entsprechender Hinweis plus Angabe einer entsprechenden E-Mail-Adresse bzw. – bei Eingabe in elektronische Datenbanken – Angabe der entsprechenden URL.
– Schließlich auch einen Hinweis, wenn Sie die Bewerbungsunterlagen nicht zurück senden oder nur bei Beilage eines frankierten Rückumschlags mit entsprechender Größe.

Obwohl wettbewerbsrechtlich verboten, werden Sie bei Schaltung einer Anzeige, in der Ihr Name und Ihre Durchwahl angegeben sind, von Versicherungsmaklern, Finanzberatern etc. angerufen. Diese Anrufer vermuten bei Ihnen hohe und höchste Einkommen, an denen man partizipieren kann. Sich aufzuregen bringt ebenso wenig wie mit einer Anzeige zu drohen – die Personen melden sich meistens unter falschem Namen und blenden die Telefonnummer aus. Besser: einfach auflegen. Das spart Zeit und Nerven.

Inhaltlich ist die Stellenausschreibung also eine Kurzfassung der Stellenbeschreibung, ergänzt um wesentliche Informationen zum Arbeitgeber und zum Bewerbungsverfahren. Als Faustregel gilt: Je schematischer eine Aufgabenbeschreibung und die dazugehörige Profildefinition formuliert ist (d. h. mit einem fest umrissenen Katalog oder gar als Spiegelstrichaufzählung), desto eher ist die vakante Position auf einer nachgeordneten Ebene angesiedelt. Der Hintergrund: Dort liegen meistens Stellenbeschreibungen mit einem fest zugewiesenen Aufgabenkatalog vor. Umgekehrt gilt ebenso: Je offener eine Vakanz formuliert ist, desto höher wird sie angesiedelt. Auf höheren Ebenen zählt nicht mehr eine fest umrissene Ausbildung und Berufstätigkeit, sondern viel stärker eine bestimmte Persönlichkeit. Und ob diese Persönlichkeit auf der Basis einer Berufsausbildung als Landschaftsgärtner, eines FH-Studiums in Betriebswirtschaftslehre oder eines Theologiestudiums mit anschließender Promotion in Kunstgeschichte ausgebildet wurde, ist dann sekundär, wenn der Werdegang mit Führungserfahrung, Branchenkenntnissen und nachgewiesenen Erfolgen überzeugt. Grenzen bei der inhaltlichen Gestaltung einer Stellenanzeige werden in nicht unerheblicher Weise durch das AGG gesetzt: Vor Inkrafttreten des Gesetzes weiterhin übliche Formulierungen können heute schnell Anlass zu Schadenersatzklagen durch vermeintlich „ausgeschlossene" Bewerber geben. Hierzu zählt z. B. der Satz: „Sie passen in unser Team, wenn Sie zwischen 30 und 40 Jahren sind." Auch die Anforderung eines Lichtbildes bei der Bewerbung sollte tunlichst unterbleiben. Im Grundsatz gilt: Die Stellenanzeige muss auf die Fachanforderungen fokussiert und jede Angabe zur Person vermieden werden!

Inzwischen sind in Stellenanzeigen bestimmte Formulierungen weithin üblich, die sich mit einem konkreten Hintergrund verbinden lassen:

– *Berufserfahrung*
In der Regel mindestens ein bis zwei Jahre nach Abschluss von Ausbildung bzw. Studium (sog. „Young Professionals")

– *Prädikatsexamen*
Ein Notenschnitt im Examen von mindestens 2,5 oder besser (in Jura ist ein befriedigendes I. und II. Staatsexamen ein Prädikatsexamen)

– *Führungserfahrung*
Auf Abteilungsleiterebene Führung von mindestens zwei Mitarbeitern in fachlicher und möglichst auch disziplinarischer Hinsicht über mindestens zwei bis drei Jahre; bei nachrangigen Stellen kann diese auch in Projektleitungen erworben sein. Bei vakanten Unternehmensleitungen hingegen sollte die Führungserfahrung der Bewerber deutlich mehr Jahre und Zuständigkeiten (z. B. Budgetverantwortung) umfasst haben. Sicherheitshalber sollte die Beschreibung so genau sein, dass sich

Bewerber unter „Abteilungsleitung" auch die tatsächliche Größe der Abteilung und die Führungsaufgabe vorstellen können.

– *Verhandlungssichere Sprachkenntnisse*
Im Prinzip setzt die vakante Position den regelmäßigen Kontakt mit dem entsprechenden Sprachkreis voraus, bei einem national tätigen Unternehmen wird dies aber nur „heiße Luft" sein, um sich höherwertiger zu verkaufen.

– *XY-Kenntnisse sind vorteilhaft*
Bewerber können auch ohne diese speziellen Kenntnisse eine Chance haben, notfalls würde man diese während der Einarbeitung vermitteln.

– *Schnellstmöglicher Eintrittstermin*
ein dehnbarer Begriff, der im Grunde bedeutet, dass die Stelle schon morgen zu besetzen ist (weil die zuständige Personalabteilung oder der Dienstvorgesetzte vielleicht geschlafen haben), aber auch noch in zwei oder drei Monaten zu besetzen wäre, in Abhängigkeit davon, wie schnell der Wunschkandidat aus seinem alten Vertrag ausscheiden kann. In einigen Fällen will man auf diese Weise auch von den Bewerbern wissen, ob sie unter Druck stehen – wer bereits zum nächsten Ersten anfangen kann, wird vermutlich bereits die Kündigung erhalten haben.

– *Entgeltvorstellungen*
Die meisten Unternehmen haben klare Vorstellungen davon, was sie zu zahlen bereit sind, und weichen davon nur in Ausnahmefällen ab. Der Bewerber soll mit der Angabe zeigen, ob er auch vom Entgeltwunsch her in das Gefüge passt. Ist die Stelle mit 60 000 – 70 000 Euro p.a. dotiert und ein Bewerber erwartet mindestens 100 000 Euro, ist der Fall ebenso klar wie bei einem Bewerber, der derzeit 28 000 Euro verdient und 40 000 Euro erwartet. Allerdings zeigt die Praxis, dass in Bewerbungen, trotz Aufforderung, die Entgeltvorstellung häufig nicht genannt wird. Der Gründe hierfür sind nachvollziehbar: Bewerber kennen die Entgeltvorstellungen des Unternehmens nicht und möchten sich nicht selbst schon am Anfang „aus dem Rennen werfen" durch eine unpassende Entgeltforderung. Außerdem möchten viele sich in dieser Richtung nicht ohne vorheriges persönliches Gespräch „outen".

Anzeigengröße

Bei überregionalen Printanzeigen ist die Größe einer Anzeige ein Hinweis auf das Entgeltniveau. Eine Vakanz „Sachbearbeiter" mit ca. 40 000 – 50 000 Euro Jahresentgelt wird man mit ca. 180 mm-Anzeigengröße, 2-spaltig suchen, einen Abteilungsleiter mit ca. 60 000 – 75 000 Euro Jahresentgelt mit vielleicht 120 – 150 mm auf 3 Spalten, Geschäftsführer bzw. Vorstände großer Unternehmen auf der Gehaltsebene über 100 000 Euro Jahresgehalt mit ca. 150 – 200 mm auf 4 Spalten. Im regionalen Bereich orientiert sich die Größe einer Anzeige oftmals am Bekanntheitsgrad des Unternehmens.

Klartext

Gute Anzeigentexte benennen klar die gewünschten Dinge und vermeiden unnötige Leerformeln: Was sind z. B. „aussagekräftige Unterlagen"? Unsichere Bewerber werden dann lieber fünf Dokumente zu viel als eines zu wenig einreichen, und Sie haben entsprechend mehr Mühe. Und wer zu nebulös bleibt, darf sich nicht wundern, wenn er von Bewerbungen überschwemmt wird, die ebenso nebulös sind. Ebenso ist der Begriff „übliche Unterlagen" unklar – das Übliche unterscheidet sich je nach Branche, Lebensalter und persönlichem Geschmack.

Entgeltwunsch

Bei außertariflichen Vergütungen ist es inzwischen üblich, den Kandidaten um die Abgabe eines Entgeltwunsches zu bitten, was den Arbeitgebern auch einen Rückschluss auf die Eignung ermöglicht – wer außerhalb einer bestimmte Spanne von plus/minus 10 bis 20 Prozent des Zielgehaltes zu hoch greift, ist entweder Phantast oder schlecht informiert, und wer zu tief greift, zeigt eine ungenügende Berufserfahrung oder ebenfalls schlechtes Informationsverhalten.

Einsendeschluss

Die Angabe eines Bewerbungstermins ist für Vakanzen in Wirtschaftsunternehmen unüblich geworden. Unverändert sind sie bei Institutionen und öffentlichen Verwaltungen noch zu finden. Vor dem Hntergrund des „Bewerbernachlaufes" durch Internetausschreibungen ist ein Bewerbungsschluss auch nicht sinnvoll.

3.3.3 Formulierungsbeispiele

An dieser Stelle möchten wir Ihnen zwei veröffentlichte Stellenausschreibungen als Formulierungsbeispiele vorstellen: eines für Führungsnachwuchskräfte und eines für die Geschäftsführung eines mittelständischen Industrieunternehmens. Beim Beispiel „Führungsnachwuchs" werden Hochschulabsolventen angesprochen, wobei diese durchaus bis zu einem Jahr Berufserfahrung nach Studienabschluss aufweisen können. Beim Beispiel „Geschäftsführung" werden gestandene Praktiker zur Bewerbung aufgefordert, die nach einem wirtschaftswissenschaftlichen Studium sich bereits in verschiedenen Führungspositionen bewährt ha-

ben und nun eine Stelle angeboten bekommen, die mit 220 000 – 250 000
Euro Jahresentgelt plus Oberklasse-Dienstwagen bewertet ist. Lassen Sie
dabei auch die Formulierungen auf sich wirken, ob Sie dies ebenso schreiben würden.

Beispiel 1: Suche nach Führungsnachwuchskräften in der Medienbranche (erschienen im
April 2006 in mehreren Tageszeitungen und unter jobpilot.de; ca. 90 Bewerbungen)

Für mehrere kirchliche Verlagshäuser (Zeitschriften, Buch und Druck) suchen wir
(Fach-)Hochschulabsolventen der Betriebswirtschaftslehre für ein Traineeprogramm
Medienmanagement. Das Traineeprogramm beginnt am 01. Juli 2006 und wird 15
Monate umfassen. Mögliche Einsatzorte sind z. B. München, Augsburg, Trier u. a.,
wobei wir örtliche Präferenzen berücksichtigen. Nach Abschluss des Programms ste-
hen Ihnen vielfältige Möglichkeiten im Medienbereich offen.

Was bieten wir? Wir bereiten Sie auf Führungsaufgaben im Management von Verlagen vor. Um die hierfür nötige fachliche Kompetenz zu entwickeln, werden Sie
– in Theorie und Praxis mit Anforderungen und Chancen konfrontiert,
– in den verschiedenen Bereichen eines Verlages (z. B. Marketing, Vertrieb, Redakti-
  on, Druckerei, Controlling usw.) Kenntnisse erwerben und an Problemlösungen beteiligt sein,
– durch Seminarangebote begleitet, in denen Sie Ihr theoretisches Wissen erweitern
  können und Gelegenheit haben, mit anderen Trainees Ihre Erfahrungen auszutauschen,
– bei einem Gastaufenthalt in einem führenden Zeitschriften- oder Buchverlag Ihr
  Wissen vertiefen.

Was erwarten wir von Ihnen?
– Ein überdurchschnittliches Interesse an Medien
– einen guten Hochschulabschluss
– den Wunsch, mittelfristig Führungsverantwortung zu übernehmen
– Bindung an die Kirche und Identifikation mit den Zielen konfessioneller Publizistik

Neugierig? Senden Sie bitte Ihre Unterlagen an die abc-Unternehmensberatung, Dr.
xy, 80014 München

Beispiel 2: Suche nach einer neuen Geschäftsleitung (erschienen im Mai 2006 in der FAZ
und unter jobpilot.de, ca. 30 Bewerbungen)

Im Rahmen einer Nachfolgeregelung suchen wir für ein Druck- und Verlagshaus im
südwestdeutschen Raum mit rund 300 Mitarbeitern eine/n

Geschäftsführer/Geschäftsführerin

Das Unternehmen verfügt über ein modernes, mehrfach ausgezeichnetes Druckzen-
trum und hat sich bisher in einem schwierigen Markt bestens behauptet. Außerdem
werden eine Zeitung und ein Buchprogramm mit regionalem und geographischem Bezug verlegt.

Gefragt ist eine Persönlichkeit mit ausgeprägter Fach- und Führungserfahrung, überdurchschnittlicher Belastbarkeit, Verhandlungsgeschick, Durchsetzungsvermögen, Kreativität und Organisationstalent. Ein erfolgreich abgeschlossenes wirtschaftswissenschaftliches Studium und eine mehrjährige Berufserfahrung in der Wirtschaft sind für diese Tätigkeit unbedingte Voraussetzung.

Nach erfolgter umfassender Einarbeitung durch den jetzigen Stelleninhaber ist die Übergabe der alleinigen Verantwortung für das Unternehmen vorgesehen. Die Dotierung entspricht der verantwortlichen Tätigkeit. Der Eintritt soll zum Herbst 2006, spätestens zum 1. Januar 2007 erfolgen. Ihre Bewerbung richten Sie bitte an abc-Unternehmensberatung, Dr. xy, 80014 München.

Dies sind, wie gesagt, Formulierungsbeispiele. Sie sollten den Mut haben, das eigene Sprachgefühl in den Text einzubringen und auch den Auftraggeber um Gegenlesen und Korrektur zu bitten, da die Texte bei sensibler Formulierung sehr viel über das Unternehmen aussagen können. Ein junges Internetunternehmen wird frischer und vielleicht auch flapsiger formulieren lassen als eine Steuerberaterkanzlei oder ein Bankhaus mit langer Tradition. Intuitiv können viele Bewerber sagen, ob sie vom jeweiligen Text eher angezogen oder eher abgeschreckt werden.

Seit August 2006 gilt das „Allgemeine Gleichstellungsgesetz", kurz AGG. Es untersagt eine Diskriminierung u. a. bei der Besetzung von Arbeitsstellen, bei Beförderungen oder auch bei der Entgeltfindung, soweit nicht bestimmte Ausnahmen nach §§ 8-10 AGG dies ausdrücklich gestatten.

Bestimmte Formulierungen in Stellenanzeigen können bereits den Verdacht der Diskriminierung erwecken, z. B. wenn jemand „für ein junges Team" gesucht wird – heißt das, dass ältere Bewerber von vornherein keine Chance haben? Besser ist es: Anforderungen objektiv zu beschreiben, z. B. „Nachweis der Fähigkeit, sich in den Zielmarkt von Jugendlichen einzufinden"; oder „die Aufgabe erfordert mindestens 3 Jahre Berufserfahrung mit xy".

Eine genaue oder ungefähre Altersangabe wird i. d. R. problematisch sein. Hier ist es geboten, durch angemessene Umschreibung eine objektive Sachaussage zu finden, wie z. B. „Die Anforderungen dieser herausgehobenen Stellung erfordert, dass geeignete Bewerber sowohl fachlich wie auch persönlich und mit Führungserfahrung überzeugen können."

Die in der Anzeige benannten Anforderungen sollten unbedingt durch eine geeignete Stellenbeschreibung inklusive Anforderungsprofil abgedeckt und im Verlauf des weiteren Auswahlprozesses auch abgeprüft werden.

Allerdings werden die Bestimmungen des AGG vermutlich nicht so schnell zu nordamerikanischen Zuständen führen, dass Passfotos oder die Angabe des Alters in den Bewerbungsunterlagen unterbleiben, da bereits hiermit Ansatzpunkte für eine un-

! statthafte Benachteiligung gegeben sein könnten. Aber die Anforderung eines Passfotos oder die Aufforderung der Altersangabe in Online-Bewerbungsformularen sollte sicherheitshalber unterbleiben. Die Nachforderung eines Passfotos sollte auf keinen Fall erfolgen.

3.3.4 Media-Plan

Die vom Auftraggeber frei gegebenen Texte können nun auf verschiedene Art veröffentlicht werden:

– firmeninterne Aushänge und Intranets
– Anzeigen in Tageszeitungen mit Stellenmarkt
– Anzeigen in Fachzeitschriften
– Anzeigen in Online-Stellenbörsen, wie jobpilot.de, stepstone.de, monster.de usw.
– Direktversand an Interessierte
– Hinweis an die örtlich zuständige Agentur für Arbeit

Die Kosten für Anzeigen liegen schnell im vier- oder gar fünfstelligen Bereich. Ihr Auftraggeber wird daher vor Veröffentlichung in einem so genannten „Media-Plan" über besonders empfehlenswerte Medien und die damit verbundenen Kosten informiert. Der Media-Plan enthält als Mindestanforderungen:

– das ausgewählte Medium und seine Erscheinungsweise
– Kosten der Veröffentlichung (Basispreis pro Anzeigen-mm und Gesamtkosten für die vorgeschlagene Anzeigengröße; Beispiel zur Anzeigenpreisberechnung: Anzeige soll 160 mm groß und 2 Spalten breit sein, bei einem Basispreis von 10,60 Euro netto: 10,60 Euro x 160 mm x 2 Spalten = 3392 Euro netto, ohne MwSt.)
– Erscheinungstermin und Anzeigenschluss, am besten mit der Frist für einen Korrekturabzug
– Preise für Sonderleistungen (z. B. Farbzuschläge, grafische Zuarbeiten)

Ergänzend kann man noch weitere Mediendaten aufnehmen, wie z. B. die Reichweite (die Gesamtzahl der möglichen Leser der betreffenden Ausgabe) und den Tausender-Kontakt-Preis (abgekürzt TKP, der Kennwert dafür, wie teuer es ist, tausend Leser mit dem jeweiligen Medium

Die Daten für einen Media-Plan erhält man aus den Media-Unterlagen
der Verlage, die als Prospekt auf Anforderung kostenfrei zugesandt werden oder als pdf-Datei online abrufbar sind. Ergänzend können die Anzeigenabteilungen kontaktiert werden.

Die Anzeigenabteilungen vergüten einem Auftraggeber in der Regel eine
so genannte „AE-Provision" (AE ist die Abkürzung für „Anzeigen-Ex-
pedition"), häufig wird die Provision auch mit „Agentur-Rabatt" bezeichnet, wenn dieser als Werbeagentur anerkannt ist. Man sollte dazu
auf dem Briefkopf eine Bezeichnung wie Medien- oder Werbeagentur
aufführen. Aber auch ohne diesen Zusatz wird der Rabatt den Personalberatern gewährt, wenn sie die Anzeigengestaltung selbst vornehmen.
Diese AE-Provision beträgt meistens 15 Prozent, manchmal auch 20 Prozent auf den Nettopreis der Anzeige und ist eine Vergütung für die An-
zeigenvermittlung. Bei der Abrechnung der Anzeigenleistung mit dem
Auftraggeber sollte man daher darauf achten, das Rechnungsexemplar
weiterzugeben, das ohne AE-Provision ausgestellt wurde. Es könnte sonst
peinliche Nachfragen geben. Wenn der Auftraggeber allerdings diese
Modalitäten kennt, wird er erwarten, dass Sie die AE-Provision ganz oder
teilweise weitergeben. Nach eigener Erfahrung empfiehlt sich dies auch,
weil der Auftraggeber dies als besondere Fairness wertet. Dafür kann
man zum Ausgleich die eigene Arbeitszeit für die Anzeigenbearbeitung
in den Angebotspreis aufnehmen, was der Auftraggeber meistens akzeptiert. Und nebenbei gesagt: Medien, bei denen man mehrere Anzeigenschaltungen jährlich vornimmt, gewähren nicht nur anzeigenbezogene
Preisnachlässe, sondern auch Jahresboni und Rückvergütungen. Unabhängig von der konkreten Anzeigenrechnung wird sich also der Verlag
Ihnen gegenüber für umfangreichere Geschäftsbeziehungen erkenntlich
erweisen.

Wie bereits weiter oben angeführt, kann bei Printanzeigen in den meisten Fällen anhand der Anzeigengröße ein bestimmtes Entgeltniveau oder
auch der Stellenwert des Unternehmens abgelesen werden. Eine angemessene Empfehlung gehört zum selbstverständlichen Leistungsumfang
bei der Erstellung eines Media-Plans. Der Media-Plan sollte dem Auftraggeber gemeinsam mit dem Textentwurf für die Stellenanzeige zugesandt und vom Auftraggeber in angemessener Zeit (in der Regel drei bis
fünf Tage) korrigiert und dann frei gegeben werden.

Es kommt öfters vor, dass ein Auftraggeber bestimmte Medien nicht will und aus dem Media-Plan streicht. Auf jeden Fall sollte man sich seine Gründe dafür anhören. Ist die Ausschreibung trotzdem erfolgreich, hat Ihr Auftraggeber richtig gelegen. Bleibt die Resonanz hinter den Erwartungen zurück, kann man immer noch eine Nachschaltung in den Medien empfehlen, die bisher nicht berücksichtigt wurden.

3.3.5 Auswertung von Bewerberdatenbanken

Neben der offenen Ausschreibung recherchieren Personalberater inzwischen regelmäßig in Bewerberdatenbanken:

- *unternehmensinterne Datenbanken,* aus früheren Ausschreibungen und Initiativbewerbungen (hierzu siehe auch Abschnitt 3.3.8.), bei einigen Personalberatern auch aus der firmeneigenen Personalbörse, die man im Internet anbietet;
- *unternehmensexterne Datenbanken,* insbesondere aus Online-Stellenmärkten und von der Arbeitsagentur, wobei für die Nutzung von kommerziellen Datenbanken in der Regel eine Gebühr zu entrichten ist, die sich im Bereich von mehreren hundert oder tausend Euro pro 30 Tage Zugriff und/oder pro 100 kontaktierte Bewerber bewegt.

Je nach Aufbereitung der Datenbank kann man anhand von unsystematisierten Durchsichten („Durchblättern") oder systematisierten Suchfunktionen anhand bestimmter Suchbegriffe geeignete Personen definieren und ihnen bei Übereinstimmung mit dem Suchprofil die Stellenausschreibung zusenden. Es entspricht guter Beraterübung, dass man nicht einfach Bewerbungen aus früheren Ausschreibungen für eine erneute Ausschreibung übernimmt, sondern den betreffenden Personen die Ausschreibung zuleitet mit der Anfrage, ob sie sich für die Vakanz interessieren.

Dies hat mehrere Gründe. Zunächst einmal kann man nicht einfach auf das Einverständnis der betreffenden Person zählen. Womöglich hat die betreffende Person sogar gute Gründe, sich bei der abc-AG zu bewerben, aber nicht bei def-GmbH. Sodann veralten Bewerbungsunterlagen relativ schnell. Schon nach wenigen Monaten können sie durch Beförderungen, Umsetzungen und Umorganisationen, Fortbildungen oder Entlassungen nicht mehr aktuell sein. Sodann macht es beim Auftraggeber auch keinen guten Eindruck, wenn man Bewerbungen mit früherem Datum vorlegt („Hat der Berater das nötig?!" – „Ist der überhaupt noch verfügbar?!" – „Wenn der so lange sucht, kann der ja nicht so viel taugen, oder!?") Schließlich kann man dem Bewerber so die Chance geben, individuell angepasste Bewerbungsunterlagen zu erstellen. Ein guter Bewerber, der sich vorher als Marketingleiter eines großen Verlages beworben hat und sich jetzt für eine Vakanz „Geschäftsführer einer Werbeagentur" interessiert, wird Anschreiben und Unterlagen sicher anders erstellen wollen, um jeweils passgenau auf die jeweilige Herausforderung einzugehen.

> **!** Datenschutz und gute Sitten im Geschäftsleben verlangen, dass man eingereichte Unterlagen vollständig zurückgibt oder vernichtet, sofern der Bewerber damit einverstanden ist. Anschreiben und relevante Daten des Bewerbers (z. B. Kopie des Lebenslaufs) können hingegen aufbewahrt werden. Diese Unterlagen dienen regelmäßig als Rechercheinstrument, wenn man eine erneute, ähnlich gelagerte Ausschreibung betreut.

3.3.6 Direktansprache (Direct search)

3.3.6.1 Allgemeines

Sie können potenzielle Kandidaten direkt kontaktieren und ungerichtet anfragen, ob diese generell interessiert sind. Damit füllen Sie Ihre eigene Datei. Oder Sie fragen zielgerichtet, mit einer konkreten Vakanz im Hintergrund. Seriöse Personalberater werden in der Regel nur zielgerichtete Direktansprachen betreiben.

Viele Personalberater bewerten die Direktansprache sehr positiv. Nach diversen Schätzungen werden Erfolgsquoten von bis zu 90 Prozent erzielt, wobei derartige Prozesse teilweise mehrere Monate, manchmal sogar Jahre dauern können (vgl. Hessler, 1997, S. 60). Dieser Zeitaufwand hängt damit zusammen, dass entsprechende Maßnahmen nicht allein eine sorgfältig formulierte Stellenausschreibung erfordern, sondern auch eine umfangreiche Information über den idealen Bewerber und sein

Umfeld, um so mit möglichst zielgerichteten Anfragen eine hohe Erfolgsquote zu realisieren.

Für derartige Nachfragen sind in den Personalberatungen oder in deren
Auftrag oft so genannte Researcher zuständig. Sie analysieren die relevante Branche bzw. das relevante Berufsfeld, definieren interessante Ar-
beitsebenen der Zielgruppe (z. B. muss mindestens drei Jahre auf der Ebene Marketing-/Vertriebsleitung bei einem international aktiven Bauma-
schinenkonzern tätig sein; muss mindestens fünf Jahre Projektleitung in
der IT-Branche nachweisen können) und ziehen nähere Informationen
über die Zielpersonen ein (Name, Berufshintergrund, wo schon in Er-
scheinung getreten, z. B. durch Referate bei Fachkongressen oder durch
Veröffentlichungen, besondere Fachkenntnisse). Dabei sind zwei Sorten
von Unternehmen besonders beachtenswert: Zum einen können expan-
sive Unternehmen eine interessante Zielgruppe für Akquisitionen sein –
wer schnell expandiert, hat einen hohen Bedarf an neuen Mitarbeitern
und kann besonders empfänglich für Personalberatungsleistungen sein.
Zum anderen weisen Unternehmen in einer wirtschaftlichen Schieflage
oft ein besonders hohes Potenzial an wechselbereiten Mitarbeitern auf.
Gerade besonders qualifizierte Kräfte sind daran interessiert, eine Krise
mit möglichen Entlassungen nicht abzuwarten, sondern vor der Entlas-
sungswelle eine neue Perspektive zu suchen.

Je nach Aufgabenverteilung in der Personalberatung können die Researcher auch den nächsten Arbeitsschritt übernehmen, nämlich die erste
Kontaktaufnahme zu den relevanten Zielpersonen. (Besteht generell Interesse an einem Arbeitsplatzwechsel?) Meistens wird aber die Kontaktaufnahme bereits an Kollegen weitergegeben. Gerade größere Personalberatungen praktizieren diese Aufgabenteilung.

Dieser hoher Vermittlungsaufwand wird entsprechende Honorarforde-
rungen nach sich ziehen und von Auftraggebern daher nur in besonderen Fällen gewählt:

– Es geht um eine besonders herausgehobene Position, deren Dotierung
  ein entsprechendes Verfahren zulässt;
– Bei einer herkömmlichen Ausschreibung sind die Erfolgsaussichten zu
  gering, z. B. weil der relevante Zielmarkt sehr eng ist;

– Die Vakanz existiert offiziell noch nicht, weil der Stelleninhaber erst
  dann abgelöst werden soll, wenn der neue Stelleninhaber seinen Arbeitsvertrag unterschrieben hat – eine ethisch sicher zu hinterfragende
  Situation.

Nebenbei wollen sich die Auftraggeber damit im Zweifelsfall vor Kon-
kurrenten verstecken können, die in der Abwerbung von qualifizierten
Mitarbeitern einen unlauteren Wettbewerb sehen. Kommt es zu einer juristischen Auseinandersetzung, kann der Auftraggeber darauf verweisen,
dass nicht er aktiv wurde und die beauftragte Personalberatung wider
besseres Wissen oder gegen jegliche Absprache gehandelt habe – also
auch rechtlich verantwortlich sei. Ein kluger Personalberater wird also
sicherstellen, dass der Auftrag eindeutig festhält, inwieweit Konkurren-
ten ausgeschlossen sind oder auch nicht. Eine noch elegantere Möglichkeit ist es, derartige Anrufe durch ein ausländisches Beratungsunternehmen vornehmen zu lassen – wer einen Anrufer aus Irland oder der
Schweiz belangen will, hat mit Sicherheit langwierigere Wege zu gehen
als zu einem deutschen Gericht.

3.3.6.2 Vorgehen

Erfolgreiche Direktansprachen basieren wie offene Ausschreibungen auf
einer klaren Profilbeschreibung, mit deren Hilfe sich die idealen Kandidaten definieren lassen. Das weitere Vorgehen unterscheidet sich dann
aber deutlich. Bei einer direkten Ansprache obliegt der Personalberatung
ein viel höheres Maß an Aktivität. Anhand der Zielgruppenbeschreibung
sind zunächst mögliche Personenkreise und deren aktuelle Beschäftigung (Branche, typische Unternehmensgrößen etc.) zu bestimmen. In einem zweiten Schritt können die Namen der interessanten Personen erhoben werden, z. B. durch Recherche auf Firmenhomepages, verdeckte
Anrufe in Unternehmen mit vorgeschobenen Gründen („Ich suche jemand Kompetentes aus der Vertriebsabteilung, denn ich habe folgendes
Problem …"), Veröffentlichungen in Fachzeitschriften, Besuchen auf
Fachmessen und so fort.

Passen die Personen in den definierten Rahmen, kann man durch einen
kurzen Anruf am Arbeitsplatz – die wenigsten können auf Anhieb bereits

die private Nummer recherchieren – klären, ob ein generelles Interesse an einer neuen Herausforderung besteht und wann man den betreffenden Kandidaten ausführlicher und ungestört dazu befragen kann. Dazu soll der Kandidat eine entsprechende Telefonnummer und einen geeigneten Zeitraum benennen.

Die nachgehende ausführlichere Kontaktaufnahme außerhalb des Arbeitsplatzes sollte folgende Punkte klären:

– Ausbildungswege
– beruflicher Werdegang
– aktuelle Verantwortung (Budget, Umfang der Führungsverantwortung, Aufgaben etc.)
– Interesse an einer neuen Perspektive, insbesondere im Hinblick auf Entwicklungswünsche, räumliche Mobilität und Entgeltvorstellungen
– Verfügbarkeit

Ein Muster für ein Telefoninterview findet sich auf Seite 125. Neben diesen harten Fakten sind aber auch weitere Informationen und Verhaltensweisen aufschlussreich:

– Wie gut hat sich der Kandidat auf dieses ausführliche Gespräch vorbereitet? Kann er z. B. seinen Lebenslauf und seine Aufgaben gut und stringent beschreiben? Hat er sich über seine Entgeltvorstellungen Gedanken gemacht? Kann er mit seiner Familie über einen Ortswechsel sprechen? Wo sieht der Kandidat seine Stärken?
– Ist der Kandidat tatsächlich zum gegebenen Zeitpunkt zu sprechen, oder bedarf es mehrerer Anläufe? Ist der Kandidat auch ungestört, oder läuft im Hintergrund deutlich das Radio oder das Fernsehen, oder hat sich der Kandidat das Handy unters Kinn geklemmt und hängt deutlich vernehmbar im Keller Wäsche auf?
– Will der Kandidat nur mal plaudern, oder manifestiert sich ein zielgerichtetes Interesse? Und wenn ja, wie äußert sich das Interesse? Steht der Kandidat vielleicht sogar unter Druck, weil seine aktuelle Position gefährdet ist?
– Zeigt der Kandidat eine positiv aufgeschlossene Haltung oder stellt er sich eher neutral oder gar ablehnend dar? Ist das Gespräch am Ende nur der Versuch des Kandidaten, seinen Marktwert einzuschätzen?

Besteht der Kandidat diesen Auswahlschritt, liegt es nahe, ihn um Zusendung von Bewerbungsunterlagen zu bitten, deren Auswertung im folgenden Kapitel besprochen wird.

Oftmals wird der Kandidat in diesem Gespräch auch um nähere Informationen zum suchenden Unternehmen, zum Entgeltrahmen, zum genauen Aufgabenfeld etc. bitten. Wie viele Informationen preisgegeben werden dürfen, sollte man mit dem Auftraggeber klären, wobei es sich empfiehlt, zu diesem Zeitpunkt weder den Unternehmensnamen noch eine genaue Entgelthöhe zu benennen. Hat ein Bewerber einen guten Grund, bestimmte Unternehmen zu meiden, kann man ihm die Möglichkeit einer Ausschlussklausel geben (wo dürfen die Unterlagen nicht vorgelegt werden?), wobei die Gründe dafür durchaus interessante Zusatzinformationen darstellen. Sind die Gründe plausibel oder weisen sie auf ein Problem hin? Was die Entgelthöhe betrifft, so würde man mit einer eindeutigen Information das suchende Unternehmen festlegen. Besser ist es, den Bewerber einen Wert nennen zu lassen, um ihm dann mitzuteilen, ob dieser Wert noch im Rahmen des Unternehmens liegt oder nicht.

Persönliche Treffen bieten sich nur dann an, wenn das Profil des Kandidaten ideal mit dem Wunschprofil des Auftraggebers übereinstimmt. Alles andere wäre nicht nur ein unnötiger Zeitaufwand, sondern würde beim betreffenden Kandidaten unnötige Hoffnungen wecken. Die Enttäuschung ist um so größer, je weiter der Kandidat sich im Rennen wähnte.

Es ist zudem sinnvoll, dass Sie einem Kandidaten vom Wechsel in die angebotene Stelle abraten, wenn Sie im Verlauf der Gespräche entdecken, dass er doch nicht mehr in Frage kommt. Begründen Sie dies, denn der Angesprochene hat einen Anspruch darauf – Sie haben ihn schließlich angesprochen und „heiß gemacht". Es ist besser, einen Fehler einzugestehen, als einen noch größeren Fehler mitzuverantworten. Hier können Sie aktiv (Arbeitnehmer-)Kundenbindung betreiben: Viele Kandidaten sind dankbar für Tipps, die sie im Rahmen des Interviews zum beruflichen Status, zur beruflichen Entwicklung oder Perspektive erhalten. Bieten Sie dem Kandidaten an, ihn in Ihre Datenbank aufzunehmen, natürlich kostenlos – einfacher können Sie nicht für sich werben!

3.3.6.3 Rechtliche Aspekte

Mit der Ansprache am Arbeitsplatz ist ein rechtliches Problem verbunden. Die betroffenen Unternehmen haben zunächst einmal das berechtigte Interesse daran, dass ihre Mitarbeiter ohne große Störungen arbeiten und ihnen möglichst lange erhalten bleiben. Ein Personalberater, der am Arbeitsplatz anruft, muss daher mit juristischen Auseinandersetzungen und womöglich einer Klage des betroffenen Unternehmens rechnen, die auf Unterlassung und Schadenersatz hinausläuft. Auf der anderen Seite hat der Bundesgerichtshof mit einem Urteil folgenden Grundsatz festgehalten: Wenn ein Personalberater den betreffenden Mitarbeiter nur kurz anruft, um ihm die Vakanz zu schildern und bei Interesse einen ausführlicheren Gesprächstermin außerhalb des Dienstes zu vereinbaren, so ist dies normalerweise zulässig. Denn auch Arbeitnehmer haben ein grundsätzliches Interesse daran, Möglichkeiten ihrer weiteren beruflichen Entwicklung zu erörtern (Urteil I ZR 221/01 vom 04.03.2004).

Im Hinblick auf die divergierende Rechtsprechung verschiedener Gerichte und der allen Leserinnen und Lesern bekannten Dynamik der Rechtsprechung wird dies noch nicht das letzte Wort der Juristen sein. Anderer Meinung waren z. B. bisher das OLG Stuttgart (2 U 133/99 vom 17.12.1999 und das LG Heilbronn (KfH = 152/99 vom 21.05.1999). Das OLG Mannheim hingegen lag in seiner Rechtsprechung (6 U 145/00 vom 25. Juli 2001) schon nahe an der Position des BGH von 2004.

Einen (vorläufigen) Schlussstrich hat der BGH mit Urteil vom 09.02.2006 (1 ZR 73/02) gezogen: „Ein Wettbewerber (oder Personalberater) darf den gesuchten Kandidaten einmal kurz an dessen Arbeitsplatz anrufen, auch wenn dies während der Arbeitszeit geschieht. Das Gespräch jedoch muss sich darauf beschränken, das generelle Interesse des Angerufenen zu ermitteln. Für etwaige weitere Gespräche ist die Vereinbarung eines separaten Termins außerhalb der Arbeitszeit notwendig. Dies gilt sowohl für Anruf auf dem Festnetz als auch auf dem dienstlichen Mobiltelefon."

Verboten ist hingegen nach wie vor (siehe auch STEPPAN, 2004, S. 58 ff.):

– hartnäckiges Nachhaken, von der Rechtsprechung als „nachhaltige und wiederholte Versuche der Abwerbung" definiert (OLG Karlsruhe in seinem Urteil vom 25.07.2001)

– den Versuch, einen Arbeitnehmer zum Bruch seines Arbeitsvertrages zu überreden (z. B. kurzfristiges Ausscheiden ohne Kündigungsfrist)

> Hat die Kontaktaufnahme trotz Beachtung der Regeln juristische Folgen, wie z. B. eine Abmahnung durch das Unternehmen des Angerufenen, so sollte man unbedingt einen entsprechenden Fachanwalt hinzuziehen. Sicherheitshalber sollten alle mit Research beauftragten Mitarbeiter verpflichtet werden, sich an einen Telefonleitfaden zu halten und das Gesprächsergebnis einschließlich der aufgewendeten Zeit zu protokollieren: So kann man im Bedarfsfall leichter nachweisen, dass man sich im rechtlich zugelassenen Rahmen bewegt hat.

> **Leitfaden zur ersten Kontaktaufnahme**
>
> „Guten Tag, mein Name ist ... Können Sie im Moment ungestört sprechen?"
> (Wenn nicht: nach neuem Zeitpunkt und ggf. anderer Telefonnummer fragen: _____)
>
> „Für einen Kunden suchen wir gerade eine/n <position>, und dabei wurden Sie uns als möglicher Interessent benannt. Können Sie sich eine Veränderung vorstellen?"
> (Wenn nicht: für das Gespräch danken und höflich verabschieden)
>
> „Wann könnte ich Sie dazu ungestört sprechen, und unter welcher privaten Telefonnummer? _____
>
> „Herzlichen Dank, ich bestätige Ihnen den Termin _____, um ____Uhr, unter Telefonnummer _____Bis dahin!"
>
> Vom Researcher auszufüllen: Datum: _____, Anruf um ____Uhr, beendet um ____Uhr.

Ein derartiges Telefonat wird in der Regel nicht länger als fünf Minuten dauern und von den Angesprochenen auch meistens positiv gewertet. Selbst wenn sie keinen akuten Wechselwunsch haben, steigert doch ein derartiger Anruf das Selbstwertgefühl. Und sollte der Angesprochene selbst keine Wechselbereitschaft zeigen, ist er vielleicht bereit, einen anderen Kandidaten zu empfehlen.

Es ist übrigens Branchenusus, bei entsprechender Gegenfrage niemals den Namen der Person zu nennen, die den Kandidaten empfohlen hat. Die meisten Kandidaten wissen dies auch, weil die Spielregeln der Direktansprache regelmäßig in einschlägigen Zeitungen und Zeitschriften behandelt werden. Und wenn der Kandidat sie nicht beherrscht, so ist dies bereits ein deutlicher Hinweis auf seine Sozialkompetenzen.

3.3.7 Auswertung von Empfehlungen

Eine oft geübte und durchaus interessante Möglichkeit der Personalbe-schaffung ist diejenige über so genannte „Empfehlungen". Darunter ver-steht man Hinweise auf interessante Personen, von denen die Empfeh-lenden wissen, dass sie sich für eine neue Position interessieren. Derarti-ge Empfehlungen können aus dem eigenen Netzwerk stammen oder auch aufgrund eigener Recherchen, z. B durch Direktansprachen, an Sie her-angetragen werden. Auch hier empfiehlt sich, wie bei der Direktanspra-che vorzugehen. Außerdem sollte man im Vorfeld taktvoll klären, ob es sich um eine Gefälligkeitsempfehlung handelt, weil der Empfehlende sich der anderen Person in irgendeiner Art und Weise verpflichtet fühlt. Dies können Sie herausfinden, indem Sie sich z. B. den Hintergrund schil-dern lassen, vor dem der Empfehlende die betreffende Person kennen ge-lernt hat (privat, dienstlich, außerdienstlich im Rahmen einer Branchen-verbandstätigkeit).

3.3.8 Auswertung von Initiativbewerbungen

Gerade in Zeiten einer schwierigen Konjunkturlage kommen Personal-beratern viele Initiativbewerbungen auf den Schreibtisch. Diese können durch eine andere Stellenausschreibung hervorgerufen sein, die eine be-sondere Branchenkompetenz oder eine besondere Marktstellung sugge-rieren oder auch nach dem Prinzip Zufall erfolgen. Jemand möchte sich verändern oder muss sich verändern aufgrund einer drohenden Freiset-zung), und stellt sich Ihnen deswegen vor, sei es schriftlich, per E-Mail, telefonisch, persönlich an einem Messestand oder bei Ihnen im Büro.

Für Ihre Datenbank ist es zunächst ausreichend, wenn Sie allgemeine In-formationen (Ausbildung und Werdegang, Entwicklungswünsche, Ent-geltvorstellungen, räumliche Mobilität und Kündigungsfristen/Verfüg-barkeit) erhalten. Weitere Unterlagen nehmen nur Speicherplatz in Ihrem PC bzw. Ihrem Schrank weg. Andererseits möchte man Bewerber, die ei-nem gleich umfangreiche Mappen schicken, nicht vor den Kopf stoßen. Von daher kann man die Unterlagen nach drei bis sechs Monaten zurück schicken mit dem Hinweis, dass sich leider bisher nichts Relevantes er-geben habe und man vorerst die wesentlichen Daten speichern würde. Bei geeigneten Ausschreibungen würde man sich wieder melden mit der Bitte, bei Interesse aktualisierte Unterlagen einzureichen. Dies wird von vielen Bewerbern akzeptiert, zumal die meisten sich nie nur an eine einzige Personalberatung wenden. Manche Bewerber können dies allerdings auch als kühl und arrogant auffassen und in Einzelfällen entsprechende Rückmeldungen geben. Hilfreich ist, über die eigene Website zu kommunizieren, welche Unterlagen im ersten Schritt ausreichen und bieten Sie die Übermittlung online an: Sie ersparen sich Zeit für die Archivierung (kein Abheften), Originalunterlagen können gar nicht erst beschädigt werden, weil sie nur in der Datei gespeichert sind und die teure Rücksendung entfällt.

Fallen Ihnen bei Initiativbewerbungen besonders interessante Personen auf, bleibt es Ihnen immer noch überlassen, ein persönliches Gespräch zu suchen und darin auch die Chancen einer Vermittlung zu verdeutlichen. Diese Vorzugsbehandlung erfordert allerdings auch eine gute Vor- und Nachbereitung und damit einen entsprechenden Zeitaufwand.

3.4 Aufbereitung der Suchergebnisse

3.4.1 Prüfung der Bewerbungsunterlagen

Eine aussagekräftige Aufbereitung der eingegangenen Bewerbungsunterlagen gehört zu den Basisleistungen der Personalberatung und ist Voraussetzung für die weitere Bearbeitung. Aus der Vielzahl der Informationen, die Bewerbungsunterlagen enthalten, sind diejenigen zu bestimmen, die Aussagen zur formalen Qualifikation für die ausgeschriebene Stelle zulassen. Unterlagen lassen sich nach formalen wie auch inhaltlichen Kriterien prüfen (vgl. HILLEBRECHT/SCHLAUS, 2002, S. 8ff.), wobei unzureichende oder übermäßig fehlerhafte Bewerbungen bereits zum Ausschluss führen sollten. Wer so arbeitet, kann nicht für die vorgesehene Stelle in Frage kommen. Die Bewerbungsunterlagen sind also bereits eine erste Arbeitsprobe.

3.4.1.1 Formale Prüfung der Unterlagen

Die Prüfung der Bewerbungsunterlagen beginnt mit den formalen Gesichtspunkten. Dazu zählen insbesondere:

– das Anschreiben, aus dem sich die Motivation für die Bewerbung ablesen lässt;
– ein vollständiger, lückenloser Lebenslauf, der unterschrieben und mit aktuellem Datum versehen sein sollte;
– die vollständige Beilage aller relevanten Unterlagen (letztes Schul-/ Hochschulzeugnis, Arbeitszeugnisse, Nachweis besonderer Kenntnisse und Ergänzungsprüfungen), entsprechend dem Lebenslauf;
– bei bestimmten Berufsgruppen auch Arbeitsproben (z. B. in journalistischen und künstlerischen Berufen üblich);
– alles in einer soliden Mappe zusammengefasst.

Seit geraumer Zeit hat sich ein gewisser Standard in der Erstellung von Bewerbungsunterlagen herausgebildet (siehe auch LORENZ/ROHRSCHNEIDER, 2000, S 64ff.) besonders beim Lebenslauf hinsichtlich der Inhalte. Unterschiede bestehen allerdings in der Darstellung: chronologisch aufsteigend oder absteigend, getrennt nach Aus- und Weiterbildung, beruflichen Tätigkeiten, besonderen Kenntnissen und Erfahrungen.

Bei fast jeder Ausschreibung gibt es Kandidaten, die angeregt durch Bewerbungsratgeber besonders kreative Elemente einflechten. Die Palette reicht von vier Seiten „Kurzprofil" über ein zweiseitiges Statement, warum Herr xy der absolut geeignete Kandidat ist (selbstredend macht Ihnen Herr xy im Text klar, dass Sie den Fehler Ihres Lebens begehen, wenn Sie ihn nicht dem Kunden zur Einstellung vorschlagen) bis hin zu einem Anschreiben in Interviewform – bei journalistischen Berufen fällt das durchaus positiv auf! Nun kann es sinnvoll sein, wenn Ihnen der Bewerber mittels eines eigenen Arbeitsblattes kurz die wesentlichen Punkte benennt, die ihn für diese Arbeitsstelle qualifizieren. Meistens wollen Sie sich aber doch lieber auf Ihren Gesamteindruck verlassen, den Sie anhand der Unterlagen, des Lebenslaufes und der Zeugnisse gewinnen. Betrachten Sie solche Beilagen aber immer als eine Aussage des Bewerbers über sich selbst. Wer sich selbst als sachlich und schnell auf den Punkt kommend bezeichnet, aber dafür drei Seiten Beilage benötigt, signalisiert bereits deutlich, wie gut er sich selbst einschätzen kann.

Die Ansichten über die kreative Ausgestaltung von Bewerbungen mögen auseinandergehen. Doch unabhängig davon sind folgende Gesichtspunkte relevant:

– Wurden die Unterlagen sorgfältig und vollständig zusammengestellt,
   aber nicht in einem übertriebenen Umfang? (z. B. wirkt ein EDV-Teil-
   nahmeschein aus dem Grundstudium bei einem 40-jährigen Bewerber
   um eine Geschäftsführerposition deplatziert)
– Geht das Anschreiben auf die Ausschreibung ein, ohne jedoch schon
   zu umfangreich zu sein (maximal 1–1,5 Seiten Umfang)?
– Enthalten die Schriftstücke Rechtschreibfehler?
– Werden alle relevanten Informationen (z. B. auch Entgeltwunsch und
   Verfügbarkeit, sofern danach gefragt wurde) gegeben?
– Ist der Lebenslauf übersichtlich?

Bereits die Beachtung der formalen Kriterien kann wichtige Hinweise für
die Personalauswahl geben. Die Formalien zeigen auf, ob jemand sorgfältig und kundenorientiert arbeiten kann, eher schlampig agiert oder
sich vielleicht unnötig an Kleinigkeiten und Nebensächlichkeiten auf-
hängt. Und diese Aussagefähigkeit haben Bewerbungsunterlagen trotz
vieler einschlägiger Ratgeberliteratur noch nicht verloren. Ganz im Gegenteil, nach wie vor werden typische Fehler gemacht, die eindeutige
Rückschlüsse zulassen und damit bereits eine erste Spreu vom Weizen
trennen:

– Das Anschreiben ist zu lang und zählt auch Nebensächlichkeiten auf
   oder es referiert den Lebenslauf;
– Das Anschreiben ist eindeutig als Serienbrief verfasst, in dem noch
   nicht einmal die Anrede personalisiert wurde. Solche Schreiben wirken
   wie Direct-Mailings;
– Ein Lichtbild unaufgefordert, freiwillig beigefügt, ist lose beigelegt
   oder mit Büroklammer befestigt (der berühmte „Draht im Gesicht"),
   statt mit Fotoecken bzw. Klebestift am Lebenslauf oder auf einem separaten Blatt befestigt zu werden – ein Hinweis auf gleichgültige, ja lie-
   derliche Arbeitsweise
– der Lebenslauf erstreckt sich über mehr als vier Seiten, weil der Kandidat jedes jemals betreute Projekt oder jedes Ehrenamt der letzten
   zwanzig Jahre aufführt (manche Kandidaten verweisen darauf, dass sie
   als Jugendliche Schiedsrichter in der vierten Regionalliga waren, aber
   seit fünfzehn Jahren leider nur noch Tischfussball spielen);
– Kopien sehen nach mehrfacher Benutzung aus, „geziert" von Eselsoh-
   ren über Griffspuren bis hin zu Rissen oder gar Kaffeetassenrändern

(eine Spezialität übrigens mancher Kandidaten, die der Arbeitsagentur gegenüber aktive Jobsuche nachweisen müssen);
– Die verwendeten Mappen weisen deutliche Gebrauchsspuren auf oder lassen die Notizen der Empfänger aus früheren Bewerbungsverfahren durchschimmern – mit wenig schmeichelhaften Kommentaren. Die besten Fundstücke aus unserer Praxis sind „Schwafler" und „Wissenschaftler ohne Praxisschimmer".

An dieser Hürde scheitern nach eigener Erfahrung bereits 10-15 Prozent aller Bewerber. Mit dem Auftraggeber sollte übrigens abgestimmt werden, ob er auch über diese Bewerbungen informiert werden möchte, und in welcher Form dies geschehen soll.

3.4.1.2 E-Mail- und Online-Bewerbungen

Seit einigen Jahren ermöglicht die Kommunikationstechnik, Bewerbungen auch als E-Mail oder gleich online durch Eingabe in eine entsprechende Maske vorzunehmen. Vor allem Studienabsolventen bevorzugen diese Form. Personalberatungen können sich dieser Entwicklung nicht entziehen und sollten die Vorteile sehen: keine Verantwortung für Originalunterlagen, keine aufwändige Archivierung, keine teure Rücksendung. Und: Originalunterlagen – besonders bei Führungspositionen – können jederzeit nachgefordert werden.

Die technischen Rahmenbedingungen bewirken einige Besonderheiten. Bei Online-Bewerbungen werden die relevanten Daten schematisch von einer Maske abgefragt und direkt in eine Datenbank eingepflegt. Individuelle Ergänzungen sind nur begrenzt möglich. Ab einer bestimmten Ebene wird es aber weniger um standardmäßig zu erfüllende Kriterien gehen, sondern mehr um die gesamte Persönlichkeit, so dass man als Personalberater diese Form nur als Einstieg sehen sollte.

E-Mail-Bewerbungen kommen der klassischen Bewerbungsmappe deutlich näher und ermöglichen damit auch eine entsprechend individuelle Begutachtung. Bei ihnen hat es sich als Standard herausgebildet, dass wesentliche Dokumente vom Absender eingescannt werden:

– Anschreiben als eigenes Dokument angehängt oder gleich als Text in
der E-Mail, die E-Mail selbst sollte nicht sehr umfangreich sein
– wesentliche Ausbildungs- bzw. Studien- und Arbeitszeugnisse

Ein wesentliches Qualitätskriterium ist die Frage, wie ordentlich die Unterlagen aufbereitet wurden, also wie gut lesbar die Scans sind und ob sie
unordentlich wirken, also schief eingezogen wurden usw.

Leider hat die deutlich weniger aufwändige Form der E-Mail-Bewerbung
– im Vergleich zur klassischen Bewerbungsmappe – dazu geführt, dass
man viel mehr Bewerbungen von „Weiß-noch-nicht-Kandidaten" erhält.
Das sind all jene Kandidaten, die die Entscheidung über ihre Pläne und
Neigungen an den Personaler delegieren – den „Send"-Knopf anzu-
klicken erscheint allemal leichter als nachzudenken. Doch diese Bewerber von vornherein auszusortieren, ist nicht ratsam, da zwischen vermeintlich Ungeeigneten immer wieder wahre Goldstücke verborgen sind.
Es empfiehlt sich folglich, zunächst den Lebenslauf zu prüfen und bei Bedarf weitere Unterlagen anzufordern, per E-Mail, evtl. später per Post.

3.4.1.3 Inhaltliche Prüfung der Unterlagen

Neben die formale tritt die inhaltliche Prüfung der Unterlagen. Dabei
geht es zum einen darum, die Übereinstimmung des Lebenslaufes mit den
beigelegten Nachweisen festzustellen und dabei auch festzustellen, ob der
bisherige Ausbildungs- und Berufsweg den Kandidaten für die ausgeschriebene Vakanz qualifiziert. Zum anderen sollen die Zeugnisse aufzeigen, ob jemand das gewünschte Profil an persönlichen und sozialen
Kompetenzen, Fachkompetenz und Berufserfahrung mitbringt, das für
die Vakanz erforderlich ist.

Es ist zu unterscheiden zwischen Ausbildungszeugnissen von Schulen,
Hochschulen, Akademien, Weiterbildungseinrichtungen (z. B. IHK) etc.
und Dienst- bzw. Arbeitszeugnissen, wobei der Gesetzgeber nach § 630
BGB ein einfaches Zeugnis (Bestätigung der Arbeitsdauer und der Ar-
beitsposition) und ein qualifiziertes Zeugnis (zusätzlich Aussagen zum
Verhalten und zur Arbeitsleistung) kennt.

Durch die Gewerbeordnung und die Rechtsprechung wird dieser Anspruch noch präzisiert: Das Zeugnis muss wohlwollend gehalten sein und darf den Arbeitnehmer bei seiner zukünftigen Berufslaufbahn nicht unbillig benachteiligen (§ 109 GewO, ergänzend Urteil des BGH vom 26.11.1963; sowie des Bundesarbeitsgerichts BAG vom 17.02.1988/AP Nr. 17 zu § 630 BGB und vom 14.10.2003, 9 AZR 12/03).

Analog gelten in Österreich § 1163 des Allgemeinen Bürgerlichen Gesetzbuchs bzw. § 39 des Angestelltengesetzes. In der Schweiz greift Artikel 330a des Obligationenrechts.

Zeugnisse aus einer Berufsausbildung gemäß Bundes-Berufsbildungsgesetz (BBiG) können streng genommen beides in sich vereinen. Effektiv stellen diese Zeugnisse aber Arbeitszeugnisse dar, da sie vor allem die Arbeits- und Ausbildungsleistung im Betrieb beschreiben. Die Zeugnisse der Berufsschule und der Kammer-Abschlussprüfung sind hingegen den Schul- und Ausbildungszeugnissen zuzurechnen.

Ausbildungszeugnisse

Hochschulzeugnisse werden neben Diplomen und Promotionen in Zukunft verstärkt auch Master- und Bachelor-Abschlüsse ausweisen. Bei Bewerbern mit Zeugnissen ausländischer Hochschulen können auch andere Graduierungen vorkommen, z. B. der Bachelor honours, einem englischen Zwischenstück zwischen Bachelor und Master, der vom Ausbildungsniveau ungefähr dem deutschen FH-Diplom entspricht. Sie sollten darauf achten, dass die Aussteller seriös und bekannt sind. Gerade aus der Schweiz oder auch aus Osteuropa kommen immer wieder Diplome sowie MBA- und Doktoratsurkunden auf den Markt, für die der Inhaber statt akademischer Brillanz vor allem finanzielle Potenz unter Beweis stellen musste. Auch nordamerikanische Anbieter variieren hinsichtlich der Ausbildungsqualität zum Teil erheblich.

Mit zunehmender Berufsdauer nimmt die Bedeutung dieser Zeugnisse zur Beurteilung eines Bewerbers ab. Bei einem Berufsstarter bilden Schul- und Ausbildungszeugnisse die wichtigsten Anhaltspunkte. Spätestens nach Vorlage des dritten oder vierten Arbeitszeugnisses unterstützen die

Ausbildungszeugnisse nur noch einen bestimmten Eindruck. Folglich ersparen sich viele Bewerber inzwischen die Beigabe eines Schulzeugnisses. Unabdingbar ist es aber nach wie vor, das Zeugnis der höchsten Ausbildung beizufügen – bei einem promovierten Chemiker ist nur die Promotion und ggf. das Hochschuldiplom zum Diplom-Ingenieur oder Diplom-Chemiker interessant. Dass er irgendwann ein Abitur bestanden hat, dürfte nahe liegen. Allerdings kann der Personalberater das letzte Schulzeugnis als „start-up" für das Berufsleben betrachten und nimmt auch dieses Zeugnis zu den Unterlagen.

Zu bedenken sind die Notenstufungen bei den verschiedenen Studiengängen. Naturwissenschaftler, Juristen und Wirtschaftswissenschaftler erhalten in der Regel nicht so gute Noten wie Sprachwissenschaftler oder Pädagogen. Während bei Juristen eine befriedigende Bewertung im ersten und zweiten Staatsexamen eine reife Leistung bescheinigt, kommt diese Note bei Psychologen oder Sprachwissenschaftlern einem Verriss gleich.

Nun muss eine schlechte Abschlussnote weder einen charakterlichen Mangel noch fehlendes Potenzial für bestimmte Aufgaben bedeuten. Oftmals hing viel von der Tagesform des Kandidaten oder der Prüfer ab. Unwichtig ist die Notenabfolge von Schulabschluss, Studienabschlüssen und dergleichen dennoch nicht. Auch die Herkunft der Abschlussprüfung sagt einiges aus. Eine schweizerische Matura gilt als anspruchsvoller gegenüber dem deutschen Abitur und will entsprechend berücksichtigt werden. Eine US-amerikanische High School hingegen kann im Niveau oftmals nur mit einer deutschen Gesamtschule auf Klassenstufe 10 oder 11 mithalten, aber nicht mit einem deutschen Gymnasium. Legt ein Bewerber ein derartiges Zeugnis vor, wird man vor allem auf Auslandserfahrung und Sprachkenntnisse rekurrieren, weniger auf eine umfassende Bildung im Humboldtschen Sinne.

Interessant sind oft genug folgende Merkmale:

– Aussagen über Schlüsselfächer (z. B. Benotung in Mathematik bei Bewerbern für kaufmännische Aufgaben im Controlling, Benotung der Sprachkenntnisse bei Bewerbern für internationale Aufgaben)

– Fächerzusammenstellungen in Abitur und Diplom (wurden leichtere oder anspruchsvollere Fächerkombinationen gewählt? Hat sich jemand nur durch eine sehr gute Diplomarbeit ein befriedigendes Diplom gesichert, wohingegen die anderen Fächer eher im unteren Bereich bewertet wurden?)

Diese Kriterien sollten aber nur im Kontext der weiteren beruflichen Entwicklung gesehen werden und spätestens nach zehn Jahren Berufstätigkeit in den Hintergrund rücken. Spätestens dann gilt der Grundsatz, dass ein Diplom oder ein ähnlicher Nachweis zwar vorhanden sein sollte, eine besonders gute Note aber nicht mehr zwingend ist.

Arbeitszeugnisse

Interessanter als Ausbildungszeugnisse sind die Arbeitszeugnisse. Sie geben im Idealfall Auskunft über die Bewährung im beruflichen Umfeld. Der Gesetzgeber hat in § 630 BGB einen Rechtsanspruch auf ein Zeugnis formuliert. Dieser Rechtsanspruch gilt unabhängig von der Frage, ob es sich um einen abhängig Beschäftigten handelt oder um ein Arbeitsverhältnis im Rahmen einer freien Zusammenarbeit. Arbeitnehmer haben also generell einen Anspruch auf ein Arbeitszeugnis, der erst nach dreißig Jahren verjährt. In Folge dieses Rechtsanspruchs entstand die gängige Praxis, bei Bewerbern Arbeitszeugnisse einzusehen, um etwas über bisherige Arbeitshaltung zu erfahren. Jedoch hat die Rechtsprechung auch schon darauf hingewiesen, dass die Ausstellung eines qualifizierten(!) Zeugnisses schon nach deutlich kürzerer Zeit schwer, wenn nicht sogar unmöglich ist und daher früher verjähren kann als nach dreißig Jahren. Wird ein Arbeitszeugnis erst zwei oder drei Jahre nach Ausscheiden ausgestellt, ist der Aussagewert nur noch sehr begrenzt. Außerdem zeigt dies deutlich, wie ernst der Betreffende solche an sich wichtigen Angelegenheiten nimmt.

Sofern ein Arbeitszeugnis während eines bestehenden Arbeitsverhältnisses erbeten wird, ohne dass eine der beiden Vertragsparteien gekündigt hat, wird ein so genanntes „Zwischenzeugnis" ausgestellt. Üblich ist dies bei einem Wechsel der Führungskräfte, einem Arbeitsplatzwechsel im

Unternehmen (Beförderung, Übernahme einer anderen Position in einer anderen Abteilung etc.), wenn der Arbeitnehmer sich fortentwickeln möchte, oder aber bei einer bereits erfolgten Kündigung durch den Arbeitgeber. Liegt ein Zwischenzeugnis vor, kann der Arbeitgeber in einem abschließenden Arbeitszeugnis nicht hinter die Beurteilung zurück, die er bereits im Zwischenzeugnis abgab. Ausnahmen sind nur möglich, wenn gewichtige Gründe vorliegen. Dies ist gerade für Personalberater wichtig zu wissen, denn legt ein Bewerber ein Zwischenzeugnis seinen Unterlagen bei, so gibt es mehrere Möglichkeiten:

– Der Bewerber will unbedingt wechseln, vielleicht steht er schon unter Druck;
– Das Endzeugnis ist in der Qualität deutlich schlechter, und der Bewerber will folglich etwas verschleiern (das müsste hinterfragt werden);
– Der Bewerber hat schlichtweg vergessen, sich nach Ausstellung des Zwischenzeugnisses ein Endzeugnis geben zu lassen (das spricht gegen seine Sorgfalt).

Zur Auswertung von Arbeitszeugnissen kann man sich zunächst einmal eine grundsätzliche Systematik anlegen:

– Form des Zeugnisses (einfaches oder qualifiziertes Zeugnis, Zwischenzeugnis)
– äußere Form
– persönliche Daten (Name, Geburtsdatum und -ort, Eintritt in das Unternehmen)
– Art und Dauer der Beschäftigung
– Titel und Vollmachten des Arbeitnehmers (z. B. Handlungsvollmacht, Prokura) sowie Zuständigkeiten im Unternehmen, ggf. Fortentwicklung/Beförderungen des Arbeitnehmers
– wesentliche Arbeitsinhalte
– Bewertung der Leistung
– Fortbildungen (Art, Dauer, Erfolg bei der Umsetzung im Unternehmen) sowie die Art und Weise, die dabei gewonnene Erkenntnisse in den Arbeitsalltag umzusetzen
– zusammenfassende Leistungsbeurteilung

– Beurteilung des persönlichen Verhaltens gegenüber Kunden, Vorgesetzten, Kollegen und Mitarbeitern (in dieser Reihenfolge, andere Reihenfolgen zeigen Probleme mit der zuletzt genannten Personengruppe an!)
– Grund des Ausscheidens (aus eigenem Antrieb, im gegenseitigen Einvernehmen, betriebsbedingt, ...) und Datum des Ausscheidens
– Schlussformulierung
– Ausstellungsdatum, Unterschrift und Position der Unterzeichnenden

Inzwischen haben sich die Zeugnisse allerdings zu einem weniger aussagekräftigen Instrument entwickelt. Für die Interpretation von Arbeitszeugnissen wird in der Regel auf einen bestimmten Zeugniscode verwiesen (z. B. auch bei LORENZ/ROHRSCHNEIDER, 2000, S. 86ff.), der auch regelmäßig in der einschlägigen Presse angesprochen wird. So sollen bestimmte Formulierungen auf gute oder auch auf unbefriedigende Arbeitsleistungen verweisen. Leider beherrscht nicht jeder Zeugnisschreiber diesen Code, insbesondere in kleineren Unternehmen des Handwerks und der Dienstleistung, und die konkrete Anwendung der Rechtsprechung trägt genauso zur Verwischung bei. Arbeitsgerichtlich wurde bereits mehrfach festgehalten, dass Arbeitszeugnisse den Arbeitnehmer nicht unbillig benachteiligen dürfen. Die wirklich kritischen Dinge sind eher zwischen den Zeilen zu lesen. Allerdings gibt es hierzu inzwischen soviel Literatur, Empfehlungen und Muster, dass von einer Einheitlichkeit oder Klarheit keine Rede sein kann.

Was in Zeugnissen zwischen den Zeilen stehen kann (ob gewollt oder nicht):

– Wichtige Tätigkeiten werden aufgeführt, aber nichts zu den dabei erzielten Erfolgen: hier ist ein Blender am Werk, der viel anfasst, aber wenig zu Ende bringt;
– Nebenaufgaben werden übermäßig betont, z. B. wird die Mitarbeit in Branchenverbänden an erster Stelle geschildert, die Arbeit als Abteilungsleiter aber unter „ferner liefen", eine Beschreibung für jene Leute, die sich nicht um ihre Kernaufgaben kümmern wollten;
– Der Tonfall ist seltsam unterkühlt und die Abschiedsformel drückt weder ein Bedauern über das Ausscheiden aus noch enthält sie einen ehrlichen Wunsch für die berufliche Neuorientierung („Frau Maier verlässt uns auf eigenen Wunsch zum 31.12.2006, um eine neue Herausforderung anzunehmen." Punkt und Schluss – da war jemand ziemlich verschnupft über die Art des Abschieds, vermutlich sogar über eine menschlich insgesamt sehr unbefriedigende Zusammenarbeit. Ideal ist:

!

> „Wir bedauern das Ausscheiden von Frau Maier sehr, da mit ihr eine herausragen-
> de Kraft geht. Wir danken sehr herzlich für die geleisteten Dienste und wünschen
> ihr für die berufliche und private Zukunft weiterhin alles Gute." – Man beachte da-
> bei insbesondere das kleine Wörtchen „weiterhin"! Nicht so gut ist der Satz „Wir
> freuen uns für Herrn Muffel über die neue Perspektive und wünschen ihm dazu al-
> len Erfolg" – nicht ausgeschrieben steht dahinter „... den er bei uns leider nicht
> hatte";
> – Der Betreffende wird mit der Formulierung "... verlässt uns zum 30. des Monats"
>   verabschiedet – hier hat der Arbeitgeber gekündigt;
> – Die Trennung erfolgt „im gegenseitigen Einvernehmen" an einem Tag mitten im
>   Monat – der überdeutliche Hinweis auf eine fristlose Kündigung: „Das Arbeitsver-
>   hältnis wurde am 19. März 2006 im gegenseitigen Einvernehmen beendet." – Es
>   muss schon sehr dicke kommen, dass jemand nicht bis zum Ende des Monats an
>   Bord bleibt.

Um arbeitsgerichtlichen Problemen aus dem Weg zu gehen, lassen viele
Arbeitgeber ihre Mitarbeiter inzwischen die Zeugnisse selbst erstellen
und nehmen nur noch leichte Korrekturen vor, indem – siehe oben – das
Lob für Nebensächlichkeiten besonders überschwänglich ist oder der Ab-
schiedsgruß kurz und knapp oder auch ziemlich ironisch ausfällt. Von
daher empfiehlt es sich, das gesamte Zeugnis auf sich wirken zu lassen:

– Ist der Ton angenehm, mit menschlicher Wärme, oder eher reserviert?
– Ist eine gewisse Entwicklung erkennbar (Übernahme neuer Verant-
  wortungsgebiete, zusätzliche Aufgaben, Beförderungen etc.)?
– Wie lange konnte der Bewerber sich in der höchsten Position halten?
  (Ein Wechselwunsch kurze Zeit nach der letzten Beförderung weist
  darauf hin, dass sich jemand übernommen hat, sofern nicht ein trifti-
  ger Grund einen Wechsel nahe legt, wie z. B. der Wechsel des Vorgesetzten, Veräußerung des Unternehmens.)
– Wirkt das Lob für Arbeitserfolge ehrlich oder übertrieben? Richtet es
  sich auf die Hauptaufgaben oder eher auf Nebenaspekte?
– Wie ist die Abschlussformel gehalten?

Besonders interessant sind dabei die Zeugnisse, die sich über einen Ar-
beitszeitraum von mehr als zwei bis drei Jahren erstrecken. Zwar hat man
nicht mehr ganz so hohe Anforderungen an die Loyalität wie noch vor
Jahrzehnten – ein Wechsel nach drei oder vier Jahren ist nicht mehr
anrüchig. Aber spätestens die dritte Arbeitsstelle nach Ausbildungs- oder
Studienabschluss sollte mehr als zwei Jahre umfassen oder die Gründe für
einen Wechsel nicht beim Bewerber liegen (z. B. Betriebsschließung, Insolvenz). Denn erst über einen solchen Zeitraum kann ein Arbeitnehmer

Standvermögen zeigen und sich bewähren. Und die Beschäftigungszeiten sollten im Zeitablauf auch nicht plötzlich immer kürzer werden. Wenn jemand als Sachbearbeiter acht Jahre gut und erfolgreich gearbeitet hat, als Gruppenleiter drei oder vier Jahre lang anerkannt war und als Abteilungsleiter schon zum zweiten oder gar dritten Mal nach einem Jahr unbedingt wechseln möchte, ist das ein sehr deutlicher Hinweis auf fehlende Führungsqualitäten, wenn nicht die Gründe wirklich betriebsbedingt waren (für eine Insolvenz, die leider in den vergangenen Jahren zahlreich waren, kann auch der beste nicht verantwortlich gemacht werden).

Gibt es so etwas wie „Geheimzeichen", z. B. Striche neben der Unterschrift, die angeblich wie Schreibfehler aussehen, aber in Wirklichkeit auf Betriebsratstätigkeiten oder politische Extremisten hinweisen? Auszuschließen ist das nicht. Doch Sie sollten nicht zu einer unnötigen „Kaffeesatzleserei" übergehen, da Sie mit Sicherheit davon ausgehen können, dass nicht jeder Personaler eine derartige „Zeichensetzung" beherrscht, insbesondere in kleineren Unternehmen. Besser ist es, bei den betreffenden Personalabteilungen anzurufen. Kann man sein Interesse an einer Auskunft glaubhaft darlegen (Tipp: Zufaxen der Stellenausschreibung anbieten), erhält man in der Regel eine mehr oder weniger deutliche Antwort. Viele Personalberater nehmen die beruflichen Zeugnisse lediglich noch als Beleg für die Angaben im Lebenslauf (Beschäftigungszeit, Tätigkeit, Unternehmen), weil die Inhalte und deren Wirklichkeitsgehalt nicht mehr einzuschätzen sind.

Das Problem der gefälschten Unterlagen

Zudem muss man sich bei der Zeugnisinterpretation darüber im Klaren sein, dass die moderne Kopiertechnik inzwischen das Fälschen von Unterlagen deutlich erleichtert hat. So wird aus dem ausreichenden Diplom plötzlich ein Prädikatsexamen, aus dem Arbeitszeugnis über sechs Monate plötzlich ein solches über vier Jahre. Sichere Hinweise auf solche Fälschungen sind:

– verschiedene Schrifttypen im Text, unterschiedliche Abstände zwischen Seitenrand und Text
– Stilbrüche im Text (anderer Duktus, andere Zeichensetzung, etc.)
– Inkonsistenz zwischen Arbeitsdaten in den Zeugnissen und im Lebenslauf (ein Fälscher war so leichtsinnig, eine Arbeitsstelle im Zeugnis im Oktober 1997 beginnen zu lassen, im Lebenslauf aber schon im Mai 1997)

– oft in Verbindung mit einem nicht unterschriebenen Lebenslauf – diese Art der Urkundenfälschung trauen sich merkwürdigerweise doch nicht alle Fälscher zu, wenn sie die Wertigkeit des Lebenslaufes als Urkunde überhaupt kennen

Eine hundertprozentige Absicherung gegen Fälschungen wird es vermutlich nie geben. Hilfreich sind aber:

– den Lebenslauf nochmals mit Unterschrift versehen zusenden lassen, was bereits einige einschlägig tätige Personen abschreckt;
– Kontrollanrufe bei den im Zeugnis benannten Personen, die zwar nicht immer kooperativ reagieren, aber allein schon durch die Art des „Ausschweigens" wichtige Hinweise liefern („Dazu wollen wir nichts mehr sagen");
– die Vorlage der Originalunterlagen vor Unterzeichnung des Arbeitsvertrages oder zum Arbeitsbeginn, insbesondere bei Vertrauensstellungen in der Banken- und Finanzbranche.

Für diese Maßnahmen können Personalberater mit dem Verständnis der meisten Bewerber rechnen. („Uns sind in den letzten Jahren leider mehrfach Fälschungen untergekommen, so dass wir dies inzwischen routinemäßig machen, wofür wir um Ihr Verständnis bitten.")

Eine vertiefende Behandlung der Zeugnisinterpretation kann an dieser Stelle unterbleiben, da es inzwischen eine ganz exzellente Auswahl einschlägiger Ratgeber gibt, wie z. B. FRED N. BOHLEN (Das Bewerber-Auswahl-Gespräch, 2. Aufl., Leonberg: Rosenberger 2002), GÜNTER HUBER (Das Arbeitszeugnis in Recht und Praxis, Freiburg/Brsg.: Haufe 2004) oder MICHAEL LORENZ/UTA ROHRSCHNEIDER (Personalauswahl – schnell und sicher Top-Mitarbeiter finden, Freiburg/Brsg.: Haufe 2000).

3.4.2 Grundsätze der Ergebnisaufbereitung

Die ausgewerteten und geprüften Unterlagen können für die Beratungsarbeit in einer Übersicht zusammengefasst und dem Auftraggeber als Dokumentation des Arbeitserfolges übergeben werden. Gleichzeitig schließen Sie damit einen ersten wichtigen Arbeitsschritt ab. Er zeigt Berater und Auftraggeber, welche Personen sich beworben haben und wie gut diese zur ausgeschriebenen Stelle passen. Anhand der Ergebnisse kann man entscheiden, mit welchen Kandidaten Telefoninterviews oder Vorstellungsgespräche geführt werden sollen. Wenn die Ergebnisse nicht ausreichend sind, können Sie an dieser Stelle auch eine erneute Stellenausschreibung versuchen, um so den Pool der geeigneten Bewerber zu vergrößern. Systematische Auswertungen helfen dabei, alle relevanten Kriterien zu berücksichtigen und die Ergebnisse vernünftig strukturiert dem Auftraggeber zu präsentieren.

3.4.2.1 Aufbereitung von Bewerbungsunterlagen

Grundsätzlich kann man verschiedene Verfahren zur Aufbereitung wählen:

– eine unsortierte Beschreibung jedes einzelnen Bewerbers, mit einem anschließenden Kommentar bzw. einer Bewertung mit dem Hinweis „nach Unterlagen", vorbehaltlich eines persönlichen Gespräches
– eine Profilbeurteilung, bei der unabdingbare Voraussetzungen definiert werden („Matching-Raster")
– ein Bewertungsgitter, das die Bewertung weiter verfeinert
– ein Scoring-Modell mit mehrfaktoriellen Bewertungen

In Praxis und Theorie gibt es sicher noch weitere vergleichbare Verfahren. Doch sie verfolgen letztendlich alle den gleichen Zweck, nämlich anhand der vorliegenden Informationen die Bewerber auf formale Eignung zu überprüfen.

Wichtig ist vor allem, dass das Verfahren leicht anzuwenden ist, verlässliche Profile und überschaubare Ergebnisse liefert, die auch für den Auftraggeber transparent sind. Die Auswertung sollte möglichst objektiv sein, soweit das bei Beurteilungen und Zeugnisinterpretationen überhaupt verlangt werden kann.

Wählen Sie zwei Darstellungsformen, sowohl für die eigene Dokumentation als auch für den Auftraggeber: (1) eine objektive Beschreibung der Kandidaten mit ihren relevanten Merkmalen, (2) eine systematische Aufstellung anhand ihrer Eignung im Sinne der Stellenvakanz.

!

3.4.2.2 Unsortierte Beschreibung

Das einfachste Verfahren ist die individuelle Prüfung der Bewerbungsunterlagen im Kontext der Stellenbeschreibung. Dazu werden relevante
Daten aus den Unterlagen zunächst in einer beliebigen Form aufbereitet,
die z. B. tabellarisch nach folgendem Muster aufgebaut werden kann:

Auswertung von Bewerbungsunterlagen: Geschäftsführer Medienhaus (Beispiel)

Hinweis:
Im Hinblick auf das AGG vermeiden Sie Angaben zum Alter, Familienstand, Kinder,
sowie auch die möglichen anderen, im AGG genannten Diskriminierungsdaten

Kandidat Alter	Ausbildung	Berufs- und Führungserfahrung	Fort- bildung	Gesamt- urteil
A. B.	Abitur (2,3) Verlags- kaufmann (sehr gut) Dipl.-Kfm. (gut)	1 Jahr Werbeagentur, 1 Jahr Vertriebstrainee Pharma, 3 Jahre Bezirksleiter Pharma, seit 4 Jahren Anzeigen- und Objektleiter Tages- zeitung	diverse BDZV- und VDZ- Seminare: Vertrieb, Recht, Führung, Anzeigen	Idealkandidat
F. B.	Abitur (1,3) Dipl.-Vw. (gut)	4 Jahre Bundeswehr (Leutnant d. R.), 1 Jahr Reiseleiter, 3 Jahre Projektleiter in einer Werbeagentur, 4 Jahre Marketing- leiter Brauerei, seit 4 Jahren Marketing- und Vertriebsleiter im Zeit- schriftenverlag (seit 1 Jahr Prokurist)	verschiedene Seminare: Medienkunde, Führung, Recht	Idealkandidat
v. B., C.	Fachabi (2,4) Bürokauffrau (gut) Dipl.-Bw. (FH) (befriedigend)	3 Jahre Marketingab- teilung Elektrohandel, 5 Jahre Gruppenleite- rin Vertrieb Sanitär- Groß-/Außenhandel, seit 3 Jahren Vertriebs- leiterin Tageszeitung mit Prokura	verschiedene Seminare: Recht, Marke- ting	keine Ideal- kandidatin, aber Poten- zial

Kandidat Alter	Ausbildung	Berufs- und Führungserfahrung	Fort- bildung	Gesamt- urteil
Ch. L., Dr.	Abitur (1,9) Dipl.-Kfm. (gut) Promotion zum Thema „Messe- branche als Controlling- aufgabe" (mcl)	4 Jahre Bundesmarine (Obermaat d. R.), 4 Jahre Controlling Industrie, 4 Jahre Controlling Messebranche, seit 2 Jahren bei Fach- informationsverlag, davon seit 1 Jahr Geschäftsführer	Qualitäts- beauftragter nach ISO 9000 ff. (TÜV- Lehrgang) Lehrauftrag an Hochschu- le a-Stadt	insgesamt eher nicht geeignet
H. L.	Abitur (2,1) Kranken- schwester (gut) Dipl.-Vw. (gut)	1 Jahr freie Dozentin, 1 Jahr Verkauf im Ein- zelhandel, 5 Jahre Projektleiterin Kongressmanagement, seit 3 Jahren Vertrieb Fachinformation	verschiedene Seminare: Projektmana- gement und Gesprächs- führung	insgesamt für diese Aufga- be nicht ge- eignet
P. M., Dr.	Abitur (2,7) Fremdspra- chenkorres- pondentin (gut) M. A. in Philologie (sehr gut) Promotion in Germanistik: „Frankreich im Spiegel der deutschen Literatur des 18. Jhd." (scl)	3 Jahre Übersetzungs- büro, 3 Jahre Vertriebsbüro Maschinenbau in Frankreich, 6 Jahre Wirtschaftsför- dergesellschaft Kreis xy, davon 2 Jahre als Geschäftsführerin, 6 Jahre Redaktionslei- terin Fachinformation Außenhandelsinforma- tionen	interkulturelle Kommunika- tion, Führung, Budgetierung und Control- ling	insgesamt für diese Aufga- be eher nicht geeignet

Diese Darstellung gibt eine verkürzte Übersicht über die eingegangenen Bewerbungen.

Man kann das Ergebnis der Prüfung mehr oder weniger ausführlich be-schreiben und daraus am Ende drei verschiedene Bewerbergruppen bil-den, weshalb diese Methode umgangssprachlich auch als die „Drei-Hau-fen-Methode" (HILLEBRECHT/SCHLAUS, 2002, S. 10) bezeichnet wird, nämlich mit den drei Prädikaten:

– besonders geeignet
– noch unklare Eignung, auf Reserve legen für den Fall, dass aus dem ersten Kreis doch kein Bewerber in die engere Auswahl kommen sollte
– ungeeignet (für die Position, evtl. aber in die Datei aufzunehmen)

Besonders vorteilhaft ist bei dieser Methode, dass Sie auch nicht lineare
Lebensläufe gut berücksichtigen können. Also Bewerber, die nicht nach
dem klassischen Karriereschema zielstrebig nach oben wollen, sondern
die über Erfahrungen in den verschiedensten Positionen, Verantwor-
tungsbereichen und Aufgabenfeldern verfügen. Auch wenn man letztendlich immer einen idealen Kandidaten mit logisch aufeinander auf-
bauenden Karriereschritten sucht, so sind gerade für bestimmte Aufgaben außergewöhnliche Menschen manchmal die bessere Besetzung. Dies
gilt insbesondere für Vakanzen mit kreativen Schwerpunkten (Werbung,
Marketing, Nonprofit) oder für Aufgaben, die es erfordern, allein und
selbstverantwortlich einen noch nicht genau bestimmten Erfolg zu bewirken. Das klassische Beispiel ist die Entwicklungshilfe oder die ver-
triebliche Erschließung neuer Märkte („emerging markets"). Ein Sozial-
pädagoge, der lange Jahre in Papua-Neuguinea eine Schule geleitet hat
und 48 Jahre alt ist, ist für die Geschäftsführung eines soeben in Tsche-
chien übernommenen Verlages womöglich die bessere Alternative als ein
promovierter Betriebswirt Mitte 30, der fünf Jahre in einer großen Strategieberatungsgesellschaft verbracht hat und bisher keine operative Verantwortung besitzt. Einfach deshalb, weil es bei solchen Aufgaben vor
allem auf die Persönlichkeit ankommt. Das erforderliche Fachwissen
kann durch Crashkurse leichter vermittelt werden als umgekehrt das bereits vorhandene Fachwissen durch persönlichkeitsbildende Kurse ergänzt werden kann – Persönlichkeit ist das Ergebnis einer Entwicklung.

Der Erfolg eines derartigen Verfahrens basiert auf der Berufserfahrung
und der Intuition des Beraters. Gerade die Frage, ob eigentlich gewünschte Bewerbereigenschaften durch andere Erfahrungen kompen-
siert werden können, muss im Kontext der gesamten Persönlichkeit be-
antwortet werden. (Ist die in Abendkursen absolvierte kaufmännische
Fortbildung in Kombination mit dem Psychologie-Diplom wirklich
gleichwertig einem betriebswirtschaftlichen Studium?) Da ist Fingerspit-
zengefühl gefragt. Zudem kann man die Ergebnisse nicht jedem Auftraggeber gut vermitteln. Man sollte daher die Auswahlmethode davon
abhängig machen, ob die vakante Stelle einen gewissen Freiraum in der

Bewerberbeurteilung geradezu verlangt und wie weit der Auftraggeber dem Berater vertraut. Außerdem ist zu beachten, dass es die „glatten" Lebensläufe, ohne Brüche, ohne Lücken, kaum noch gibt: Die Konjunktur in den vergangenen Jahren hat dazu beigetragen, dass eine jahrzehntelange Beschäftigung in einem Unternehmen kaum noch stattfindet. Es gilt also sehr genau zu prüfen, warum Stellenwechsel, Lücken etc. im Lebenslauf sind.

3.4.2.3 Matching-Raster-Verfahren

Das Matching-Raster ist eine tabellarische Übersicht der Kandidaten, welche die relevanten Kriterien erfasst und nach „vorhanden/nicht vorhanden" bewertet. Wer die erforderlichen Kriterien nicht erfüllt, scheidet automatisch aus. Das Matching-Raster-Verfahren präzisiert damit die Übersichtstabelle aus dem vorher dargestellten beschreibenden Verfahren. Geht man vom vorigen Beispiel aus, so könnte das Matching-Raster wie folgt aufgebaut sein:

Matching-Raster-Verfahren:
Geschäftsführer Medienhaus (Beispiel)

Kandidat	Wirtschafts-Studium	Führungserfahrung über mind. 5 Jahre	Branchenerfahrung Druck und Medien: mind. 4 Jahre
A. B.	Dipl.-Kfm. erfüllt	6 Jahre erfüllt	4 Jahre Verlag erfüllt
F. B.	Dipl.-Vw. erfüllt	8 Jahre erfüllt	4 Jahre erfüllt
v. B., C	Dipl.-Bw. (FH) erfüllt	3 Jahre erfüllt	keine nicht erfüllt
Ch. L., Dr.	Dipl.-Kfm. erfüllt	2 Jahre nicht erfüllt	1 Jahr nicht erfüllt
H. L.	Dipl.-Vw. erfüllt	3 Jahre nicht erfüllt	keine nicht erfüllt
P. M., Dr.	M. A. Philolog. nicht erfüllt	6 Jahre erfüllt	8 Jahre erfüllt

Nach dieser Auswertung blieben für die weitere Auswahlrunde nur noch die beiden Kandidaten A. B. und F. B. übrig. Vorteil dieses Verfahrens ist eine klare Unterscheidung in geeignete und nicht geeignete Kandidaten. Doch der Vorteil ist zugleich ein Nachteil: Wer nur ein Kriterium nicht erfüllt, ist aus dem Rennen, auch wenn er insgesamt vielleicht die interessanteste Persönlichkeit darstellt. Dieses Verfahren ist deshalb nur geeignet, wenn bestimmte Sachbearbeiter- oder Assistentenstellen zu vergeben sind, mit klar definiertem Aufgabenprofil und kategorisch vorgegebenen „musts" und „don'ts".

3.4.2.4 Bewertungsgitter-Verfahren

Das Bewertungsgitter greift die Nachteile des Matching-Verfahrens auf und versucht, einen Mindeststandard („bedingt geeignet") sowie eine Optimalbewertung („bestens geeignet") zu definieren. Dazu werden die einzelnen Kriterien des Idealprofils in diese beiden Stufen aufgegliedert:

Bewertungsgitter-Verfahren: Geschäftsführer Medienhaus (Beispiel)			
Bewertungsstufe	**Wirtschafts-Studium**	**Führungserfahrung**	**Branchenerfahrung Druck und Medien**
bestens geeignet	abgeschlossenes BWL-/VWL-/Wirt.-Ing.-Studium an Uni/FH	mind. 6 Jahre in Abteilungsleitung oder als Geschäftsführer	mind. 5 Jahre in Druckerei oder Verlag
bedingt geeignet	Studium mit wirtschaftswissenschaftlichen Bestandteilen (z. B. als Wirtschaftsgeograph)	mind. 4 Jahre als Abteilungsleiter mit substantieller Verantwortung	mind. 3 Jahre Branchenerfahrung
ungeeignet	kein Wirtschaftsstudium	weniger als 4 Jahre Verantwortung	weniger als 3 Jahre Branchenerfahrung

Die Bewertung der Bewerber würde entsprechend des Bewertungsgitters wie folgt aussehen:

Auswertung nach dem Bewertungsgitter-Verfahren: Geschäftsführer Medienhaus (Beispiel)

Kandidat	Wirtschafts-Studium	Führungs-erfahrung	Branchen-erfahrung Druck und Medien	Gesamt-urteil
A. B.	Dipl.-Kfm. erfüllt	6 Jahre erfüllt	4 Jahre Verlag bedingt erfüllt	insgesamt geeignet
F. B.	Dipl.-Vw. erfüllt	8 Jahre erfüllt	4 Jahre bedingt erfüllt	insgesamt geeignet
v. B., C.	Dipl.-Bw. (FH) erfüllt	3 Jahre nicht erfüllt	keine nicht erfüllt	nur bedingt geeignet
Ch. L., Dr.	Dipl.-Kfm. erfüllt	2 Jahre nicht erfüllt	1 Jahr nicht erfüllt	insgesamt ungeeignet
H. L.	Dipl.-Vw. erfüllt	3 Jahre nicht erfüllt	keine nicht erfüllt	insgesamt ungeeignet
P. M., Dr.	M. A. Philolog. bedingt erfüllt	6 Jahre erfüllt	8 Jahre erfüllt	bedingt geeignet

Nach dieser Auswertung könnten neben den Kandidaten A. B. und F. B. auch H. K. und Dr. P. M. geeignete Kandidaten sein. Gegenüber dem Matching-Verfahren werden die Kandidaten differenzierter bewertet. Es ist aber immer noch relativ leicht darzustellen und somit auch für Beratungskunden transparent genug.

3.4.2.5 Mehrfaktorielles Scoring-Modell

Das mehrfaktorielle Scoring-Modell geht noch einen Schritt weiter als das Bewertungsgitter-Verfahren. Es basiert auf zwei Grundgedanken:

– Die Bewertungskriterien können unterschiedlich wichtig für die Besetzung der Stelle sein. So wird man dem Alter und dem Studienfach weniger Bedeutung beimessen als der Branchen- und der Führungserfahrung.

– Je nach Güte der Bewerberprofile lässt sich eine Rangordnung bilden, d. h. dass der am besten geeignete Bewerber auch an erster Stelle stehen sollte, der zweitbeste an zweiter Stelle usw. Auf der Basis der Rangordnung kann man bestimmen, wer in die engere Auswahl kommt.

Dazu wird zunächst ein mit Punkten versehenes Bewertungsraster erstellt, wie in der folgenden Tabelle dargestellt:

Bewertungsraster im Scoring-Verfahren: Geschäftsführer Medienhaus (Beispiel)

Bewertungsstufe	WirtschaftsStudium	Führungserfahrung	Branchenerfahrung Druck und Medien
5 Punkte	abgeschlossenes BWL-/VWL-/Wirt.-Ing.-Studium an Uni/FH mit Prädikat	mind. 6 Jahre als Geschäftsführer	mind. 8 Jahre in Druckerei oder Verlag
4 Punkte	abgeschlossenes BWL-/VWL-/Wirt.-Ing.-Studium an Uni/FH ohne Prädikat	mind. 6 Jahre als Abteilungsleiter (Prokura) oder als stv. Geschäftsführer	mind. 6 Jahre in Druckerei oder Verlag
3 Punkte	Studium mit Wirtschaftswissenschaftlichen Bestandteilen (z. B. als Wirtschaftsgeograph)	mind. 4 Jahre als Abteilungsleiter mit substantieller Verantwortung (auch ohne Prokura)	mind. 3 Jahre Branchenerfahrung
2 Punkte	VWA-Studium	mind. 3 Jahre Verantwortung	mind. 2 Jahre Branchenerfahr.
1 Punkt	Wirtschaftsstudium ohne Abschluss	weniger als 3 Jahre Verantwortung	erste Branchenerfahrung
0 Punkte	kein Wirtschaftsstudium	bisher ohne Verantwortung	keine Branchenerfahrung

Jedes Kriterium fließt in die Gesamtbewertung ein, wobei die Kriterien bzw. Bewertungsfaktoren je nach Bedeutung unterschiedlich gewichtet werden. Im Beispiel wird das Studium nicht ganz so hohe Bedeutung haben wie die Branchenerfahrung und die Führungserfahrung. So könnte man folgende Gewichtung festlegen:

Branchenerfahrung: 45 Prozent (= 0,45 als Bewertungsfaktor)
Führungserfahrung: 40 Prozent (= 0,40 als Bewertungsfaktor)
Studienleistung: 15 Prozent (= 0,15 als Bewertungsfaktor)
Zusammen: 100 Prozent (= 1,0)

Die nachfolgende Auswertungstabelle zeigt dies beispielhaft auf:

Auswertungstabelle für ein mehrfaktorielles Scoring-Modell (mit Punktwert) und dem daraus abgeleiteten Wert

Kandidat	Branche = 45 %	Führung = 40 %	Studien = 15 %	Gesamt = 100 %
A. B.	3 Punkte x 0,45 = 1,35	3 Punkte x 0,4 = 1,2	5 Punkte x 0,15 = 0,75	3,30
F. B.	3 Punkte x 0,45 = 1,35	3 Punkte x 0,4 = 1,2	5 Punkte x 0,15 = 0,75	3,30
v. B., C.	3 Punkte x 0,45 = 1,35	3 Punkte x 0,4 = 1,2	4 Punkte x 0,15 = 0,60	3,15
Ch. L., Dr.	4 Punkte x 0,45 = 1,80	3 Punkte x 0,4 = 1,2	0 Punkte x 0,15 = 0,00	3,00
H. L.	3 Punkte x 0,45 = 1,35	1 Punkt x 0,4 = 0,4	5 Punkte x 0,15 = 0,75	2,50
P. M., Dr.	2 Punkte x 0,45 = 0,9	1 Punkt x 0,4 = 0,4	5 Punkte x 0,15 = 0,75	2,05 ∅ = 2,88

Anhand dieser Auswertungstabelle, die bereits nach den erzielten Gesamtwerten sortiert wurde, kann man festlegen, welche Personen weiter im Rennen bleiben und welche nicht, z. B. alle Kandidaten mit einem Wert über 3,0 oder 2,75. Der Erfahrung nach liegen die Durchschnittswerte zwischen 2,9 und 2,1. Alle Durchschnittswerte über 2,5 sprechen für eine verhältnismäßig gute Bewerberansprache. Der Durchschnitt von

2,5 sollte erfahrungsgemäß auch die „Schranke" bzw. den Grenzwert für die weitere Bewerberauswahl bilden.

Neben den vorgeschlagenen Faktoren können noch andere einbezogen werden:

– die Güte der Bewerbungsunterlagen (erste Arbeitsprobe!), mit einem Gewichtungsfaktor von 10–15 Prozent (z. B. 5 Punkte für vorbildlich gestaltete Unterlagen, 4 Punkte für ansprechende Unterlagen mit kleinen Lücken etc., bis zu 0 Punkte: Unterlagen sind nicht vollständig, äußerer Eindruck abschreckend)
– die Güte der Arbeitszeugnisse, als Indikator der zu erwartenden Arbeitsleistung, ebenfalls mit einem Gewichtungsfaktor von 10–15 Prozent
– weitere stellenabhängige Kriterien wie z. B. ein bestimmtes Expertenwissen.

Zur Gesamteinschätzung und Anwendbarkeit des Scoring-Modells sollten Sie auch Folgendes bedenken:

– Aufgrund der Gewichtung der Erfahrung wird eine Art „Anciennitätsprinzip" gefördert, d. h. je länger jemand in bestimmten Feldern gearbeitet hat, desto höhere Bewertungen erreicht er, mit der Gefahr, dass Sie dabei „Sitzfleisch statt Kreativität" fördern;
– Es werden Ideallebensläufe honoriert, „ungerade Lebensläufe", die dennoch interessante Persönlichkeiten hervorbringen, werden hingegen abgewertet;
– Das Modell funktioniert am besten mit vier bis maximal sechs Faktoren, darüber sinkt der Aussagewert, da Sie keine ausreichende Differenzierung mehr vornehmen können, bei weniger Faktoren ist die Faktorenbildung sowieso überflüssig.

Also hat auch dieses Verfahren neben einigen Vorteilen seine Grenzen.

3.4.2.6 Zusammenschau

Jedes der beschriebenen Verfahren bietet individuelle Vor- und Nachteile. Die reine Bewerberaufstellung ermöglicht den größten Freiraum, ist aber auch für Außenstehende nicht unbedingt so leicht nachzuvollziehen wie die stärker schematisierten Verfahren des Matching-Rasters, des Bewertungsgitters oder des Scoring-Modells. Besonders empfehlenswert erscheint aus eigener Erfahrung das Bewertungsgitter-Verfahren für die meisten herausgehobenen Positionen, das Scoring-Modell für Trainee-Programme und vergleichbare Positionen.

Im Übrigen sind Sie als souveräner Personalberater immer in der Lage, schematische Verfahren frei zu handhaben: Wenn eine interessant erscheinende Person aufgrund der Vorgaben des Bewertungsmodells formal heraus fällt, kann man diese im Einzelfall dennoch dem Auftraggeber zu weiterer Begutachtung vorschlagen. Die meisten Auftraggeber werden entsprechende Argumente akzeptieren, auch wenn sie zunächst Fragen stellen – wozu Schemata anwenden, wenn man dann doch wieder eine Ausnahme machen möchte?!

3.5 Auswahlmethoden

Nach der Begutachtung und ersten Auswertung der eingereichten Unterlagen schält sich eine mehr oder weniger umfangreiche Gruppe an formal gut geeigneten Bewerbern heraus, die einer vertiefenden Analyse unterzogen werden sollten. In diesem Auswahlschritt geht es darum, ob die Kandidaten den guten Eindruck aus der ersten Auswahlstufe bestätigen und ob die einzelnen Bewerber sich wohl auch als Mensch in das suchende Unternehmen problemlos einfügen können. Grundsätzlich zeigen alle Auswahlverfahren nur ein Potenzial auf! Wie sich jemand in der konkreten Arbeitssituation bewähren wird, hängt nicht nur vom Potenzial ab, sondern auch davon, wie Auftraggeber und neuer Mitarbeiter zusammenpassen. Unabhängig von der Methode kann auch ein noch so erfahrener Personalberater nie eine Garantie abgeben, ob die entsprechende Person sich tatsächlich so positiv entwickelt wie im Auswahlverfahren vermutet. Von daher bietet es sich an, mehr als ein Verfahren anzuwenden, um die relevanten Aspekte möglichst breit zu beleuchten und eine möglichst umfangreiche Aussage abgeben zu können. Dazu stehen verschiedene Verfahren zur Verfügung:

– Telefoninterviews
– persönliche Interviews
– Assessment Center
– Arbeitsproben
– Qualifikations- oder allgemeine Tests

Interviews und Assessment Center sind in der Personalberatung die gebräuchlichsten Verfahren und haben eine relativ hohe Akzeptanz bei den Bewerbern. Demgegenüber sind gerade Arbeitsproben und Tests bei Führungskräften verpönt und können trotz durchaus interessanter Aspekte kaum mit Erfolg durchgeführt werden, weshalb sie an dieser Stelle auch nicht weiter berücksichtigt werden.

Neben der Akzeptanz muss man auch die Zeit- und Kostenökonomie beachten. Jedes Verfahren kostet. Ein Assessment Center kann mit Vorbereitung und anderen Posten mehrere 10 000 Euro erfordern und wird aus diesen Gründen ausscheiden. Ein zu langwieriger Auswahlprozess könnte am Ende dazu führen, dass der gewünschte Bewerber bereits bei einem anderen Arbeitgeber unterschreibt oder generell entnervt aufgibt.

3.5.1 Persönliches Interview: Vorbereitung – Durchführung – Auswertung

Das persönliche Interview ist die in Deutschland seit Jahrzehnten gebräuchlichste Form der Personalauswahl. Im Gespräch mit dem Kandidaten versucht der Personalberater herauszufinden, ob die Person den in den Bewerbungsunterlagen vermittelten Eindruck durchhält und auch menschlich in das Unternehmen passt (siehe auch vertiefend BOHLEN, 2002). Gleichzeitig kann der Bewerber sich nähere Informationen über den möglichen Arbeitgeber einholen, von sachlichen Informationen zum konkreten Aufgabengebiet und den Anstellungsmodalitäten bis hin zum ersten Eindruck, ob er mit dem Gegenüber zusammen arbeiten möchte. Interviews sollten also stets dialogisch angelegt sein.

Generell gilt, dass Bewerber aufgrund § 670 BGB einen Erstattungsanspruch haben für die Reisekosten zu einem Vorstellungsgespräch. Dies entspricht auch der guten Übung in vielen Branchen. Allerdings können sich Arbeitgeber bzw. Personalberater aus diesem Anspruch herausziehen, wenn sie in der Einladung (also vor Antritt der Fahrt!) explizit darauf hinweisen, dass sie die Reisekosten nicht erstatten. Inwiefern gute Bewerber dies hinnehmen, steht wiederum auf einem anderen Blatt.

Vorbereitung des persönlichen Interviews

Die Vorbereitung eines Interviews verläuft auf mehreren Ebenen. Zunächst müssen die Termine mit den ausgewählten Bewerbern und ggf. dem Auftraggeber koordiniert werden. Dabei sollte man dem Kandidaten zumindest fünf bis sechs Tage Vorlauf geben, damit er seine Reise organisieren und auch Urlaub bzw. Freistellung arrangieren kann. Kürzere Fristen sollten Sie nur in Einzelfällen (z. B. bei Außendienstmitarbeitern, die sowieso häufig unterwegs sind und daher relativ einfach ihren Arbeitsplan ändern können) vereinbaren, sie wirken auf Bewerber oft auch unseriös. Üblich sind inzwischen acht bis zehn Tage, die normalerweise für die Vorbereitung reichen. Zudem sollten Sie unter Umständen auch einen Freitagnachmittag oder Samstag anbieten – manche Topkräfte würden sich mit einem Freizeitwunsch in der Woche ziemlich schnell in ihrem Unternehmen bloß stellen.

Einladung zum Interview

– Termine am besten telefonisch vorab vereinbaren und dann schriftlich bestätigen, wobei auch der Bewerber seinerseits sein Kommen nochmals bestätigen soll. Dies ist zwar sehr aufwändig, zeigt Ihnen aber auch, dass die Einladung tatsächlich angekommen ist und verpflichtet den Bewerber auch auf sein Kommen – die Zahl der „no shows" liegt gerade bei Vorstellungsgesprächen ansonsten relativ hoch, teilweise bei bis zu 15 Prozent der eingeladenen Bewerber!
– In der Einladung sollte neben der konkreten Adresse auch etwas Informationsmaterial und eine Anfahrtsskizze sowie eine Telefonnummer für kurzfristige Probleme (Stau/Unfall bei Anfahrt) genannt werden. Die Einstellung: „Ein motivierter Bewerber sucht sich seine Anfahrtsskizze selbst im Internet", mag zwar zutreffen, ist aber wenig freundlich und kundenorientiert – schließlich will man ja auch das eigene Angebot möglichst gut und attraktiv verkaufen.
– Die Übernahme der Reisekosten ist mit einer Ausnahme – der Bewerber hat einen Dienstwagen zur freien Benutzung – seit Jahrzehnten üblich. Ein kurzer Hinweis gehört dennoch in die Einladung. Wenn keine Übernahme erfolgen soll, ist ein Hinweis ebenfalls unverzichtbar.

Intern sind Gesprächsunterlagen vorzubereiten (z. B. ein Interviewleitfaden, Informationsmaterial über den potenziellen Arbeitgeber) und ein ansprechender Raum zu organisieren. Zudem sollten Sie eine störungsfreie Atmosphäre schaffen: Dies bedeutet nicht nur ein ruhiges Zimmer, sondern auch ein freies Zeitfenster für das Gespräch. Wer sich „aus wichtigem Grund" aus einem Interview herausholen lässt oder unpünktlich erscheint, signalisiert dem Bewerber nur seine nachgeordnete Bedeutung, mit den entsprechenden Folgen.

Benötigt man zusätzliche Interviewpartner, sollten diese den Termin reservieren und für das Gespräch angemessen informiert werden. Zudem ist die Rollenverteilung abzustimmen, insbesondere bei dem so genannten Stressinterview oder einem Intervallinterview.

Spezialformen des persönlichen Interviews

Stressinterview
Mehrere Interviewer befragen parallel den Kandidaten, um so seine Stressresistenz und sein Stehvermögen zu testen. Dies erfordert eine gute Vorbereitung und ein eingespieltes Interviewerteam. Stressinterviews bieten sich vor allem bei herausgehobenen Positionen der ersten und zweiten Führungsebene an, die sich regelmäßig unter Stress behaupten und beherrschen können müssen. Der Stressinterview-Anteil sollte nicht mehr als 10 – 15 Minuten betragen, da ansonsten der Bewerber einen eher negativen Eindruck mitnimmt.

Intervallinterview
Mehrere Interviewpartner befragen hintereinander den Kandidaten, um so unterschiedliche Aspekte ausloten zu können. Gerade wenn mehr als zwei Personen über die Einstellung entscheiden müssen, ist es besser, zwei Gesprächsrunden mit jeweils ein oder zwei Gesprächspartnern anzusetzen, als eine Gesprächsrunde mit vier oder fünf Gesprächspartnern.

Soll bereits ein Vertreter des potenziellen Arbeitgebers anwesend sein, müssen Sie auch mit dieser Seite den Termin abstimmen und die entsprechenden Unterlagen rechtzeitig, d. h. mindestens drei Tage vorab zur Verfügung stellen, damit sie sich ebenfalls gut vorbereiten können.

Personalberater sollten ihren Auftraggebern nur solche Personen vorstellen, die tatsächlich in der Lage sind, die ausgeschriebene Vakanz einzunehmen. Dies hat zwei Gründe: Alles andere wäre unprofessionell und würde den Auftraggeber mit enttäuschenden Gesprächen unnötig ablenken. Zum anderen sind Sie dies auch den Kandidaten schuldig – wer sich beim Auftraggeber vorstellt, sollte nicht sein Gesicht verlieren müssen. Dieser Grundsatz erfordert eine entsprechend umfangreiche Vorarbeit, bis hin zur Notwendigkeit, bereits in persönlichen Interviews oder Telefongesprächen genug Informationen über den jeweiligen Kandidaten zu gewinnen.

Um in einem Interview möglichst umfassende Informationen zu gewinnen, empfiehlt sich ein Leitfaden. Routinierte Personalberater können aber auch anhand des Lebenslaufes eines Kandidaten gute Interviews führen, in dem sie im Lebenslauf die Informationslücken markieren und entsprechend abarbeiten.

Durchführung eines persönlichen Interviews

Gute Interviews folgen einem eingeführten Muster, wobei die einzelnen Phasen nicht immer klar von einander abgetrennt werden können – Gespräche verlaufen dynamisch. Möglich ist z. B. folgender Ablauf:

1 *Aufwärmphase I:* Die Beteiligten des Beraters begrüßen den Bewerber und stellen sich dem Bewerber kurz vor, mit Namen und Position im Unternehmen bzw. der Personalberatung. Sie schildern die Ziele des Interviews und fragen den Bewerber, ob er damit einverstanden ist.

2 *Aufwärmphase II:* Der Bewerber stellt sich kurz vor und schildert seine Motivation für die Bewerbung. Neben dem Aufwärmen dient dies der Verifikation des Lebenslaufes.

3 *Arbeitsphase I:* Der Bewerber wird ausführlicher zu seinem bisherigen Berufsleben befragt. Er soll dabei schildern, warum er für die ausgeschriebene Vakanz besonders geeignet ist und welche Perspektiven er für sich in der Vakanz sieht.

4 *Arbeitsphase II:* Der Bewerber kann seinerseits Fragen an den Personalberater bzw. die anderen Teilnehmer stellen.

5 *Arbeitsphase III:* Der Bewerber wird zu noch offenen Punkten aus dem Lebenslauf befragt.

6 *Abschlussphase:* Es werden offene Punkte zum Gespräch selbst geklärt, wann mit einer Nachricht zu rechnen ist, der weitere Gang des Verfahrens, wie die Reisekosten erstattet werden usw. Dann erfolgt der Ausstieg aus dem Gespräch mit Dank und Verabschiedung.

Der nachfolgende Leitfaden kann dazu eine ausführlichere Struktur bieten:

Kandidat/in _____   Interviewer/in: _____

Ort: _____   Datum: _____   Zeit: _____

1. Vorstellung der Beteiligten

   a) Name und Funktion
   b) Dauer und Funktion dieses Gespräches

2. Persönliches zum Bewerber (Wohnort, ...)

3. Ausbildung und berufliche Entwicklung des Bewerbers

   a) Ausbildung
   b) Arbeitsstationen
   c) aktuelle Position/Schwerpunkte
   d) größter Erfolg bei jetziger Stelle? Und warum?
   e) ein Misserfolg bei jetziger Stelle? Und warum?
   e) relevante Weiterbildung in den letzten Jahren

4. Beurteilung: Warum Interesse an der Stelle?

   a) Interesse an Stelle
   b) Interesse am Arbeitgeber/Was weiß Kandidat/in über Anstellungsträger?
   c) Vorstellung, wo sich Bewerber/in in fünf Jahren sieht?
   d) Welche Stärken bringt der Bewerber/in für diese Stelle mit ein?
   e) Gibt es Dinge, die für den Bewerber/in eher hinderlich sind?
   f) Welche Werte/Grundsätze im Umgang mit Kollegen und Mitarbeitern?
   g) Welche Werte/Grundsätze im Umgang mit Vorgesetzten?
   h) Wie geht Bewerber/in mit Konflikten um? Beispiel und Lösung schildern
   i) Fragen aus den Bewerbungsunterlagen

5. Vorstellung durch den Anstellungsträger:

   a) Stellenbeschreibung
   b) Entwicklung der Stelle bisher und Grund der Besetzung
   c) organisatorische Zuordnung
   d) Befugnisse
   e) Erwartungen an den Stelleninhaber/die Stelleninhaberin
   f) Kann Bewerber/in diese Erwartungen treffen, und womit?

6. Organisatorisches

  a) Entgelterwartungen der Bewerberin/des Bewerbers
  b) Angebot des potenziellen Arbeitgebers (Entgelt, Zusatzversorgung, VL, ...)
  c) Verfügbarkeit Bewerber/in bzw. Wunschtermin zum Stellenantritt
  d) Bewerber/in soll in den nächsten drei/vier Tagen klären, ob weiterhin Interesse
      besteht, Rückmeldung an Berater/Anstellungsträger bis zum _____
  e) weiteres Verfahren/Zeitplan
  f) Regularien/Fahrtkosten

Ein derartiges Gespräch kann je nach Position, Vorbereitung und Stringenz 60 bis 120 Minuten dauern. Es sollte dialogisch geprägt sein, der Bewerber soll auch seinerseits Fragen stellen können. Es sollte unbedingt darauf geachtet werden, dass der Bewerber den deutlich höheren Anteil an Redezeit hat – nichts ist schlimmer als ein Monolog des Interviewers, zu dem der Bewerber nur noch nicken, aber nichts über sich selbst preisgeben muss. Einem guten Personalberater gelingt mit seinem Kandidaten ein Dialog, in dem nicht das klassische Frage und Antwortritual beherrschend ist. Nur im Dialog erhält man die relevanten Informationen, ohne danach zu fragen!

Man kann davon ausgehen, dass die meisten Bewerber heutzutage vor einem Interview einen Bewerbungsratgeber studiert haben und daher auf Fangfragen wie „Was ist Ihre größte Schwäche?" oder „Wie konfliktfähig sind Sie?" vorbereitet sind (Standardantwort I: „Ungeduld" – das kann ja auch etwas Positives sein; Standardantwort II: „Aber natürlich, besonders gerne schlichte ich Konflikte zwischen anderen"). Oftmals hilft es, den Bewerber dann zu fragen: „Und welche Probleme hatten Sie bereits damit?" Darauf sind die Bewerber nicht vorbereitet und müssen Farbe bekennen (oder verschämt schweigen). Denn Probleme hatte jeder bereits in seinem Berufsleben, und wer etwas anderes behauptet, lügt. Im Übrigen zeigt sich bereits an der Souveränität in dieser konkreten Situation, was für eine Persönlichkeit vor einem sitzt.

Mit Hinweis auf die große Anzahl von Ratgebern zu diesem Thema kann auf eine nähere Schilderung der Methodik verzichtet werden. Als Einsteiger in die Personalberatung sollten Sie sich zunächst theoretisch damit beschäftigen, dann bei mehreren Gesprächen als Beobachter bzw. Junior-Berater anwesend sein und vielleicht noch ein entsprechendes Seminar (z. B. bei den Anbietern DGFP oder Haufe-Akademie Freiburg,

Adressen im Anhang) besuchen. Danach dürften Sie ausreichend vorbereitet sein für das erste Interview in eigener Verantwortung.

In allen Phasen der Interviews ist unbedingt das AGG zu beachten. Fragen nach dem Familienstand, Anzahl der Kinder oder gar nach der Sicherstellung der Beaufsichtigung der Kinder, der Religion etc. sind unbedingt zu vermeiden. Das heißt aber nicht, dass sie Informationen nicht dokumentieren dürfen, wenn der Kandidat sie ungefragt preisgibt. Sie dürfen jedoch grundsätzlich nicht für eine mögliche Ablehnung verwendet werden.

> Tipp: Auch in einem Vorstellungsgespräch können Elemente zur Sprache kommen, die einem abgelehnten Bewerber die Handhabe zur Klage aufgrund einer nicht erlaubten Diskriminierung im Sinne des AGG bieten. Um dies zu verhindern, gibt es folgende Vorgehensweisen:
>
> 1. Vorstellungsgespräche generell nur unter vier Augen zu führen, so dass im Zweifel Aussage gegen Aussage steht
> 2. Sorgfältige Dokumentation aller ausgetauschten Informationen, und bei kritischen Punkten (z. B. Hinweise auf eine bestimmte Religion, sexuelle Orientierung oder anderweitige diskriminierungsverdächtige Lebensumstände) sofort darauf hinweisen, dass dies für die ausgeschriebene Stelle unerheblich ist bzw. dass diese Angaben vom Kandidaten unaufgefordert genannt wurden. Diese Hinweise eindeutig und klar dokumentieren!

Auswertung eines persönlichen Interviews

Nach Abschluss der Vorstellungsgespräche gehört eine Bewertung der begutachteten Kandidaten und Dokumentation der Ergebnisse zum Leistungsprofil. Zu einer übersichtlichen Zusammenfassung gehören insbesondere tabellarische Übersichten nach bestimmten Kriterien (Stärken, Schwächen, offene Fragen; Empfehlungen) sowie ausführlichere Texte mit einer Beschreibung der konkreten Situation und des konkreten Eignungsprofils des Bewerbers, manchmal auch mit weitergehende Hinweisen wie z. B. Vorschläge zur Personalentwicklung nach der Einstellung.

Die Zusammenfassung sollte also mindestens vier Punkte umfassen:

– eine Wiederholung der aktuellen Situation des Kandidaten (Ausbildung, aktueller Berufsstand, Wunschentgelt/aktuelles Entgelt, Verfügbarkeit etc.)
– erkennbare Stärken, die die Eignung des Kandidaten für die Stelle beschreiben (Fach- und Branchenkenntnisse, Führungserfahrungen, persönliches Auftreten)
– erkennbare Defizite (ebenfalls auf Fach- und Branchenkenntnisse, Führungserfahrungen, persönliches Auftreten bezogen)
– zusammenfassende Empfehlungen, mit Hinweisen zu notwendiger Personalentwicklung etc.

Mischformen sind üblich und dienen dazu, sowohl die notwendigen Informationen prägnant darzustellen als auch ein möglichst breites Bild des geprüften Kandidaten zu spiegeln. Computergestützte Auswertungsverfahren werden in der Regel umfangreichere Resümees produzieren als „klassisch" erstellte Texte. Sinnvoll ist es, die Menge an den Rezeptionsmöglichkeiten des Adressaten auszurichten. Gerade bei der Abwägung zwischen mehr als vier Kandidaten wird man mehr als drei Seiten Text pro Kandidat keinem Auftraggeber zumuten.

Da die Sympathie zwischen Auftraggeber und potenziellem Kandidaten ein wichtiger Faktor ist, sollten Sie die Meinung des Auftraggebers einbeziehen, am besten direkt nach Abschluss des letzten Interviews. Einfache visualisierte Darstellungsformen helfen dem Auftraggeber, seine eigenen Eindrücke und Wahrnehmungen zu reflektieren. Dies kann z. B. mit einem einfachen Rangreihenfolge-Verfahrens geschehen, zu dem man nicht mehr als ein paar Moderationskarten benötigt. Für die vakante Position werden verschiedene Beurteilungsdimensionen vereinbart, nach denen man die einzelnen Kandidaten einordnet. Im Beispiel der sechs Bewerber für den Geschäftsführer eines Medienhauses kann dies folgendermaßen aussehen:

Tabellarische Auflistung nach persönlichen Interviews (Beispiel)

Führungs-kennt-nisse	Branchen-kennt-nisse Verlag	überzeu-gender Werde-gang	geistige Beweg-lichkeit	persön-licher Auftritt	Gesamt-beurtei-lung	
A. B.	C. v. B.	A. B.	C. v. B.	A. B.	A. B.	1
C. v. B.	A. B.	C. v. B.	A. B.	Dr. Ch. L.	C. v. B.	2
F. B.	Dr. Ch. L.	H. L.	Dr. Ch. L.	C. v. B.	Dr. Ch. L.	3
Dr. Ch. L.	H. L.	Dr. P. M.	H. L.	H. L.	H. L.	4
H. L.	Dr. P. M.	F. B.	Dr. P. M.	Dr. P. M.	Dr. P. M.	5
Dr. P. M.	F. B.	Dr. Ch. L.	F. B.	F. B.	F. B.	6

Bei einem derartigen Verfahren muss man sich über dessen Grenzen im Klaren sein. Zunächst einmal können die einzelnen Faktoren nicht gewichtet werden, will man dieses Verfahren nicht unnötig komplizieren. Zudem bietet sich dieses Verfahren regelmäßig nur kurz nach Abschluss der Gespräche an, so dass viele Entscheidungen „aus dem Bauch" getroffen werden. Der entscheidende Vorteil ist aber die Möglichkeit, den Auftraggeber zu einer klaren Aussage bezüglich seiner Präferenzen zu bringen. Dies ist auch legitim, da es in persönlichen Interviews zu einem hohen Prozentsatz um die berühmte Chemie geht.

Das Zweitgespräch

Oftmals wird nicht nur ein Interview geführt, sondern es gibt ein Zweitgespräch mit dem Idealkandidat oder den beiden bestplatzierten Bewerbern. Dieses Zweitgespräch dient dazu, den guten Eindruck aus dem ersten Gespräch zu bestätigen und sollte spätestens zwei bis drei Wochen nach dem ersten Gespräch erfolgen. Oftmals werden in diesem Gespräch bereits die näheren Vertragsbedingungen diskutiert und womöglich schon ein Vertragsentwurf vorgelegt. Spätestens zu diesem Termin wird auch ein Vertreter des potenziellen Arbeitgebers mit anwesend sein. Letztlich gelten für dieses Gespräch die gleichen Grundlagen wie für das erste Interview. Allerdings sollten die Inhalte weiterführen und keine bloße Wiederholung des ersten Termins bilden. Dazu bietet es sich an, dem jeweiligen Kandidaten eine Art Hausaufgabe mit auf den Weg zu geben, in der er sich mit dem zukünftigen Unternehmen auseinandersetzt. Dies kann z. B. ein Arbeitsplan für die ersten Monate sein ("Was werden die Schwerpunkte Ihrer Arbeit sein?") oder auch die Erarbeitung eines Konzeptes für bestimmte Fragen, wie z. B. ein Marketingkonzept für einen angehenden Marketingleiter.

> Im Hinblick auf eine mögliche Diskriminierungsklage nach AGG empfehlen Experten, die Bewerbungsunterlagen und die Dokumentationen zu den Auswahlgesprächen mindestens drei Monate lang, besser jedoch sechs Monate lang aufzubewahren.

3.5.2 Telefoninterview: Grundsätze – Durchführung – Auswertung

Grundsätze des Telefoninterviews

Eine immer noch zu wenig genutzte Form der Interviewführung ist das Telefoninterview. Dabei können offene Fragen aus den Bewerbungsunterlagen geklärt und gleichzeitig erste weiterführende Informationen über den Bewerber gewonnen werden. Der große Vorteil des Telefoninterviews ist der verhältnismäßig geringe Aufwand. Es fallen weder Reisekosten noch Reisezeiten an. Nachteilig ist die fehlende Möglichkeit, sich einen visuellen Eindruck vom Bewerber zu verschaffen. Von daher sollte ein Telefoninterview nur eine Vorauswahlstufe sein.

Um vom Bewerber akzeptiert zu werden, ist es wichtig, mit dem Bewerber einen für ihn angenehmen Termin zu vereinbaren und gleichzeitig dabei zu erklären, warum man zunächst die Form des Telefoninterviews wählt. Neben der Zeit- und Kostenersparnis akzeptieren die Bewerber den Hinweis auf die Klärung offener Fragen (z. B. Entgeltwunsch, Verfügbarkeit, Fragen aus dem Lebenslauf), die Schnelligkeit des Verfahrens sowie die Möglichkeit, offene Fragen des Bewerbers bereits zu diesem Zeitpunkt zu klären. Da kein Urlaubstag organisiert werden muss, können beide Seiten, Personalberater und Bewerber, relativ schnell reagieren. Dies schmeichelt den meisten Bewerbern, gibt es ihnen doch das Gefühl, ein interessanter Bewerber zu sein. Um keine falschen Erwartungen zu wecken, sollte man daher zum Abschluss das weitere Verfahren mit ungefährem Terminplan kommunizieren. Allerdings muss man sich darüber im Klaren sein, dass Bewerber aus der „Reservegruppe" anhand der langen Dauer bis zum nächsten Gesprächstermin bereits erkennen, dass sie nur Reservekandidat sind.

Durchführung des Telefoninterviews

Aussagekräftige Telefoninterviews sollten in einer für beide Seiten ungestörten Atmosphäre erfolgen. Der Bewerber sollte sich öffnen können. Daher empfiehlt es sich, den Termin telefonisch mehrere Tage vorab zu vereinbaren. Immer wieder trifft man auch auf Bewerber, die zu einem sofortigen Gespräch bereit sind. Von daher sollte man bereits einen vorbereiteten Fragenkatalog bzw. Leitfaden besitzen, um im Bedarfsfall reagieren zu können.

Neben offenen Fragen aus den Bewerbungsunterlagen können Sie auch Erwartungen des Bewerbers an die neue Stelle thematisieren. Es sollten dazu Fragen gestellt werden, die das Arbeitsumfeld der Vakanz und typische Aufgaben thematisieren und die daher manchmal auch „Arbeitsfragen" genannt werden. Sie können z. B. bei einer Vakanz „Pressesprecher/in für eine Organisation" (z. B. Kirche, Arbeitgeberverband, Partei; Gewerkschaft etc.) folgendermaßen lauten:

- Woher kennt der Bewerber die Organisation? Ist sie ihm schon aufgefallen?
- Für welche Themen steht seiner Meinung nach die Organisation in der Presseberichterstattung? Mit welchen Themen würde er versuchen, die Organisation in die öffentliche Berichterstattung zu bringen?
- Wie vertraut ist er mit den Methoden der Krisen-PR? Und welche Krisen sind seiner Meinung nach in der nächsten Zeit zu erwarten?

Bei der vorliegenden Musteraufgabe, der Suche nach einem Geschäftsführer eines Medienhauses kann man nach der Bekanntheit und Marktstellung des Medienhauses sowie den sich daraus ergebenden Zukunftsperspektiven fragen.

Bewährt hat es sich, auch für dieses Verfahren einen Leitfaden anzufertigen. Dieser umfasst meistens folgende Elemente:

Muster für einen Leitfaden zu einem Telefoninterview (Geschäftsführer/in Medienhaus):

– Bereits vorab ausfüllen: Angaben zur Person (Name, Vorname, Telefonnummer, Termin für Telefoninterview)
– Begrüßungstext: Bezug auf den am _____ vereinbarten Termin, Frage, ob man ungestört ist, Vorstellung des Zwecks des Telefonates (Ergänzung des guten Eindrucks aus den Unterlagen, Klärung von offenen Fragen, Beantwortung der Fragen des Kandidaten), Dauer: ca. 15-20 Minuten, Sind Sie damit einverstanden? (die letzte Frage hat eher rhetorischen Charakter, dient aber dazu, eine positive Atmosphäre zu schaffen)
– Sofern eine offene Ausschreibung erfolgt: Sind die Informationsmaterialien zum Auftraggeber angekommen? Konnten Sie sich im Internet informieren?
– Beschreiben Sie bitte kurz eines der wichtigsten Aufgabenfelder Ihrer aktuellen Stelle (als Einstieg und als Möglichkeit, zusätzliche Informationen zu gewinnen und die Unterlagen auf Kohärenz zu prüfen)
– Zum Auftraggeber: Wie schätzen Sie das Produktportfolio ein, hinsichtlich der Marktstellung und der Konkurrenzlage?
– Was müsste aus Ihrer Sicht in der nächsten Zeit passieren, um die Marktstellung zu behaupten/auszubauen?
– Wo liegen Ihre persönlichen Stärken/Vorteile, die Sie mit in die neue Stelle einbringen könnten?
– Was wäre Ihnen an der neuen Arbeitsstelle wichtig (fachlich/persönlich)?
– Welche Fragen haben Sie an dieser Stelle?
– Abschließend einige Fragen, sofern diese noch geklärt werden müssen: Umzugsbereitschaft, Entgeltwunsch, Verfügbarkeit
– Informationen zum weiteren Verlauf: Wann kann man mit einer Einladung zu einem Vorstellungsgespräch rechnen/Zeitraum für Vorstellungsgespräche etc.

Ein derartiges Telefoninterview wird je nach Umfang der Arbeitsfragen 15 bis 30 Minuten dauern. Ein längeres Gespräch kann vorkommen, erbringt aber kaum zusätzliche Erkenntnisse und überfordert zudem beide Seiten, da die Aufmerksamkeit am Telefon nicht mit derselben Ausdauer durchgehalten werden kann wie im persönlichen Gespräch. Die Länge und die Zielsetzung des Telefoninterviews sollte man den Bewerbern bei der Terminvereinbarung nennen.

Grundregeln für ein Telefoninterview

– Telefoninterviews sollten angekündigt und mit einem konkreten Termin vereinbart werden (Tag, Uhrzeit, mit einer Toleranz von ca. 15 Minuten)
– Telefoninterviews sollten auf beiden Seiten störungsfrei verlaufen können, also sollte man sich auch selbst nicht stören lassen
– Telefoninterviews sollten immer positiv beendet werden, so dass auch der Kandidat das Gespräch in guter Erinnerung behalten kann, unabhängig vom Ausgang des Bewerbungsverfahrens

Auswertung des Telefoninterviews

Anhand der Arbeitsfragen lässt sich sehr viel über die Verbundenheit des Bewerbers mit seiner (künftigen) Aufgabe und seinem (künftigen) Arbeitgeber erfahren. Man kann bei sachgerechter Auswertung erkennen, welche Sachkenntnis der Bewerber besitzt, wie er seine Aufgabe wahrnehmen möchte und welche Erwartungen er hat. Die Auswertung sollte dabei möglichst stichwortartig und vielleicht sogar tabellarisch erfolgen, wie das nachfolgende Muster zeigt: So kann sich der Auftraggeber in kurzer Zeit über die relevanten Ergebnisse informieren.

Auswertung eines Telefoninterviews

	Person 1 *Telefonat am 12.09., 18.50 – 19.25 Uhr*	Person 2 *Telefonat am 12.09., 20.00 – 20.15 Uhr*	Person 3 *Telefonat am 13.09., 18.30 – 19.10 Uhr*
Offene Fragen waren	Entgeltwunsch: T € 85 – 100 p. a. Kündigungsfrist: 6 Monate, lässt sich aber verkürzen	Entgeltwunsch: T € 85 p. a. plus Dienstwagen, sollte angemessen erhöht werden	Verfügbarkeit: sechs Wochen zum Quartalsende
Wofür steht das Medienhaus aus Sicht des Bewerbers?	innovativ, gute Qualität, wurde mit „Print-Award" 1990 und 1994 ausgezeichnet	gute Qualitätsarbeit, hat den Stand bei IPA-Messe mehrfach besucht	bisher keine Kenntnis vom Medienhaus erhalten
Was würde der Bewerber gerne in der neuen Position als erstes unternehmen?	stärker Online- und Print-on-demand-Angebote betonen, Komplettlösungen für Buchverlage anbieten	ausführliche Einarbeitung vereinbaren, Druckaufträge in Richtung Akzidenz verbessern	verstärkt auf Direkt-Marketing setzen ansonsten „erst einm einarbeiten"
Herangehen an ein typisches Problem	Informationssuche im Unternehmen, ergänzt um Gespräche mit externen Experten		
Stärken im Gespräch	dezidierter Standpunkt, kluge Argumentation, hohe Vertrautheit mit den Branchenproblemen	offenes Wesen, zeigt hohe Fachkompetenz in Vertriebs- und Marketingfragen	freundliche Gesprächsführung
Schwächen im Gespräch	lässt ungern ausreden	Personalführung schwächer ausgeprägt als dargestellt	zeigt sich relativ uninformiert
Abschließende Beurteilung/ Gesamteindruck	erscheint gut geeignet	erscheint geeignet	erscheint nicht mehr geeignet

Sicher können derartige Telefoninterviews nicht alle Aspekte behandeln, die in einem persönlichen Interview bearbeitet werden. Zudem fehlt durch die fehlende Begegnung „face-to-face" ein wichtiger Eindruck. Dennoch sollte diese Methode bewusst eingesetzt werden, als Vorstufe vor persönlichen Gesprächen.

3.5.3 Assessment Center

3.5.3.1 Grundsätze

Das Assessment Center war ursprünglich eine deutsche Entwicklung aus den Jahren 1919/1920. Im Zuge der Verkleinerung der kaiserlichen Armee auf das „100 000-Mann-Heer" der Weimarer Republik sollten die besonders geeigneten Führungskräfte ausgewählt werden. Dazu wurden unter dem Begriff „Beobachtungszentrum" verschiedene Übungen ausgearbeitet, die typische Entscheidungssituationen der Offiziere abbilden sollten, unter möglichst realistischen Einsatzbedingungen und mit dem damit verbundenen Stress. Dies konnte eine prekäre Situation an der Front sein, die Planung eines Angriffsvorhabens oder auch die Gestaltung einer Logistikaufgabe.

Das Modell wurde von der US-amerikanischen Managementlehre und -praxis in den 30er Jahren unter der wortwörtlichen Übersetzung „Assessment Center" übernommen und für die Rekrutierung von Managern weiterentwickelt. Die besondere Affinität des amerikanischen Managements zum Militär (vgl. „division" für Unternehmenseinheit, „Chief Executive Officer" für Vorstandsvorsitzender) zeigte sich auch hier. In den 60er und 70er Jahren wanderte die Auswahlmethode unter ihrem amerikanischen Begriff wieder zurück nach Deutschland und gehört spätestens seit den 80er Jahren zu einem Standardinstrument der Personalauswahl und auch der Personalentwicklung. Konkret werden Assessment Center (AC) zu folgenden Zwecken eingesetzt:

– Auswahl von Führungskräften aus einem Kreis externer Bewerber
– Auswahl von Bewerbern für Führungsnachwuchsprogramme
  („Traineeprogramme") aus externen wie internen Bewerberkreisen
– Auswahl von internen Bewerbern für höhere Managementaufgaben
  und zur Bestimmung des erforderlichen Personalentwicklungsbedarfs

– Evaluierung von Führungskräften im Hinblick auf ihre derzeitige Aufgabenerfüllung und den damit verbundenen Personalentwicklungsbedarf

Sofern die AC-Methode zur Auswahl externer Kandidaten dient, sollte man ein zusätzliches Auswahlverfahren vorschalten, z. B. ein Telefon- oder ein persönliches Interview. So kann man sicher stellen, dass nur fachlich geeignete Kandidaten an diesem sehr aufwändigen Verfahren teilnehmen. Sonst läuft man Gefahr, dass sich auch solche Personen bewerben, die einfach mal ein AC mitmachen wollen oder die sich für ein mögliches Assessment Center bei ihrem Wunscharbeitgeber gut vorbereiten wollen.

Die Grundidee des Assessment Centers ist dieselbe geblieben: Die Führungskraft wird beruflich typischen Situationen ausgesetzt. Der Stress und der Gruppendruck in einem Gruppenverfahren sind dabei wichtige und bewusst eingesetzte Bestandteile. Im AC-Verfahren sollen nicht allein Fachkenntnisse zum Vorschein kommen, sondern auch und vor allem persönliche und soziale Kompetenzen, mit denen der Arbeitsalltag bewältigt werden kann. Zu einem Assessment Center werden daher – mit Ausnahme der Sonderform Einzelassessment – stets Gruppen von vier bis zwölf Personen eingeladen. Dazu mehr im nächsten Abschnitt.

Ein großer Vorteil der Methode ist es, dass sie sehr ausführlich und umfangreich ist und dass eine große Bandbreite an persönlichen Merkmalen getestet werden kann. Dieser Vorteil zählt insbesondere im Vergleich zu Interviews, da schauspielerisch begabte Bewerber sich durchaus ein oder zwei Stunden in einer bestimmten Rolle präsentieren und einen falschen Eindruck erzeugen können. Diese Rolle aber über ein oder zwei Tage Assessment Center durchzuhalten, gelingt den wenigsten, zumindest nicht bei einem gut gestalteten Assessment Center. Aber auch dort kann man durch Training eine beachtliche Präsentationsqualität erreichen, z. B. durch die mehrfache Übung des so genannten „Postkorbs".

Nachteile sind vor allem der hohe Aufwand und die statische Betrachtungsweise. Denn letztendlich zeigt auch ein AC – wie jede andere Auswahlmethode auch – nur ein Potenzial zu einem bestimmten Zeitpunkt. Was der Kandidat später daraus macht, hängt von Faktoren ab, die sich kaum hundertprozentig schon während der Auswahl klären lassen.

3.5.3.2 Planung

Unter Hinweis auf eine Vielzahl guter Literatur (z. B. KLEINMANN, 1997, als wissenschaftliche Betrachtung, PÜTTJER/SCHNIERDA, 2004, als praxisorientierte Handreichung) kann hier auf eine ausführliche Darstellung verzichtet werden. Einige Rahmenbedingungen möchten wir Ihnen zur Orientierung jedoch erläutern, falls Sie zu einem entsprechenden Auftrag angefragt werden. Ergänzend fließen Hinweise aus der eigenen beraterischen Praxis ein.

3.5.3.2.1 Inhaltlicher Aufbau

Ein gut entwickeltes Assessment Center zeigt möglichst das ganze Spektrum einer Persönlichkeit auf:

– *Kommunikative Kompetenzen:* Rhetorik, Dialektik, Gesprächsführung, Moderation, Überzeugungsvermögen
– *Soziale Kompetenzen:* Empathie, Fairness, Solidarität, Teamfähigkeit, Führungsfähigkeit, abgeleitet aus der Bereitschaft zur Übernahme von Verantwortung und dem gezeigten Durchsetzungsvermögen
– *Persönliche Kompetenzen:* Selbstbewusstsein, Selbstvertrauen, Offenheit, Frustrationstoleranz, Kreativität, Selbstmotivation, Selbstorganisation und strukturiertes Vorgehen, Allgemeinwissen und die Fähigkeit, dieses Allgemeinwissen situationsgerecht anzuwenden, z. B. durch Abstraktionsfähigkeit und Beweglichkeit
– *Übereinstimmung des Bewerbers mit der Unternehmenskultur:* Passt jemand von seinem Persönlichkeitsbild und seinen Werten her in ein bestimmtes Haus?
– *Fachliches Verständnis:* z. B. technisches Verständnis und Produktkenntnis bzw. die Fähigkeit, sich in die Anforderungen der Branche hinein zu versetzen

Alle diese Kompetenzen und Persönlichkeitseigenschaften ermitteln Sie über konkrete inhaltsbezogene Aufgaben („Bringen Sie folgende neun Eigenschaften in eine bestimmte Reihenfolge") oder aber methodisch über verschiedene Sozialformen (Einzelarbeit, Partnerarbeit, Kleingruppenarbeit und Plenum) und variable Verfahren:

– Rollenspiele (z. B. Gehaltsverhandlungen: A ist Chef, B der Mitarbeiter; oder Verkaufsgespräche: A ist der Verkäufer, B der mögliche Kunde; oder auch eine Abteilungsleitersitzung zur Budgetaufstellung für
das nächste Jahr)
– Fallstudien (z. B. die Erarbeitung eines Marketingkonzepts für Produkt
abc für den österreichischen Markt)
– Präsentationen (z. B. Präsentation des Marketingkonzepts, und zwar in
den wesentlichen Eckpunkten, mit einer Zeitvorgabe von fünf Minuten)
– Psychometrische Tests (Auswertung von Fragebögen und Verhaltensweisen anhand standardisierter Auswertungsschemata)

Selbstverständlich können Sie die Verfahren auch kombinieren, z. B.
durch gemischte Aufträge („Hier sind die Rahmendaten des österreichischen Marktes. Erarbeiten Sie ein Marketingkonzept und stellen Sie dieses anschließend anhand von zwei Folien in fünf Minuten vor!")

Das Spektrum der abgefragten Kompetenzen muss anforderungsgerecht
sein, d. h. in Zusammenhang mit dem jeweiligen Stellenprofil stehen. Es
hilft relativ wenig, wenn bei der Suche nach neuen Vertriebsleitern das
gesamte Wissen der Betriebswirtschaftslehre abgetestet wird, unter besonderer Berücksichtigung der Grundsätze des Börsengangs und der US-
amerikanischen Bilanzierung. Bei der Auswahl von angehenden Presse-
vertriebsleitern hat einer der Autoren eben dieses miterlebt: „Erklären
Sie, ob die börsennotierte Aktiengesellschaft den Jahresabschluss nach
HGB, Steuerrecht, IAS oder US-GAAP veröffentlichen soll!" Man fragt
sich, inwiefern diese Aufgabe auf die Vertriebskompetenz eines Kandidaten verweisen soll.

Mehr oder weniger regelmäßig vorkommende Übungen in einem AC sind:

– der berühmte „Postkorb", eine Ansammlung von Aufgaben, die mehr
oder weniger eng zusammengehören, und die innerhalb einer bestimmten Zeit, meist 30 oder 45 Minuten, zu bearbeiten sind (Einzelübung als Rollenspiel, in Verbindung mit einer Präsentation und ggf.
mit psychometrischer Auswertung)
– die Gehaltsverhandlung (Rollenspiel als Partnerarbeit)
– eine ergebnisoffene Diskussionsrunde (Gruppenübung als Rollenspiel)
– eine ergebnisfixierten Diskussionsrunde, bei der die Gruppe gemeinsam ein bestimmtes Ziel erreichen muss, z. B. die möglichst gerechte

Verteilung von Dienstwagen oder Büros in einem neuen Firmenge-
bäude (Gruppenübung als Rollenspiel)

Wichtig ist, dass die Übungen trotz eines relativ einheitlichen Grund-
musters einen Bezug zur Branche haben. Damit sichert man die Glaubwürdigkeit der Übungen bei den Kandidaten und kann nebenbei auch
deren Branchenaffinität feststellen. Eine zu neutrale Übung wirkt hingegen auf viele Kandidaten als konstruiert, vielleicht sogar als „aus dem
Baukasten" entnommen.

Zudem sollte jede Übung nicht länger als eine Stunde dauern. Auch gute
Kandidaten sind selten in der Lage, länger ununterbrochen engagiert mit-
zuarbeiten. Außerdem sollte nach jeder Übung eine Auswertung erfolgen,
wie sich die einzelnen Kandidaten verhalten haben. Wer als Beobachter
ohne allzu viel eigene Aktivität versucht, länger als 60 Minuten auf-
merksam bei der Sache zu bleiben, wird schnell an seine eigenen Grenzen geführt.

Die Dauer des gesamten Verfahrens als solches variiert. Ein AC von ein
oder eineinhalb Tagen, der unabdingbaren Mindestdauer, kann schon
gute Ergebnisse liefern. Gerade bei der Auswahl von Führungsnachwuchs wird man daher diesen etwas preiswerteren Umfang wählen. Allerdings werden gerade höherwertige Funktionen auch eine sorgfältige-
re Auswahl erfordern und damit auch einen längeren Zeitraum von zwei,
zweieinhalb oder gar drei Tagen. Die zusätzlichen Übungen werden aber
nicht unbedingt mehr Erkenntnisse bringen. Eher führen mehr als zwei
Tage Dauer sogar zur Redundanz, da kaum grundsätzlich neue Aufgaben denkbar sind. Bei entsprechend lang gestalteten Assessment Centers
ist daher der Umgang der Kandidaten mit Redundanz bewusst zu beobachten.

Bedenken Sie auch, wie viel Zeit die vom Unternehmen entsandten Vertreter im Auswahlgremium aufbringen können. Die meisten Führungskräfte sind bereit, den Schreibtisch einen Tag lang allein zu lassen. Sie
sind es insbesondere dann, wenn sie sich davon etwas Abwechslung ver-
sprechen und über die Auswahl ihrer neuen Mitarbeiter mit entscheiden
dürfen. Aber bereits zwei Tage können für viele Führungskräfte eine Hürde darstellen, über die sie nicht mehr zu gehen bereit sind.

!

Sollen neben dem Personalberater auch Vertreter der Personalabteilung bzw. Vertreter von Fachabteilungen teilnehmen, sollte unbedingt die Bereitschaft vorab geklärt werden, das gesamte Verfahren zu begleiten. Bei Bedarf kann man ein gesplittetes Verfahren anbieten: Am ersten Tag findet eine Vorauswahl statt, die allein von den Personalern gestaltet wird. Am zweiten Tag können dann weitere Verfahren angewendet werden, bei denen auch die Vertreter der Fachabteilungen anwesend sind, die somit nur einen Tag für die Auswahl opfern müssen.

Um die Persönlichkeit eines Kandidaten im Assessment Center verlässlich erfassen zu können, empfiehlt es sich, jede gewünschte Eigenschaft in mindestens zwei voneinander unabhängigen Übungen abzubilden. Wird strukturiertes Denken und Präsentationsfähigkeit gewünscht, kann dies z. B. in der Postkorb-Übung und in einer Einzelpräsentation („Entwicklung und Vorstellung eines Marketingkonzeptes") erhoben werden. Das setzt allerdings voraus, dass der Kandidat die Ergebnisse seines Postkorbes im Anschluss seinen Beobachtern auch vorstellt und erläutert und somit präsentiert. Um dies abzusichern, empfiehlt es sich bei der Konzeption, in einer tabellarischen Übersicht nach dem folgenden Muster diese Funktionen abzuklären.

Übersicht:
geforderte Kompetenzen und dafür eingesetzte Methoden

	Einzelpräsentation	Partnerarbeit „Gehaltsverhandlung"	Gruppendiskussion „Verteilung der neuen Dienstwagen"
Strukturiertheit	Ja, da Struktur für Vortrag entwickelt werden muss	Ja, durch Aufbau des Gesprächs erkennbar	Teilweise: wie werden Argumente aufgebaut und Gegenargumente aufgenommen
Kreativität	Ja, da ein eigener Gedanke entwickelt werden muss	Ja, wie gehen Partner mit Argumenten der Gegenseite um	Ja, wie werden Lösungswege erarbeitet
Durchsetzungsvermögen	Grundsätzlich nein, aber durch anschließende Diskussion der Präsentation indirekt erkennbar	Ja, wie gut kann jemand seine Sachargumente bzw. seine Struktur durchsetzen	Ja, wie gut kann jemand seine Sachargumente bzw. seine Struktur durchsetzen
Teamfähigkeit	Nein	Ja, wie geht Kandidat mit Gegenüber um	Ja, wie gut geht Kandidat mit Gruppe um, kann er sie zusammenhalten
Selbstorganisationsfähigkeit	Ja, kann Kandidat einen Vortrag in vorgegebener Zeit organisieren	Ja, kann Kandidat die vorgegebene Zeit für Durchsetzung seines Zieles nutzen	Nein

Im vorliegenden Beispiel würde also jedes Kriterium von mindestens zwei vorgesehenen Übungen abgefragt. Das Verfahren ermöglicht also eine umfassendere Aussage zu den jeweiligen Kandidaten.

3.5.3.2.2 Personelle Zusammensetzung

Die personelle Zusammensetzung betrifft zum einen die Auswahl der Kandidaten, zum anderen die Auswahl der Beobachter. Zunächst zur Gruppe der Kandidaten. In den allermeisten Fällen werden Gruppen von ca. vier bis zwölf Personen eingeladen. Allerdings haben sich Gruppengrößen von sechs oder acht Kandidaten nach eigener Erfahrung am besten bewährt. Kleinere Gruppen von vier bis fünf Personen sind relativ schnell in der Lage, eine interne Abstimmung herbeizuführen, womit das Verfahren einiges an Dynamik verliert. Größere Gruppen ab zehn Teilnehmern werden leicht unübersichtlich und zerfallen in zwei oder drei Teilgruppen. Sechs oder acht Teilnehmer pro Gruppe sind daher ideal. Zudem sollte man auf eine gerade Anzahl an Teilnehmern achten. Dies hat sich nicht allein für die Einteilung von Partnerarbeiten bewährt (damit niemand „übrig" bleibt), sondern auch aus gruppenpsychologischen Gründen. Bei einer ungeraden Anzahl wird ein Teilnehmer oft von vornherein in die Rolle des Chefs gedrängt bzw. als solcher von anderen wahrgenommen und entsprechend bekämpft.

Darüber hinaus sollte man vor allem bei der Auswahl von Nachwuchskräften auf eine ausgeglichene Gruppe achten, die hinsichtlich Bildungsabschluss, Alter und regionaler Herkunft relativ homogen ist. Man benötigt schon eine außerordentlich gereifte Persönlichkeit, um sich als vielleicht 24-jähriger FH-Absolvent mit einem Universitätsabsolventen messen zu können, der bereits fünf Jahre Berufserfahrung als Lehrstuhlmitarbeiter hat und obendrein ein MBA-Diplom besitzt. Hier fehlt die Vergleichbarkeit und damit die Chancengleichheit. Dieser Gesichtspunkt ist in anderen Zusammenhängen belanglos, wenn z. B. sechs oder acht Abteilungsleiter evaluiert werden, weil ein neuer Geschäftsführer für das nordamerikanische Tochterunternehmen gesucht wird. Dafür wird der beste unternehmensinterne Bewerber gesucht und ist der Bildungsgrad nur noch ein Teilaspekt.

Auch die Auswahl der Beobachter sollte bestimmten Grundsätzen gehorchen. Ideal ist eine Mischung aus Personalverantwortlichen und späteren Fachvorgesetzten. Die Personalverantwortlichen besitzen die Kenntnisse zur Personalbeurteilung. Die Fachvorgesetzten können auf die fachspezifischen Anforderungen achten und zum anderen auf das Zwischenmenschliche: Wenn jemand von der Personalabteilung als an sich hervorragend ausgewählt wird, heißt dies noch lange nicht, dass die betreffende Person auch in der jeweiligen Fachabteilung auf Sympathie stößt!

Was die Verhältniszahl von Bewerber und Beobachter angeht, so gilt der Wert „eins zu eins", als Mindeststandard „zwei Beobachter zu drei Kandidaten". Anders lässt sich eine intensive Beobachtung nicht gewährleisten. Wenn ein Beobachter auf zwei Kandidaten acht geben muss, können wichtige Informationen schnell verloren gehen.

Werden Sie als Personalberater gebeten, ein Assessment Center zu begleiten, so sollten Sie bei einer Beobachtergruppe von vier Personen auf einen Personaler des Auftraggebers sowie zwei Fachvorgesetzte bestehen. Erhöhungen der Beobachterzahlen sollten „gleichmäßig" erfolgen, also jeweils um einen Personaler und einen Fachvorgesetzten. Ab sechs Beobachtern können Sie auch sehr gut mit zwei externen Personalberatern arbeiten.

Die Organisation der Beobachterteams kann nach drei verschiedenen Methoden erfolgen:

– *Fixstern-System:* Jeder Beobachter achtet durchgängig auf einen fest zugeteilten Kandidaten;
– *Buddy-System:* Je zwei Beobachter verfolgen zwei oder drei Kandidaten durchgängig durch das gesamte Verfahren, wobei man vereinbaren kann, dass jeweils ein Beobachter einen Kandidaten vorrangig im Blick hat und der zweite Beobachter als „Koreferent" dient und nur bei stärkeren Meinungsverschiedenheiten seine Meinung äußert;
– *rollierendes System:* Für jede Übung erhalten die Beobachter jeweils einen anderen Kandidaten zugeteilt, so dass bei Abschluss des Assessment Centers jeder Beobachter (möglichst) alle Kandidaten in einer Übung verfolgen konnte.

Das *Fixstern-System* hat den Vorteil, dass der Beobachter die individuelle Entwicklung des einzelnen Kandidaten verfolgen kann. Es gibt viele Kandidaten, die im Verlauf eines Assessment Centers stärker werden oder auch nachlassen. Von Nachteil ist die Subjektivität des Beobachters, der sich auf ganz bestimmte Merkmale festlegt und sich vielleicht auch durch Sympathie oder Antipathie gefangen nehmen lässt. Dieser Nachteil wird beim *rollierenden System* durch das Durchwechseln ausgeglichen. Andererseits sind deshalb die persönlichen Entwicklungen nicht so gut zu erkennen wie beim Fixstern-System. Das *Buddy-System* ist der Versuch, die Vorteile beider Systeme zu erhalten und gleichzeitig die Nachteile zu vermeiden. Dies setzt aber gut eingespielte Beobachterteams voraus, die sich in ihren Beobachtungsschwerpunkten ergänzen können.

3.5.3.2.3 Einweisung der Beobachter

Die meisten Beobachter benötigen vor der Durchführung eines AC eine Einweisung in das Verfahren und Hinweise dazu, wie sie beobachten können, worauf sie achten sollen und wie sie Fehler in der Beobachtung vermeiden können. Zugleich wollen Beobachter oft auch nähere Informationen über die angewandten Verfahren erhalten und teilweise über die Zusammenstellung der Übungen mitbestimmen. Dazu bietet sich ein Eröffnungs-Workshop zwei oder drei Wochen vor dem eigentlichen AC an. Diese Zusammenkunft dauert meist zwei bis drei Stunden und sollte folgende Arbeitsschritte enthalten:

– Begrüßung und grundsätzliche Einführung in das Thema
– Frage an die Beobachter: Was ist Ihnen bei den auszuwählenden Kandidaten besonders wichtig? (Sammlung und Einordnung der geforderten Kompetenzen)
– Diskussion, mit welchen Methoden sich diese gewünschten Eigenschaften am besten erheben lassen (am besten mit einem zielgerichteten Impuls: Vorstellung von Verfahren wie Gruppendiskussion und Einzelpräsentation und deren „diagnostische" Eignung

– Vorstellung des AC-Plans (ungefährer Arbeitsablauf, geeignete Übungen) und Einarbeitung von Vorschlägen aus dem Beobachterkreis
– Hinweise, worauf bei den Übungen besonders zu achten ist
– ggf. Einteilung von Beobachterteams
– weitere Verabredungen und Verabschiedung

Ein derartiges Verfahren wird allen genannten Anforderungen gerecht und erhöht damit die Akzeptanz bei allen beteiligten Beobachtern. Insbesondere können sich auf diese Weise die Beobachter, die nicht Personalfachkräfte sind, relativ schnell in die Auswahlmethode Assessment Center einfinden.

3.5.3.3 Durchführung und Auswertung

Jedes Assessment Center folgt einem Fahrplan mit festgelegten Zeiten für Übung, Auswertung (parallel Ausruhen der Kandidaten bzw. Vorbereitung der nächsten Aufgabe) und Pausen. Unabdingbar ist zudem eine zuverlässige Organisation der Rahmenbedingungen, d. h. eine angemessene Unterkunft (z. B. Tagungshaus des Unternehmens, Tagungshotel in angemessener Kategorie) mit angemessener Verpflegung. Wer seinen Kandidaten den ganzen Tag über nur Kaffee anbietet und nichts zu essen oder gar die Beobachter deutlich erkennbar besser verpflegt als die Kandidaten, signalisiert damit bereits eine sparsame Unternehmenskultur und wird gute Kandidaten mit Selbstwertgefühl womöglich abschrecken.

Als Einführung in den Tag empfiehlt sich eine Vorstellungsrunde, in der sich die Anwesenden mit Namen und einigen Stichwörtern zu ihrer Person einbringen und in der auch der Tagesablauf skizziert wird. Als erste Übung planen Sie am besten eine Gruppenübung als Aufwärmübung. Danach können in beliebiger Reihenfolge andere Übungen geschaltet werden, wie z. B. eine Partnerübung, Einzelpräsentationen usw. Besonders geschickt ist es, solche Übungen vorzusehen, deren Vorbereitungszeit eine parallele Auswertung der vorangegangenen Übung erlaubt, z. B. durch Textlektüre oder weitere Ausarbeitungen.

> ! Einzelübungen wie eine Präsentation können in der Regel nur nacheinander vorgestellt und damit auch bewertet werden. Nicht beschäftigte Kandidaten haben in dieser Zeit „Leerlauf". Entweder lässt man die Einzelübungen vor kleineren Beobachterteams präsentieren, zieht also die Beobachtergruppe auseinander und kann so die Kandidaten parallel beurteilen (was allerdings nicht zu empfehlen ist), oder aber man gibt den „nicht beschäftigten Kandidaten" eine Aufgabe (z. B. Auswertung einer Branchenstudie, Erstellung eines zweiten Konzeptes), die anschließend eingesammelt wird. Im Idealfall kann man damit die Fähigkeit der Kandidaten testen, zwei Aufträge gleichzeitig zu bearbeiten. Eine dritte Variante besteht darin, die nicht beschäftigten Kandidaten in Einzelgespräche mit weiteren Firmenvertretern zu schicken, in denen sie über Einsatzfelder im Unternehmen informiert werden.

Die Verpflegungspausen sollten nicht zu lang dauern, um eine unerwünschte Entspannung zu vermeiden. Für eine Mittagspause mit kleinem Imbiss können 30 bis maximal 45 Minuten ausreichen. Eine Kaffeepause sollte 10 bis 15 Minuten dauern. Dabei ist es übrigens interessant, wie sich die Kandidaten in der Pause verhalten. Gesellige Menschen finden sich schnell in Gruppen zusammen, Einzelgänger setzen sich oft abseits.

Die Bewertung der Kandidaten sollte in einer Form erfolgen, die auch Nichtpersonalern eine sichere Beurteilung ermöglicht. Bewährt hat es sich, den Beobachterunterlagen entsprechend ausgearbeitete Bewertungsblätter beizufügen, auf denen die einzelnen Kandidaten nach den für die Übung relevanten Kriterien beurteilt werden können. Zum Beispiel das Kriterium Durchsetzungsfähigkeit:

– kann engagiert die eigene Position verteidigen und durchsetzen
– kann Verbündete für seine Position gewinnen
– kann sich nur teilweise durchsetzen
– vermag es nicht, seine eigene Position zu verdeutlichen

So können Auswertungsrunden in der gebotenen Kürze durchgeführt werden. Sie können die Kandidaten auch anhand von allgemein bekannten Schemata wie z. B. Schulnoten (Durchsetzungsfähigkeit: 3, Rhetorik 2) etwas pauschaler bewerten. Bei Kontroversen muss dann die Notengebung genauer begründet (anhand von Mitschriften aus den Übungen) und eventuell angepasst werden.

Gute Beobachterunterlagen sind eine Zusammenstellung von Aufgabenblättern der Kandidaten und vorstrukturierten Bewertungsschemata. So können die Beobachter die Aufgabenstellung verfolgen und eine möglichst einfache Bewertung vornehmen. Ergänzend kann man eine kurze Zusammenfassung der wesentlichen Daten der Kandidaten beigeben.

Zum Abschluss ist es gute Sitte, den beurteilten Kandidaten ein kurzes Feedback zu geben, sozusagen als Benefit für die Bereitschaft, sich zu öffnen und der Beobachtung auszusetzen. Über den Zeitpunkt des Feedbacks gehen die Lehrmeinungen auseinander. Die eine Seite empfiehlt, zunächst einmal die Kandidaten nach Hause zu entlassen und ein Feedback erst zu einem späteren Zeitpunkt anzubieten, z. B. durch einen Telefonanruf bei einem bestimmten Ansprechpartner. Der Vorteil daran ist, dass man die Eindrücke verarbeiten kann und der Kandidat durch den Anruf sein fortgesetztes Interesse dokumentieren kann. Ein unmittelbares Feedback direkt zum Abschluss hat demgegenüber den Vorteil, dass der Kandidat etwas mit nach Hause nehmen und die Besprechung der kritischen Punkte im Kontext erfolgen kann. Andererseits muss man dann auch Rechtfertigungen und emotionale Äußerungen von negativ beurteilten Kandidaten aushalten können. Zudem wird das Feedback zusätzlich ca. 15 bis 20 Minuten Zeit erfordern.

Einen erprobten Ablauf für die Auswahl von Führungsnachwuchs in der Medienbranche bietet die nachfolgende Skizze. Zielgruppe sind Hochschulabsolventen mit maximal einem Jahr Berufserfahrung. Es werden jeweils sechs Kandidaten eingeladen, die vorher bereits anhand ihrer Unterlagen und einem etwa halbstündigen Telefoninterview beurteilt wurden. Den Kandidaten steht die gleiche Zahl an Beobachtern gegenüber. Das Vorgehen wurde in zwei Durchgängen durchgeführt, ein Durchgang von Donnerstag auf Freitag und ein zweiter, anschließender Durchgang mit neuen Kandidaten von Freitag auf Samstag, so dass insgesamt 12 Kandidaten bewertet werden konnten.

1. Tag:

- Eintreffen zwischen 16.30 und 18 Uhr, gleich danach Einzelgespräche von ca. 30 Minuten Dauer (Was erwarten Sie sich von diesem AC? Wo sehen Sie sich in fünf Jahren?) Die Ergebnisse werden mit den Ergebnissen aus dem vorhergehenden Telefoninterview verglichen
- gemeinsames Abendessen gegen 19 Uhr, danach Vorstellungsrunde im Plenum, Fragestunde zum Traineeprogramm
- anschließend geselliges Beisammensein bis ca. 22 Uhr, um die Atmosphäre aufzulockern und gleichzeitig einen ersten Eindruck zur sozialen Kompetenz der Kandidaten zu erhalten, danach die Bitte, einige Zeitschriftenexemplare der Mediengruppe bis zum nächsten Tag durchzuarbeiten, um dazu Stellung nehmen zu können (Hintergrund ist die Erhebung der Bereitschaft zur Selbstmotivation; Einsatzbereitschaft, Bereitschaft, sich auf die Produkte des Unternehmens einzulassen und sich mit ihnen zu beschäftigen)

2. Tag:

- 8.30 Uhr: erste Gruppendiskussion als ergebnisoffene Gruppendiskussion: Eigenschaften einer guten Führungskraft (Zeit 40 Minuten)
- 9.15 Uhr: Auswertung der ersten Übung, gleichzeitig Einarbeitung der Kandidaten in die zweite Gruppenaufgabe: Verteilung von Büros in einem neuen Bürogebäude
- 9.30 Uhr: Beginn der zweiten Gruppendiskussion als ergebnisfixierte Aufgabe: Verteilung der Büroräume (Zeit 40 Minuten)
- 10.15 Uhr: Kaffeepause für Kandidaten, zeitgleich Auswertung der zweiten Gruppendiskussion
- ab 10.30 Uhr: alle 30 Minuten schrittweise Verteilung einer Einzelaufgabe: Präsentation einer Marketingkonzeption für einen neuen Zeitschriftentitel, zeitgleich um 10.30 Uhr Ausgabe einer Aufgabe an alle: Auswertung einer Marktstudie zur Zukunft der elektronischen Medien (ca. 70 Seiten Umfang plus 30 Seiten Anhang/Statistiken, von einer Forschungsgruppe erstellt), mit der Bitte, die wesentlichen Inhalte zu einem Management-Summary zusammenzufassen
- ab 11 Uhr: schrittweise Präsentation und Diskussion der Einzelübung (zusammen 20 Minuten), danach 10 Minuten Auswertung in der Beobachtergruppe; parallel ab 12.30 Uhr Angebot zur Mittagsverpflegung
- ab 13.45 Uhr im 15 Minuten-Schritt: Ausgabe der nächsten Übung: Partnerarbeit Gehaltsverhandlung,
- ab 14 Uhr: Durchführung der Partnerarbeit (jeweils 10 Minuten) und Auswertung (jeweils 5 Minuten)
- 15 Uhr: Einsammeln der Management-Summaries und Ausgabe einer Einzelübung „Postkorb": Zeit 45 Minuten; zeitgleich zur Bearbeitung des Postkorbs Auswertung der Management-Summaries
- 15.45 Uhr: Abgabe des Postkorbs, Auswertung
- 16.00 Uhr: Feedback-Runde: Kandidaten stellen ihren Postkorb vor und erhalten anschließend ein Feedback zu ihrem Erscheinungsbild
- abschließend Verabschiedung (beim ersten Durchgang: anschließend Empfang der Teilnehmer an der zweiten AC-Runde)

Dieses Beispiel ist möglicherweise eine verhältnismäßig „zahme" Variante eines Assessment Centers. Gerade aus Branchen wie Finanzberatung, Strukturvertrieb und Unternehmensberatung dringen immer wieder regelrechte Schauermärchen über den erzeugten Stress und moralischen Wertgehalt der einzelnen AC-Übungen durch. Letztlich muss man sich über den zentralen Grundsatz des AC-Verfahrens im Klaren sein: Das Verfahren insgesamt und die einzelnen Übungen sollen den Arbeitsalltag und die Wertestruktur des Unternehmens spiegeln. So kann sich auch der Kandidat einen eigenen Eindruck vom zukünftigen Arbeitgeber verschaffen und für sich entscheiden, ob er diese Unternehmenskultur annehmen möchte. Man sollte also nie verfälschende Übungen durchführen, die einen zu warmherzigen (oder auch zu kalten!) Eindruck vom zukünftigen Arbeitsumfeld vermitteln.

3.5.3.4 Die Kalkulation eines Assessment Centers

Assessment Center sind sehr aufwändig. Zusätzlich zu den internen Kosten des Auftraggebers durch die Freistellung der Beobachter entstehen typischerweise folgende Kosten:

– Kosten für den Tagungsraum, meistens ein Tagungshotel, in Form von Raummiete, Verpflegung, bei Übernachtung auch Zimmermiete (ca. 100 – 150 Euro pro Person und Tag, je nach Kategorie)
– Kosten für die organisatorische Abwicklung (Schriftverkehr mit Bewerbern und Auftraggebern, Arbeitsmaterial wie Papier, Flip-Chart, Arbeitsunterlagen für die Aufgaben etc., ca. 30 – 50 Euro pro Kandidat)
– Bewerberkosten (Fahrtkosten/Spesenerstattung, bei Erstattung der Bahnfahrkarte und der öffentlichen Verkehrsmittel zum Tagungsort ca. 80 – 150 Euro pro Teilnehmer)
– Kosten des Auftragsgesprächs (0,5 Tagewerke)
– Kosten für die Vorbereitung des Beobachtergremiums (Vorbereitung, Durchführung eines Workshops, ca. 1 – 1,5 Tagewerke)
– Vorbereitungskosten des Beraters (ca. 1 Tagewerk pro Veranstaltungstag, bei erstmaliger Vorbereitung oder komplexer Auftragsstellung ca. 2 Tagewerke pro Veranstaltungstag)

– Teilnahmekosten des Beraters (1 Tagewerk pro Veranstaltungstag, zusätzlich Fahrkosten/Spesenerstattung)
– Nachbereitung und Ergebnisaufbereitung (ca. 0,5 bis 2 Tagewerke, je nach Umfang und Komplexität der erbetenen Rückmeldungen/Bewertungsergebnisse).

In Anbetracht dieser Positionen wird ein seriös vorbereitetes und durchgeführtes Assessment Center von eineinhalb Tagen Dauer mit sechs Teilnehmern nicht unter fünf Tagewerken zu kalkulieren sein. Bei einem AC mit acht Teilnehmern und der Unterstellung, dass zwei Berater beauftragt werden, kommen schnell neun und mehr Tagewerke zusammen. Das im vorhergehenden Abschnitt vorgestellte Verfahren schlug mit einem Berateraufwand von zusammen zwanzig Tagewerken zu Buche, für Vorbereitung, Einweisungstag der Beobachter, Durchführung und Auswertung. Am gesamten Verfahren waren zwei Berater beteiligt, daneben vier Beobachter aus verschiedenen Häusern der Mediengruppe.

Diesen Kosten stehen die bereits genannten Vorteile der Methode gegenüber, wie z. B. ein gegenüber dem Auswahlgespräch zuverlässigeres Auswahlinstrument und die höhere Akzeptanz der ausgewählten Kandidaten im Unternehmen. Leider lassen sich diese Vorteile nicht so schnell in Geldeinheiten ausdrücken wie die Rechnungen für den Berater.

3.5.3.5 Einzelassessment

Eine Sonderform des ACs ist das Einzelassessment. Dies wird häufig dann angewandt, wenn man für Mitarbeiter einen Personalentwicklungsplan erstellen möchte oder die betreffende Person zur Beförderung vorgesehen ist. Für bestimmte Übungen kann man auch Dritte hinzuziehen, z. B. als Gesprächspartner für ein Konfliktgespräch. Selbstredend sollten diese hinzugezogenen Personen auf ihre Rolle ausreichend vorbereitet werden.

Bei Einzelassessments werden in der Regel zwei bis vier Beobachter den Kandidaten prüfen. Am besten wird das Beobachterteam aus erfahrenen Managern übergeordneter Ebenen und Psychologen zusammen gestellt. Ansonsten verliert das Verfahren an Aussagekraft.

Das Verfahren selbst lebt von einer inneren Bereitschaft des Kandidaten. Wer zur Teilnahme überredet oder gar gezwungen wird, reagiert in der Regel übersteigert und wird folglich auch verfälschte Ergebnisse erzeugen. Zudem erwarten die Kandidaten eines Einzelassessments ein besonders ausführliches Feedback zu ihren Stärken und Schwächen sowie den Entwicklungspotenzialen. Wer nur allein aus der Sicht eines Managementprofis argumentiert, wird dieses Feedback nicht ausreichend leisten können. Zudem sollte das Verfahren nicht als „letzte Chance" vor einer drohenden Entlassung eingesetzt werden – auch da steht der Kandidat zu sehr unter Druck und wird kaum sein gesamtes Potenzial aufzeigen.

3.5.4 Auswahl über Arbeitsproben

Arbeitsproben sind Ausschnitte aus der beruflichen Tätigkeit. Sie sollen zeigen, was ein Kandidat unter normalen Arbeitsbedingungen zu leisten im Stande ist. Als solche erfreuen sich Arbeitsproben in vielen Ländern einer großen Beliebtheit. Für den deutschen Sprachraum sind Arbeitsproben unter diesem expliziten Titel nur in wenigen Bereichen akzeptiert:

– bei Kreativen (Grafiker für Werbung und Medien), Webdesignern, Journalisten und ähnlichen Berufen als Beigabe früherer Werke zu den Bewerbungsunterlagen
– bei Dolmetschern: Anfertigung einer Übersetzung nach Diktat
– im gewerblichen Bereich (Handwerk und Industriegewerbe, z. B. die Mitarbeit in der Produktion für einen Tag)
– bei Personen im Kundenkontakt (Verkauf, Call Center etc.) als Verkaufsgespräch, entweder in einer Simulation oder in einer realen Mitarbeit für einen halben oder ganzen Tag

Bei Führungskräften kommen Arbeitsproben hingegen kaum zum Tragen. Denkbar wäre z. B. die Simulation eines Gesprächs zwischen dem Bewerber als Personalleiter und einem Betriebsratsmitglied. Oder der Vortrag des Jahresberichts mit anschließender Pressekonferenz einen Finanzmanagers. Grundsätzlich aber gilt: Je höher die Position, je seltener bis gar nicht werden Arbeitsproben verlangt.

Arbeitsproben sind als Auswahlinstrument nur dann sinnvoll, wenn sie mit konkreten Kriterien verbunden werden, wie z. B. einer Mindest- oder Normleistung. Diese Kriterien sollten möglichst vor der Stellenausschreibung definiert werden, z. B. anhand der Leistung des bisherigen Stelleninhabers.

3.5.5 Auswahl über Referenzen und Empfehlungen

Referenzen und Empfehlungen sind zunächst mal eine dankbare Basis für Bewertungen. Hier äußern sich Menschen in herausgehobener Position, die den Kandidaten aus beruflichen oder privaten Zusammenhängen kennen, über die Person und das Leistungsvermögen des Kandidaten. Das Einfordern von Referenzen ist heutzutage in Deutschland eher selten geworden, kann aber durchaus interessant sein. Sie sind jedoch so selten geworden, dass sich beim Angebot auf eine persönliche Referenz fast schon Misstrauen bei dem Personalberater einstellt. Zum einen erhalten Sie Bewertungsmaterial aus anderer Anschauung und zum anderen können Sie im persönlichen Gespräch oder auch im Telefonat unklare Punkte aus der Vergangenheit des Kandidaten hinterfragen.

Allerdings muss man auch die Grenzen sehen: In der Regel werden vom Kandidaten nur solche Referenzen beschafft, die Unkritisches zu berichten wissen. Insofern bietet es sich an, dem Kandidaten bereits bei der Benennung von Referenzen eine Zielrichtung vorzugeben, wie z. B.

– einen Professor aus dem Studium
– zwei oder drei frühere Vorgesetzte
– eine Referenz aus dem Kontext „berufsständische Vereinigung/Branchenverbänden", z. B. der Leiter eines Arbeitskreises des Branchenverbandes, in dem der Kandidat mitgearbeitet hat

Referenzen sollten den Kandidaten in den letzten drei bis vier Jahren erlebt haben, da sich sonst Eindrücke nur noch in allgemeiner Form abrufen lassen.

!

Wer herausragende Positionen (Organschaftsmitglieder, Positionen mit hoher finanzieller Verantwortung) zu besetzen hat, kann auf eine besondere Form der Referenz zurückgreifen: die der Auskunft über eine Auskunftei wie Creditreform, Auskunftei Bürgel usw. (Anschriften in den „Gelben Seiten"). Auskunfteien können in begründet dargelegten Fällen Informationen zu finanziellen Verhältnissen geben, insbesondere zu der Frage, ob die betreffende Person bereits mit finanzielle Unregelmäßigkeiten oder einer „eidesstattliche Versicherung" (der berühmte „Offenbarungseid") auffiel. Dies sollte grundsätzlich nur mit Einverständnis der betreffenden Person erfolgen und mit Hinweis auf die besondere Sensibilität der Position. Wenn man darauf bereits im ersten Auswahlgespräch zu sprechen kommt, kann man dies in dezenter Art ansprechen: „Sie wissen sicher um die besondere Sensibilität der vakanten Position und den hohen Vertrauensmaßstab an die betreffende Person. Sie können sicher verstehen, dass wir – wenn Sie der Idealkandidat sind – darum mit Ihrem Einverständnis bei einer Auskunftei eine Bestätigung Ihrer finanziellen Solidität einholen werden. Die Kosten dafür übernehmen selbstverständlich wir."

3.6 Behandlung von Initiativbewerbungen

Etablierte Personalberater sind eine Adresse für Initiativbewerbungen. Dies trifft vor allem auf branchenspezialisierte Berater zu und auf Berater für Top-Positionen. Besonders nach einer offenen Ausschreibung mit Suchanzeigen werden Berater mit Anfragen außerhalb des eigentlichen Suchauftrages konfrontiert („Ich habe gerade Ihre Anzeige gelesen. Das ist zwar nicht ganz meine Idealvorstellung, aber ich würde gerne mal mit Ihnen reden...") Daraus ergibt sich in der Regel eine wachsende Datenbank an interessanten Personen. Bewährt haben sich zwei Formen der Dokumentation:

– bei absoluten Top-Kräften reicht es aus, sich ein Profil (Lebenslauf, Stellenwunsch und Rahmenbedingungen wie Gehaltsvorstellungen, Mobilität, Zielposition etc.) zu notieren. Zudem kann man die Betreffenden in regelmäßigen Abständen kontaktieren, durch einen Anruf auf der privaten Mobiltelefonnummer oder mit einer E-Mail an die private Mailadresse, ob der Wechselwunsch fortbesteht. So haben Sie eine relativ gut gepflegte Datei.
– Bei den übrigen Wechselkandidaten bietet es sich an, die Unterlagen maximal ein Jahr aufzubewahren und dann zurückzugeben mit dem Hinweis darauf, dass man sich bei konkreten Vakanzen direkt wieder an sie wenden und aktuelle Unterlagen einfordern wird. Eine Kopie von

Anschreiben und Lebenslauf kann dann zu den Akten genommen werden. Oder Sie füttern eine computergestützte Datenbank mit den entsprechenden Daten. Wenn Sie die Bewerbung per E-Mail erhalten haben, erübrigt sich eine Rücksendung – was nicht nur Porto, sondern auch viel Zeit spart.

> Eine preiswerte Variante der Kontaktpflege ist der Versand von Newslettern per E-Mail. In kurzen Beiträgen zur aktuellen Arbeitsmarktlage (besonders gesuchte Berufe/Bewerberprofile, Hinweise zur Bewerbung, Gehaltsentwicklungen etc.) erhalten die Adressaten aktuelle Informationen und sind an einem bleibenden Kontakt mit Ihnen interessiert.

3.7 Bewerberansprache über die Agentur für Arbeit

Die Bundesagentur für Arbeit, vor noch nicht allzu langer Zeit als Arbeitsamt bekannt, hat als Kernaufgabe die Vermittlung von Arbeitssuchenden in freie Stellen. Damit ist sie qua Aufgabe eine erste Adresse bei Vakanzen. Entsprechend erfreut zeigt sich die Arbeitsagentur über Stellenanzeigen und bemüht sich auch redlich, formal geeignete Personen zu einer Bewerbung zu motivieren. Allerdings sind die Resultate nicht immer überzeugend. Letztlich kann man drei Typen von Bewerbern, die arbeitslos sind, identifizieren, wobei diese Typologie auf manchen vielleicht zu schematisch, überzeichnet oder gar zynisch wirken mag:

– *Typ 1 „engagierte Bewerbung"*. Bewerber, die unbedingt eine neue Stelle haben wollen. Sie sind oft daran erkennbar, dass sie sich über private Stellenmärkte (Zeitung, Internet) ergänzend über die Vakanz informieren und in ihrer Bewerbung darauf beziehen oder sich vorab über eine direkte telefonische Nachfrage zu ihren Chancen erkundigen, da aus ihrer Sicht der alleinige Bezug auf die Stellenausschreibung bei der Arbeitsagentur einen Malus einbringen könnte. Die eigene Erfahrung zeigt übrigens leider immer noch viele Vorbehalte bei Kunden gegenüber arbeitslosen Bewerbern;
– *Typ 2 „falsch motivierte Pflichtbewerbung"*. Da die betreffenden Personen nach den Kriterien der Arbeitsagentur formal geeignet sind und

eine entsprechende Aufforderung zur Bewerbung bekommen, erfüllen sie ihre Pflicht gegenüber der Arbeitsagentur. Leider kann man als Personalberater nur selten den weiter gefassten Computer-Kriterien der Arbeitsagentur folgen und diese Bewerbungen berücksichtigen (z. B. Sie suchen einen Marketingprofi mit betriebswirtschaftlichem Hintergrund und die Arbeitsagentur hebt vor allem auf das Kriterium „Betriebswirt" ab – mit der Folge, dass auch Experten für Finanz- und Rechnungswesen sich bewerben, weil sie sich bewerben müssen);

– *Typ 3 „demotivierte Pflichtbewerbung"*. Aufgrund einer Aufforderung ihres Betreuers oder um Engagement nachzuweisen, werden die Bewerber tätig und erreichen im besten Falle Heiterkeit beim Empfänger. Diese Bewerbungen sind oft erkennbar an einem bereits demotiviert anmutenden Standardtext, meistens mit „abschreckenden Beigaben" versehen: Schokoflecken auf dem Zeugnis, Formvordruck als Anschreiben („zur Kenntnisnahme" angekreuzt), drei- bis viererlei verschiedene Papiersorten. Das sind Beispiele aus eigener Anschauung.

Bewerbungen über die Agentur für Arbeit müssen entsprechend differenziert begutachtet werden. Die engagierten Bewerber sollten, mit den richtigen Argumenten versehen, dem Auftraggeber präsentiert werden. Dazu ist es erforderlich, die Gründe für die Arbeitslosigkeit genau zu durchleuchten (personenbedingt oder schlichtweg „Pech" aufgrund von Rationalisierung, Konkurs oder Unternehmensübernahme) und auf Plausibilität zu prüfen. Besonders hilfreich ist es, wenn die Kandidaten diese Zeit bereits für hilfreiche Nebentätigkeiten genutzt haben, die sie im beruflichen Kontext halten, wie z. B. ein Lehrauftrag an einer Hochschule, eine freie Beratertätigkeit oder ein höherwertiges Engagement bei einer gemeinnützigen Organisation. Im Hinblick auf die eigene Akzeptanz beim Auftraggeber sollten Sie aber nie mehr als zwei bis maximal drei arbeitslose Kandidaten auf die Vorschlagsliste nehmen. Eine höhere Anzahl wirft – leider! – möglicherweise die Frage auf, ob Sie als Berater wirklich in der Lage sind, qualifizierte Bewerber anzusprechen.

Bei den Bewerbern des ersten Typs sollten Sie überlegen, ob Sie die betreffenden Personen in der Datenbank speichern wollen. Dass Sie den Bewerber in Ihre Datenbank aufnehmen, kann im Absageschreiben eine für den Empfänger durchaus gute Botschaft sein, aber möglicherweise auch übertriebene Erwartungen wecken. Sofern man aber die Bewerbung aus welchen Gründen auch immer nicht weiter verfolgen kann, sollte eine

möglichst schnelle Rücksendung erfolgen, mit einem Hinweis auf die formalen Differenzen. Dies ist für den Bewerber sicher nicht erfreulich, ist
aber als Nachweis gegenüber der Agentur für Arbeit wichtig.

Die Bewerbungen des Typs „demotivierte Pflichtbewerbung" können
durch eine formlose Absage erledigt werden oder aber auch mit einer
Mitteilung an die zuständige Agentur für Arbeit verbunden werden. In
dieser Meldung sollte man sehr deutlich darauf hinweisen, was einen an
dieser Bewerbung gestört hat. Die Meldung führt bei den betroffenen
Kandidaten regelmäßig zu einem Betreuungsgespräch und oft zu einer
Sperrung der Unterstützung für eine gewisse Zeit. Auf den ersten Blick
ist dies sicher eine hart anmutende Maßnahme, zumal der eigene Arbeitsaufwand gerechnet und die „empörten Anrufe" der Betroffenen
ausgehalten werden müssen. Entscheiden Sie selbst, wie Sie damit umgehen wollen.

> Die Weiterleitung der Vakanz an die Arbeitsagentur ist heute bei vielen Positionen
> sinnvoll, da das Internetportal der Arbeitsagentur inzwischen sehr häufig von Kandi-
> daten genutzt wird, die sich verändern wollen, ohne arbeitslos zu sein. Außerdem hat
> die Arbeitsagentur mit einigen Jobbörsen Kontrakte abgeschlossen, die die Stellen
> ebenfalls aufnehmen. In einzelnen Branchen wie z. B. der Gastronomie und Hotelle-
> rie bietet die Arbeitsagentur außerdem durchaus funktions- und leistungsfähige Fach-
> beratungen, die nach Kollegenaussagen eine interessante Bewerberauswahl präsen-
> tieren können. Insofern muss man an dieser Stelle den Faktor „Erfahrung" bemühen.

Ein abschließender Hinweis an dieser Stelle: Es ist in bestimmten Fällen
auch aus anderen Gründen sinnvoll, die Agentur für Arbeit einzuschal-
ten. Paradebeispiel dafür ist die – wenn auch seltene – Gründung eines
neuen Standortes. So engagierte sich die Agentur für Arbeit in Leipzig bei
der Errichtung eines neuen BMW-Werkes und kooperierte umfassend
mit dem Automobilunternehmen. Die Arbeitsagentur besorgte die Vorauswahl und Vorqualifikation, was dem Automobilunternehmen einen
namhaften Betrag für Auswahl und Ausbildung ersparte. Ähnliche Beispiele werden aus München berichtet, bei der neuen Niederlassung einer
großen Möbelhauskette. Als Personalberater sind Sie aber eher nicht mit
operativer Arbeit gefragt, sondern können vor allem in der Vorberei-
tungsphase zum Einsatz kommen. Arbeitsaufträge können Planungsauf-
gaben umfassen, z. B. die Ausarbeitung des Zeitplans und die Bestimmung von Auswahlgrundsätzen für den Auftraggeber oder auch die Gestaltung des Ausbildungsplans für die ausgesuchten Bewerber. Die De-

tailarbeit wird regelmäßig an eine Steuerungsgruppe von Arbeitgeber und Arbeitsagentur übergehen. Die Zusammenarbeit mit der Arbeitsagentur auf dieser Basis erfordert jedoch eine gewisse Erfahrung im Umgang mit Verwaltungen sowie ausreichende Beratererfahrung.

Die Zusammenarbeit mit der Arbeitsagentur ist jedoch auf einer anderen Schiene interessant: Lange Zeit wurden die privaten Vermittler von den Arbeitsagentur nicht „bedient". Ihre Stellenangebote wurden nicht angenommen, sie erhielten keine Vermittlungsvorschläge. Für Personalberater, die im High-Potential-Bereich tätig waren, hatte der BDU für seine Mitglieder schon vor lange Zeit eine Vereinbarung mit der ZAV (Zentralstelle der Arbeitsvermittlung) abgeschlossen. 2003 schloss auch der BPV (Bundesverband Personalvermittlung) für seine Mitglieder eine solche Vereinbarung ab. Danach sicherte die Arbeitsagentur zu, Stellenangebote anzunehmen und Vermittlungsvorschläge zu erstellen. Die örtlichen Arbeitsagenturen jedoch verfuhren individuell unterschiedlich und pflegten eine unterschiedlich intensive Zusammenarbeit mit den privaten Vermittlern. Inzwischen jedoch hat sich die Zusammenarbeit zwischen Privaten und den Staatlichen in weiten Teilen verbessert. Zwischen vielen der 181 Arbeitsagenturen in Deutschland und den privaten Vermittlern und Personalberatern wird inzwischen die vielzitierte Public-private-Partnerschaft erfolgreich und zum Nutzen aller Beteiligten, vor allem der Arbeitssuchenden, praktiziert!

3.8 Begleitende Services

Eine Stellenbesetzung kann im Idealfall die Nachfrage nach begleitenden Dienstleistungen nach sich ziehen. Werden diese konsequent entwickelt und angeboten, können sie sich zu qualitativ hochwertigen und gerne beauftragten Angeboten entwickeln, wie nicht zuletzt die Kienbaum-Gruppe zeigt. Die Kienbaum-Vergütungsberatung als ein Beispiel hat sich inzwischen in der Branche einen guten Ruf erarbeitet.

Grundsätzlich gibt es mehrere Handlungsfelder für ergänzende Serviceleistungen. Am häufigsten nachgefragt sind

– Vertragsberatung
– Entgeltberatung
– Personalentwicklung
  (Gestaltung der Einarbeitung auf der neuen Stelle)
– Coaching (begleitende Hilfe zur Einarbeitung)

3.8.1 Entgeltberatung

Eine Entgeltvereinbarung enthält viele variable Bestandteile, die Gegenstand der Beratung werden können:

– Festlegung von Entgelthöhe und Zahlungsweise (monatlich, mit Zusatzleistungen wie Urlaubs- und Weihnachtsgeld zu bestimmten Terminen, bei Organschaftsmitgliedern auch jährliche oder halbjährliche Zahlungsweise)
– Definition von erfolgsunabhängigen (fixen) und erfolgsabhängigen (variablen) Entgeltbestandteilen sowie die Bezugsbasis für das erfolgsabhängige Gehalt (z. B. Börsenkurs, Umsatzentwicklung, Gewinn-entwicklung, Marktanteilsentwicklung)
– Form der Entgeltzahlung (Geld, Unternehmensanteile bzw. Optionen auf Unternehmensanteile, Sachleistungen wie Deputate etc.) und jeweiliger Zeitpunkt (bestimmte Stichtage)
– Modalitäten der Entgeltanpassung (nach Tarifvertrag, nach Inflation, nach bestimmten Unternehmenskennziffern)
– Art und der Umfang der Nebenleistungen
– ergänzende Sozialleistungen (Abschluss einer zusätzlichen Altersversorgung, Beitritt zu einem außerbetrieblichen Versicherungsträger wie z. B. dem Versorgungswerk der Presse oder des Einzelhandels, Zuschüsse zu Versicherungen des Arbeitnehmers, Essensgeldzuschüsse etc.) und die Zuordnung der Zahlungsverpflichtung („Von den Beiträgen zum Versorgungswerk der Presse trägt der Arbeitgeber satzungsgemäß zwei Drittel, der Arbeitnehmer ein Drittel.")
– Aufwandsentschädigungen für arbeitsspezifische Anlässe (Zuschüsse zu bestimmten Dienstbekleidungen, aber auch Zuschüsse oder Kostenübernahmen für Repräsentationsaufgaben)

– anlassbezogene Leistungen (z. B. Umzugshilfen, Beihilfen bei Veränderungen im Familienstand oder bei Erkrankung/Todesfall), wobei
  diese Formeln den Anlass möglichst genau definieren und zudem auch
  Fristen zur Wahrnehmung genannt werden sollten, um Auseinandersetzungen von vornherein zu vermeiden („Umzugsbeihilfe wird bei einem Umzug innerhalb der ersten zwölf Monate nach Dienstantritt gewährt, gegen Vorlage der Abrechnung des Möbelspediteurs, jedoch nur
  nach Vorlage von zwei Vergleichsangeboten, aus denen das preiswer-
  teste auszuwählen ist.")
– Arbeitgeberleistungen mit geldwertem Vorteil (Dienstwagen, private
  Nutzung von Telefon, vergünstigter Einkauf für Arbeitnehmer etc.)
  und deren steuerliche Behandlung (trägt Arbeitgeber oder Arbeitnehmer die Versteuerung?), wobei es sich hierbei empfiehlt, konkrete
  Grenzen zu benennen, um Missbrauch zu verhindern („Der Leiter der
  Buchhandlung darf für den eigenen Bedarf Bücher zum Einkaufswert
  erwerben, bis zu einer Höhe von 1 000 Euro jährlich. Eine Weiterver-
  äußerung muss ausgeschlossen werden." – „Der Dienstwagen kann
  5 000 Kilometer jährlich privat genutzt werden. Hierüber ist ein Fahr-
  tenbuch zu führen. Die Fahrten sind vierteljährlich abzurechnen. Die
  Nutzung durch den in häuslicher Lebensgemeinschaft lebenden Le-
  bensgefährten ist zulässig.")
– der Abschluss einer so genannten „director's and officer's liability in-
  surence" („Amtshaftungsversicherung"), eine Versicherung gegen
  Schadenersatzforderungen, die sich aus Pflichtverletzungen bei einer
  Organschaftstätigkeit (Vorstände einer AG, GmbH-Geschäftsführer,
  Aufsichtsräte) bzw. einer Tätigkeit als leitender Angestellter ergeben.
  Aufgrund der aktuellen Justizpraxis wird dies für den betroffenen Per-
  sonenkreis zunehmend wichtig. Die Versicherungsprämien liegen oft
  im fünf- oder gar sechsstelligen Bereich, abhängig von der Unternehmensgröße und dem Verantwortungsbereich des Versicherten.

Die konkrete Zusammensetzung der Vergütung richtet sich nach der Un-
ternehmenspolitik (was wird als zulässig angesehen, was nicht?) und den
Gepflogenheiten in der Branche. So ist die Anmeldung der Redakteure
eines Presseverlages zum Versorgungswerk der Presse eine übliche Ver-
tragsklausel. Die kaufmännischen Mitarbeiter der Presseverlage gehen
oftmals leer aus, da für sie eine entsprechende Einrichtung fehlt.

Bei der Bestimmung der empfehlenswerten Entgelthöhe sind folgende Fragen hilfreich:

- Welche Aufgaben erfüllt der Mitarbeiter generell?
- Wie sind diese Aufgaben im Tarifvertrag der Branche/Haustarif/anderen Tarifverträgen eingeordnet und bewertet? Oder ist diese Tätigkeit generell außertariflich eingeordnet? // Liegen Daten von Entgeltvergleichs-Studien (z. B. DGFP-Entgeltvergleich, Kienbaum-Entgeltvergleich, branchenbezogene Entgeltstudien wie die Entgeltstruktur-Studie des Börsenvereins des Deutschen Buchhandels) vor? Wenn ja, wie ist diese Position dort eingeordnet?
- Wie viele Mitarbeiter sind zu führen?
- Welche Umsatzverantwortung ist mit der Stelle verbunden?
- Weist die Arbeitsstelle besondere Erschwernisse auf? (häufige Dienstreisen etc.)
- Ist der Arbeitsort besonders attraktiv/wenig attraktiv?
- Besitzt der Arbeitnehmer besondere Kenntnisse und Erfahrungen, die sich für das Unternehmen in Zukunft positiv auswirken können?
- Wie ist das Bewerberaufkommen im Verhältnis zur Zahl der offenen Stellen?
- Sind branchentypische Sonderleistungen und/oder Zusatzversorgungen (z. B. Versorgungswerk der Presse, Metallrente) zu beachten?

Der Nominalwert der einzelnen Nebenleistungen wird meistens nur Bruchteile des Gehaltes ausmachen (Ausnahmen: zusätzliche Altersversorgung und „d&o-insurence"). Wichtiger ist der psychologische Effekt. Nebenleistungen drücken eine hohe Wertschätzung aus und schmeicheln der Eitelkeit des Arbeitnehmers, von mancher Bequemlichkeit wie z. B. Dienstwagen mal ganz abgesehen. Die Wirkung verschiedener Entgeltinstrumente zeigt nachfolgende Tabelle auf (siehe auch Kracht, 2006, S. 75):

Instrument	Wirkung für Arbeitnehmer	Wirkung für Arbeitgeber
Übernahme von Fortbildungskosten	Spart eigene Aufwendungen, damit eine indirekte Gehaltssteigerung Zusätzlich Sicherung der eigenen Anstellungsfähigkeit	Zusätzliche Ausgaben, die aber bei richtiger Planung und Evaluierung zu einer Leistungssteigerung führen kann, Steuer- und Sozialabgabenfrei, soweit Anlass und Inhalt ganz oder überwiegend im betrieblichen Interesse liegen Möglichkeit der Finanzierung auf Kredit, der max. für 36 Monate gewährt und „pro rata temporis" getilgt werden kann

Instrument	Wirkung für Arbeitnehmer	Wirkung für Arbeitgeber
Private Nutzung betrieblicher Gegenstände: Laptop, Handy ...	Spart eigene Aufwendungen, damit eine indirekte Gehaltssteigerung	Anerkennung, steuer- und sozialabgabenfrei nach § 3 Nr. 45 EStG
Private Nutzung von Dienst-PKW	Sozialprestige aufgrund des Fahrzeugs Indirekter Finanzvorteil, da keine Vorfinanzierung eines eigenen Wagens Besteuerung/Sozialversicherungspflicht als geldwerter Vorteil	Ausdruck der Wertschätzung für den Arbeitnehmer und Bindung des Arbeitnehmers an das Unternehmen
Geld- und Sachgeschenke an Mitarbeiter	Kostenlose Zuwendung Anerkennung für individuelle Leistung	Möglichkeit der Anerkennung individueller Leistung Obergrenze 40 Euro, ansonsten Pflicht zur Versteuerung und Sozialabgaben
Ausrichtung von Feiern und Betriebsausflügen sowie Geschenke zu Feiertagen wie Weihnachten	Anerkennung für Leistung Möglichkeit, den betrieblichen Zusammenhalt zu stärken und sich informell auszutauschen	Ausdruck von Wertschätzung für die Mitarbeiter, Stärkung der betrieblichen Gemeinschaft und der informellen Kommunikation Wichtig: jährliche Obergrenze von 110 Euro pro Mitarbeiter beachten, da Zuwendungen darüber hinaus zu versteuern sind; genaue Aufzeichnung aller Teilnehmer, Teilnahme muss allen Mitarbeitern offen stehen, maximal zwei Feiern pro Jahr
Teilweise/vollständige Übernahme von Kosten der Kinderbetreuung (Tagesmutter, Kinderkrippe, Kindergarten, Erholung)	Indirekt eine Gehaltserhöhung, da entsprechende Kosten wegfallen	Zeitlich überschaubare Zulage, da auf die vorschulische Zeit beschränkt Durch Entfallen der Sozialversicherungsanteile insgesamt geringerer Aufwand als eine Lohnerhöhung, die dem Arbeitnehmer einen vergleichbaren Beitrag einbringt
(Stand Januar 2008, zur arbeitsrechtlichen Bedeutung von variablen Vergütungsvereinbarungen siehe auch Urteil des Bundesarbeitsgerichts vom 12.12.2007, Az.: 10 AZR 97/07)		Wichtig: Nachweis der tatsächlich entstandenen Höhe (Rechnung, Vertrag), da Zuschüsse über diese Höhe hinaus zu versteuern sind und der Sozialversicherung unterliegen

Im Übrigen besitzen die Nebenleistungen, umgangssprachlich „Goodies", den Vorteil, dass sie von der Dauer der Betriebszugehörigkeit abhängig gemacht werden können und damit den neuen Mitarbeiter zusätzlich an das Unternehmen binden: Wenn der Anspruch auf eine zusätzliche Altersversorgung erst nach fünf Jahren Betriebszugehörigkeit entsteht, wird der Mitarbeiter das Unternehmen nicht ohne Not schon nach vier Jahren verlassen. Ob er das letzte Jahr bis zum Erwerb des Anspruchs auch hochmotiviert arbeitet, steht allerdings auf einem anderen Blatt. Überhaupt hat die Betriebliche Altersversorgung (BAV) wieder erheblich an Bedeutung zugenommen und viele Kandidaten legen Wert auf die Übernahme der BAV bei einem Stellenwechsel.

Die Gewährung von Kostenerstattungen und Reisespesen sollte übrigens extra behandelt werden, möglichst auf den konkreten Anlass verweisen und an die steuerlich gesetzten Grenzen gekoppelt werden. Eine bewährte Standardformel lautet: „Der Arbeitnehmer erhält für dienstlich verursachte Reisekosten eine Erstattung in Höhe der tatsächlich nachgewiesenen Kosten. Die entsprechenden Belege sind nach der Dienstreise einzureichen. Reisespesen werden in Höhe der gesetzlich zulässigen Beträge gewährt." Wer Reisekosten mit den Entgeltkosten vermengt, kann unbeabsichtigt Probleme mit dem Finanzamt bekommen.

Da sich im Steuerrecht regelmäßig Verschiebungen ergeben, empfiehlt sich wiederum die Zusammenarbeit mit Experten. Insofern liegt es nahe, sich als Personalberater frühzeitig ein Netzwerk aus Kooperationspartnern zu schaffen. Dies gilt auch für den nachfolgenden Leistungsbereich der Vertragsberatung.

Des weiteren bieten verschiedene Entgeltvergleiche einzelner Branchenverbände, des Personalverbandes DGFP oder von Unternehmensberatungen wie Kienbaum Management Consultants gute Anhaltspunkte zur aktuellen Entgelthöhe und zum Umfang von Zusatzleistungen. Allerdings ist der Zugang zu derartigen Studien entweder mit einer Schutzgebühr von meist drei-, manchmal auch vierstelliger Höhe verbunden oder mit der Beteiligung an der vorhergehenden Befragung. Im Einzelfall kann es daher sogar nahe liegen, selbst unter den eigenen Kunden oder in einer bestimmten Branche eine eigene Erhebung durchzuführen und diese dann als PR-Instrument wie auch als Informationsbasis einzusetzen.

3.8.2 Vertragsberatung

Eine oft gefragte Serviceleistung ist die Hilfe bei der Erstellung von Arbeitsverträgen für die soeben ausgewählte Person. Wobei bereits an dieser Stelle eine wichtige Präzisierung notwendig ist: Arbeitsverträge sind eine Untergruppe des Dienstvertrages nach § 611 BGB. Ohne dass im Arbeitsrecht eine enumerative Aufzählung (d. h. eine aus juristischer Sicht abschließende und explizit definierende Aufstellung) vorliegt, ist davon auszugehen, dass Arbeitsverträge immer jene Sorte von Dienstverträgen umfassen, mit denen ein Arbeitgeber einen Arbeitnehmer zu einer abhängigen, d. h. weisungsgebundenen Dienstleistung verpflichtet. Die Dienstverträge eines AG-Vorstandes oder eines GmbH-Geschäftsführers sind in dieser Lesart keine Arbeitsverträge. Dennoch soll aus Gründen der Vereinfachung der Begriff „Arbeitsvertrag" durchgängig verwendet werden – es gilt in jedem Fall Vergleichbares zu regeln.

Durch das Rechtsberatungsgesetz sind, wie schon mehrfach betont, den Nichtjuristen enge Grenzen gesetzt. Prinzipiell dürfen nur Rechtsanwälte eine Rechtsauskunft erteilen, für bestimmte Fälle eröffnet das Gesetz auch Ausnahmen. Sofern man als Personalberater nicht über eine Zulassung als Anwalt oder Rechtsbeistand verfügt, kann man unter Umständen durch die Vertragsberatung unter den Verdacht der unzulässigen Rechtsberatung geraten, mit den entsprechenden Folgen. Es ist hingegen bisher nicht untersagt, allgemeine Hinweise zur Vertragsgestaltung (z. B. Umfang und Höhe der Entgelt- und Zusatzleistungen, Erstellen einer Stellenbeschreibung) zu geben. Auch die Abgabe eines von einem Rechtsanwalt geprüften Mustervertrages zählt normalerweise nicht zu den Straftatbeständen des Rechtsberatungsgesetzes. Folglich kann man seinen Kunden durchaus verschiedene Services anbieten, wie z. B.

– Bereitstellung von Musterverträgen (bei Verwendung von Mustertexten der einschlägigen Fachverlage sollte unbedingt das Urheberrecht beachtet werden!), wobei der informative Charakter verdeutlicht werden sollte und ein Hinweis erfolgen muss, dass es sich nicht um Rechtsberatung handelt
– Hinweise auf wichtige Aspekte (z. B. Dauer der Probezeit, Gestaltung der Anstellungsdauer, Aufnahme der Stellenbeschreibung in den Arbeitsvertrag)

- Hinweise auf aktuelle Gesetzesänderungen und Gerichtsurteile, soweit es nicht um konkrete Auslegung geht
- Hinweise auf branchen- oder betriebsübliche Vorgehensweisen, z. B. zur Gestaltung des Entgelt oder des Urlaubs

Sicherheitshalber sollte man bei allen derartigen Aktionen den Auftraggeber schriftlich darauf hinweisen, dass es sich hierbei um eine allgemeine Auskunft oder Hilfestellung handelt, aber nicht um eine Rechtsberatung im Sinne des Rechtsberatungsgesetzes.

Formulierungsvorschlag

„Sehr geehrter Kunde, gerne erhalten Sie von uns ergänzend zum gemeinsamen Projekt einen Mustertext/Vorschlag für einen Anstellungsvertrag. Der Text entspricht aktueller betrieblicher Übung (und wurde in den Punkten Gehalt, Zusatzleistungen … um die Einzelheiten ergänzt, die für die vorliegende Anstellung von Belang ist). Bitte beachten Sie, dass dies keine Rechtsberatung im Sinne des Rechtsberatungsgesetzes beinhaltet. Gerne benennen wir Ihnen im Bedarfsfall einen kundigen Rechtsanwalt."

Achtung: Das seit 1935 gültige Rechtsberatungsgesetz soll zum 01.07.08 durch ein neues „Rechtsdienstleistungsgesetz" abgelöst werden. Soweit rechtliche Auskünfte eine „Nebenleistung" darstellen, sind diese dann möglich durch den Personalberater.

Grundsätzlich sind in einem Arbeitsvertrag folgende Elemente wichtig und können damit Gegenstand einer Vertragsberatung werden:

- *Beginn und Dauer eines Vertrages* (unbefristet bzw. befristet aus wichtigem Grund bzw. Befristung auf maximal fünf Jahre für Organschaftsmitglieder, d. h. Geschäftsführer einer GmbH, Vorstände einer Aktiengesellschaft, sowie Vereinbarungen zu den Verlängerungsoptionen);
- *Bezeichnung der Tätigkeit* (z. B. Abteilungsleiter, Geschäftsführer, leitender Angestellter im Sinne des § 5 BetrVerfG), ggf. mit genauer Beschreibung von Art und Umfang der Tätigkeit („als Niederlassungsleiter Berlin alleinvertretungsberichtigt mit folgendem Aufgabenkatalog <aufzählung>, zuständig für die Niederlassung in Berlin und damit vertretungsbefugt für die Niederlassung Berlin"); mit Beschränkungen

von Belang (alleinvertretungsberechtigt bis zu einer Verpflichtung in Höhe von 25 000 Euro pro Geschäftsvorfall oder bis zu 250 000 Euro Gesamtvolumen pro Geschäftsjahr);

- Hinweis darauf, ob die *Stellenbeschreibung* (falls vorhanden) Bestandteil des Arbeitsvertrages ist oder nur als organisatorisches Hilfsmittel dient, das entsprechend verändert werden kann;
- *Vereinbarung der üblichen Arbeitszeit* (Kernzeit, Gleitzeit), Hinweis auf betrieblich vereinbarte Arbeitszeiten (v. a. in Branchen mit hohem Gewerkschaftseinfluss wie z. B. Metall, Chemie und Pharmazie auch für außertarifliche Angestellte relevant) und ggf. auch Art und Weise der Arbeitszeiterfassung, des Überstundenausgleichs etc.;
- mit der Stelle verbundene *Nebenaufgaben und deren Modalitäten* („Mit der Geschäftsführung der abc GmbH ist auch die Mitgliedschaft im Aufsichtsrat des Tochterunternehmens xyz GmbH verbunden, diese Tätigkeit ist unmittelbar nach Bestellung durch die Gesellschafterversammlung aufzunehmen und zählt als Dienstpflicht. Eine zusätzliche Vergütung hierfür erfolgt nicht. Mit Auflösung dieses Dienstvertrages ist auch der Sitz im Aufsichtsrat niederzulegen bzw. erfolgt eine Abberufung zum nächstmöglichen Zeitpunkt durch die Gesellschafterversammlung");
- *Vereinbarung von branchen- und/oder betriebsbedingten Besonderheiten* (z. B. Verpflichtung zu einem Gesundheitszeugnis in Gastronomie und Lebensmittelindustrie);
- *Verpflichtung des Arbeitnehmers, innerhalb einer bestimmten Frist eine notwendige Ausbildung zu absolvieren* (z. B. Ausbildereignung für Personalleiter) bzw. einen Sachkundenachweis zu erbringen (z. B. in der Entsorgungsbranche für Niederlassungsleiter und deren Stellvertreter erforderlich) und ggf. vereinbarte Kostenübernahme durch den Arbeitgeber;
- bei Geschäftsführern bzw. Vorstandsmitgliedern, die in einem Mehrpersonen-Organ tätig werden, ein *Hinweis auf einen Geschäftsverteilungsplan*, in dem die einzelnen Aufgaben und Zuständigkeiten umrissen sind;
- *Kündigungsmodalitäten und -fristen* (wobei der Gesetzgeber in § 623 BGB ausdrücklich die Schriftform vorschreibt, auf die folglich nicht verzichtet werden kann);
- *Probezeitvereinbarungen* (Dauer, Fristen zur Kündigung);
- *Urlaubsvereinbarungen* (Gesamtdauer, ggf. Beschränkungen auf einen Haupturlaubszeitraum bzw. Ausschlusszeiten aus wichtigem Grund,

Verfahren der Urlaubsbeantragung, Urlaubsplan, Verfahren bei Übertragung in das Folgejahr etc.);
- *Umfang und Modalität der Entgeltzahlung und der Nebenleistungen* (siehe vorigen Abschnitt);
- Hinweise auf den Umgang mit betrieblichen Gegenständen und immateriellen Rechten;
- *ggf. Hinweise auf eine Tendenz des Arbeitgebers* gemäß § 118 Betriebsverfassungesgesetz (dies betrifft Unternehmen und andere Organisationen in Trägerschaft einer Partei, Gewerkschaft oder Kirche sowie Medienunternehmen mit definierter Tendenz, wie sie z. B. die Axel Springer AG in § 3 der Satzung festlegt) und die damit verbundenen Pflichten (z. B. muss der Geschäftsführer eines kirchlichen Unternehmens bei einem Kirchenaustritt mit der fristlosen Kündigung rechnen);
- *Hinweise zum Umgang mit Unternehmensmaterial und Unternehmensdaten bzw. Hinweis* auf eine Schweigepflicht, die über die Beschäftigungszeit hinaus wirkt und bei Verletzung Schadenersatzpflichten nach sich zieht;
- *Konkurrenzausschlussklausel* bei Kündigung durch Arbeitnehmer (Aufzählung der Branche, Dauer des Konkurrenzverbotes);
- *Verbot oder Genehmigung von Nebentätigkeiten;*
- in Einzelfällen Hinweis auf Zweck und Einsatzbereiche von *innerbetrieblich vorhandener Überwachungstechnik* (z. B. Überwachungskameras im Warenlager eines Handelsunternehmens), sofern damit Individualschutzrechte (Persönlichkeitsschutz) betroffen sein könnten;
- eine „*salvatorische Klausel*", also der Hinweis darauf, dass bei Unwirksamkeit einer Bestimmung eine andere Klausel an deren Stelle tritt, die dem Gedanken der unwirksamen Klausel am nächsten kommt, und zudem die anderen Vertragsbestandteile unverändert fortwirken;
- *Ausschluss oder Erlaubnis von mündlichen Nebenabreden.*

Generell gilt: Alle Elemente, die in einem Vertrag fixiert sind, können nur im Einvernehmen geändert werden. Wünscht ein Vertragspartner eine Bestimmung zu ändern, so liegt eine Änderungskündigung vor, zu der man die Zustimmung der anderen Vertragspartei benötigt. Deshalb sollte man vor allem bei der Anlage von Geschäftsverteilungsplänen bzw. Stellenbeschreibungen sehr genau überlegen, ob man diese zum Bestandteil des Arbeitsvertrages macht oder nur als organisatorisches Hilfsmittel verstanden wissen will und dieses möglichst auch ausdrücklich im Arbeitsvertrag so festhält.

3.8.3 Personalentwicklungsberatung

Ein durchaus wichtiges Beratungsangebot kann die Integration des Arbeitnehmers am neuen Arbeitsplatz betreffen. Mit einem Personalentwicklungsplan wird dem neu eingestellten Arbeitnehmer die Möglichkeit gegeben, noch fehlende Kompetenzen systematisch zu erwerben. Gleichzeitig können Arbeitgeber und Arbeitnehmer feststellen, wie erfolgreich die Entwicklungsmaßnahmen wirken. Weiteres dazu in Kapitel 4.

3.8.4 Coaching nach Stellenbesetzung

Wenn ein eingestellter Kandidat fachlich und persönlich den Anforderungen bereits weitgehend entspricht, kann man leicht auf einen ausführlichen Personalentwicklungsplan verzichten. Allerdings kann es erforderlich sein, dem neuen Mitarbeiter einen Coach zur Seite zu stellen, der bei der Integration hilft. Weiteres dazu in Kapitel 6.

3.9 Auftragsabschluss

3.9.1 Grundsätze

Projekte sollten einen formellen Abschluss erhalten. Bei einem Auftrag zur Personalauswahl ist dies normalerweise mit der erfolgreichen Stellenbesetzung oder auch mit der vollständigen Leistung der begleitenden Services gegeben. Für den Personalberater ist dies nun der Zeitpunkt, seine Abschlussrechnung zu schreiben und in einem Projektbericht seine Tätigkeiten nochmals zu dokumentieren. Dort können Sie auch Handlungsempfehlungen für die weitere Zusammenarbeit zwischen Arbeitgeber und neu eingestelltem Arbeitnehmer geben.

Ein Projektbericht enthält also in der Regel Folgendes:

– Auftraggeber, Auftragsziel, Auftragsumfang
– Projektverlauf (stichwortartig)

– erzielte Ergebnisse, auch die Ergebnisse der Zwischenschritte
– Empfehlungen für die weitere Integration des ausgewählten Kandidaten im neuen Unternehmen
– Dank für den Auftrag und die Bereitschaft, auch in Zukunft wieder zusammenzuarbeiten
– Anlagen, wie z. B. Anzeigentexte und Mediapläne, Bewerberaufstellungen, Auswertungen usw.

Neben der dokumentarischen und der psychologischen Wirkung – es macht sich besser, wenn der Rechnung über mehrere zehntausend Euro auch ein Tätigkeitsnachweis beigefügt wird – kann der Beratungsbericht in den Einzelfällen wichtig werden, in denen es zu einer unterschiedlichen Auffassung über die Auswahlergebnisse kommt. Der Bericht bietet Ihnen dann eine wichtige Argumentationsbasis. Der Umfang des Berichts sollte allerdings mit dem Kunden abgestimmt werden. Aller Erfahrung nach werden 95 Prozent der Berichte ungelesen oder nach kurzem Querlesen im Aktenschrank weggeschlossen. Es ist auch nicht empfehlenswert, dünne Ergebnisse mit dicken Berichten aufzublähen. Weiteres dazu in Kapitel 8.

> Es hat sich bewährt, Musterberichte und Textbausteine für die Berichterstellung vorzubereiten. Mithilfe vorbereiteter Texte lässt sich ein Personalberatungsbericht in ungefähr ein bis zwei Stunden erstellen.

3.9.2 Möglichkeiten der Nachfassarbeit

Zu drei verschiedenen Terminen haben Sie als Personalberater die Chance, nochmals Kontakt mit dem ausgewählten Kandidaten und mit Ihrem Auftraggeber aufzunehmen:

– unmittelbar nach Arbeitsaufnahme, wenn die ersten Tage vorbei sind: Ist alles in Ordnung? Wurde man freundlich aufgenommen?
– vor Ende der Probezeit: Ist alles in Ordnung? Wie ist der Eindruck von der neuen Arbeitsstelle bzw. vom neuen Mitarbeiter? Gibt es Defizite (aus denen eine Kündigung resultieren kann?) Wird das Arbeitsverhältnis über die Probezeit hinaus fortgeführt?

– nach einem Jahr: Ist die Integration ins das Unternehmen gelungen? Sind eventuelle Defizite inzwischen beseitigt? Wie sind die Entwicklungsperspektiven? Evtl. Frage nach der Wirksamkeit der Coaching- und Personalentwicklungsmaßnahmen

Am besten kündigen Sie dem Auftraggeber bereits bei der Auftragsvereinbarung und dem Kandidaten bei der Vertragsunterzeichnung an, dass Sie sich wieder melden werden. So vermeiden Sie Überraschungen.

3.10 Genormte Personalauswahl und Personalentwicklung nach DIN 33430 – Ein Exkurs

Am 25. Juni 2002 legte das Deutsche Institut für Normung die DIN 33430 mit dem Titel „Anforderungen an Verfahren und deren Einsatz bei berufsbezogenen Eignungsbeurteilungen" vor (siehe auch WESTHOFF u. a. 2004). Diese Norm hat einen an sich sehr interessanten Ansatz und versteht sich als Hilfestellung für alle, die Personalauswahl betreiben. Konkret soll die DIN 33430

– unterschiedliche Standards in der Personalauswahl nivellieren,
– die angewandten Methoden transparenter und zuverlässiger gestalten helfen,
– sicherstellen, dass die Würde des Beurteilten nicht verletzt wird,
– und insgesamt die Ergebnisse der Personalauswahl und Personalbeurteilung qualitativ verbessern.

Inhaltlich umfasst die DIN 33430 im Wesentlichen folgende Auswahlschritte:

– Anforderungsanalyse: Ableitung von Anforderungen an den Bewerber aus der Stellen- und Tätigkeitsbeschreibung
– Auswahl geeigneter Instrumente, die die zuvor ermittelten Anforderungen nachvollziehbar überprüfen können
– Durchführung der Eignungstests nach den Vorgaben der DIN
– Dokumentation der Ergebnisse
– angemessene Auswertung der Ergebnisse
– Information des Unternehmens und der Bewerber

Dieser Katalog umfasst damit im Prinzip alle Formen und Arten der Personalauswahl. Formal berührt die DIN 33430 folgende Elemente:

- *den Prozessablauf:* ausführliche Planung, einschließlich Anforderungsanalyse und der notwendigen Auswahlaspekte, Festlegung der Bewertungs- und Auswertungsschritte, Dokumentationspflichten mit nachvollziehbaren Schritten und Ergebnissen;
- *die Qualifikation des verantwortlichen Auftragnehmers,* d. h. der verantwortlichen Person, die ausreichende Kenntnisse über Anforderungsanalysen besitzt und die Fähigkeit, Auswahlverfahren adäquat anzuwenden, dazu ausreichende Kenntnisse in Statistik (sic!) und Evaluationsmethodik sowie umfassende Kenntnisse bezüglich der Leistungsfähigkeit und Grenzen von Beurteilungsverfahren;
- *die Qualifikation der „Mitwirkenden",* also aller weiterer Beteiligten, um die angewandten Instrumente zu beherrschen, ggf. nach einer entsprechenden Einweisung;
- *die Verfahren:* mit einem Bezug zu den festgestellten Anforderungsaspekten, Dokumentation der Eignung für das zugrunde liegende Auswahlziel mit regelmäßiger Überprüfung (zumindest alle acht Jahre);
- *die Urteilsbildung:* mit einer expliziten Verantwortung des Auftragnehmers für die Festlegung der Regeln und deren Befolgung stringent zu den anforderungsrelevanten Aspekten, einschließlich eines sicheren Belegens aller Aussagen über einen Menschen, womit der Personalberater für die korrekte Abbildung der Urteile verantwortlich ist (!).

Diese Kriterien sind weitgehend nachvollziehbar und referieren einen eigentlich selbstverständlichen Standard in der Personalauswahl. Die Urheber der DIN 33430 legen es daher den Auftraggebern nahe, diese Norm zum Vertragsbestandteil von Personalauswahl- und Beurteilungsaufträgen zu machen. Allerdings gilt: Diese Norm besitzt keinen rechtsverbindlichen Charakter! Die Norm ist der breiten Öffentlichkeit und sogar vielen Personalverantwortlichen bis heute nicht oder kaum bekannt. Ob sich dies noch ändern wird ist fraglich. Vielleicht liegt es einfach daran, dass sich das Individuum Mensch eben nicht so normieren lässt wie z. B. Schrauben und Dübel! Vielleicht wird die Norm in öffentlichen Unternehmen und Einrichtungen, oder auch in Großunternehmen mit einer starken Mitarbeitervertretung, zukünftig noch an Bedeutung gewinnen.

Bei öffentlichen Auftraggebern erklärt sich das aus ihrer Affinität für Vorgaben und genormte Verfahrensweisen, um die Korrektheit des Verfahrens zu gewährleisten. Denn mehr als einmal wurden Personalentscheidungen nicht allein von der Mitarbeitervertretung hinterfragt, sondern auch vom unterlegenen Bewerber vor Verwaltungsgerichten angefochten. Wer als Entscheider dann nachweisen kann, dass er relevante Normen penibel beachtet hat, besitzt allemal die besseren Karten.

Unabhängig vom öffentlich-rechtlichen oder privatwirtschaftlichen Status des Anstellungsträgers, erhält die Mitarbeitervertretung mit der DIN 33430 ein Instrument an die Hand, mit dessen Hilfe sie das unter § 95 Betriebsverfassungsgesetz (BetrVerfG) bzw. den korrespondierenden Bestimmungen im öffentlichen Dienstrecht verbriefte Recht der Mitbestimmung über Auswahlgrundsätze umsetzen kann. Auch wenn der Personalberater für die Mitbestimmung in einem Unternehmen nicht verantwortlich ist: Sollen also Mitarbeiter für ein Unternehmen mit Betriebsrat ausgewählt werden, so sollte ein Personalberater folgende Punkte prüfen:

– Ist die auszuwählende Person ein Organschaftsmitglied im Sinne des § 5 II Nr. 1 BetrVerfG oder ein leitender Angestellter im Sinne des § 5 III BetrVerfG? In diesem Fall kann der Betriebsrat über die Auswahlrichtlinien normalerweise nicht mitbestimmen;
– Wenn der Betriebsrat mitbestimmt: Hat das Unternehmen mit dem Betriebsrat bereits eine Vereinbarung über die Auswahlgrundsätze getroffen? Wie sind diese inhaltlich gestaltet und auf welche Personenkreise erstreckt sich die Vereinbarung?
– Basiert die Vereinbarung auf der DIN 33430?

Ob die Auswahlentscheidungen durch die DIN-Norm auch qualitativ besser werden, kann dahingestellt bleiben. Das wird die Praxis zeigen. Unabhängig von den durchaus lobenswerten Vorsätzen der Initiatoren bringt die DIN 33430 für Personalberater aber insgesamt zusätzliche Bürokratie und Erschwernisse, die zu häufig nicht im Verhältnis zum vermeintlichen Qualitätsgewinn stehen. Die notwendige Fortbildung ist da noch das Geringste. Denn wenn Auswahlverfahren validiert sein müssen, geht das wichtigste Kapital erfahrener Berater unter, nämlich ihr „Bauchgefühl“, das keinen Normen gehorcht. Zur Legitimation von Entscheidungen müssen dann Schein-Kriterien gefunden werden.

Und die DIN-Forderung, Methodenkenntnisse auch in quantitativen Auswertungsverfahren nachzuweisen (die angeführten Statistikkenntnisse), lässt viele Aspekte der qualitativen Personalauswahl außen vor. Wie will man mit statistischen Messverfahren überprüfen, ob ein bestimmter Bewerber in eine Geschäftsführung oder eine Abteilung passt? Normen sind da fehl am Platze. (Vielleicht sollte man zuerst eine Norm für die Personen einführen, die Normen aufstellen.)

Diese Überlegungen haben einen sehr ernsten Hintergrund. Gerade kleinere Personalberatungsunternehmen werden sich in ihrer Existenz bedroht sehen, wenn sie ihre Auswahlverfahren nach den Grundsätzen dieser Norm überprüfen lassen müssen. Zudem können die Vorgaben den Beratungsaufwand deutlich erhöhen und damit solche Kosten verursachen, die Personalberatung gerade für kleinere Unternehmen unerschwinglich machen wird. Der von einigen Experten errechnete Mehraufwand wird sich nämlich nur dann auf ein erträgliches Maß reduzieren lassen, wenn das Auswahlverfahren sehr oft wiederholt wird. Das dürfte eher in der Großindustrie der Fall sein als in Klein- und Mittelunternehmen, und es wird eher für standardisierbare Aufgaben wie die Trainee-Auswahl gelten als für die Auswahl eines Geschäftsführers. Es drängt sich – böse gesprochen – der Verdacht auf, dass die DIN 33430 als eine Arbeitsbeschaffungsmaßnahme für arbeitslose Psychologen gedacht war.

4 Beratung in der individuellen Personalentwicklung

4.1 Grundlagen

Personalentwicklung (PE) bedeutet, Mitarbeiterinnen und Mitarbeiter in den verschiedensten Bereichen zu fördern, in denen ihre Arbeitskraft und ihr Engagement für das Unternehmen wichtig sind. Dazu zählen:

– Führungskompetenzen (z. B. die Fähigkeiten zur Motivation und Delegation, das Führen von Kritikgesprächen, Techniken der Zielvereinbarung),
– Fachkompetenzen (Produktkenntnisse, EDV etc.),
– Persönlichkeitsentwicklung (Rhetorik, Zeitmanagement, Umgang mit Stress usw.),
– Teamfähigkeiten (u. a. die Fähigkeiten der Zusammenarbeit, Kommunikation, Problemlösung, Moderationstechniken und Entscheidungsfindung),
– Innovationsfähigkeiten (Kreativitätstechniken, Qualitätszirkel),
– Kundenorientierung (Gesprächsführung in persönlicher Begegnung, am Telefon etc.).

Mit Hilfe der Personalentwicklung sichern Unternehmen und Mitarbeiter sich gegenseitig ab. Die Mitarbeiter können aufgrund der weiter entwickelten Fähigkeiten und Fertigkeiten mehr produzieren, besser produzieren, neue Produkte entwickeln etc., womit das Unternehmen seine Wettbewerbsposition stärkt. Durch die zusätzlich gewonnenen Kenntnisse werden die Mitarbeiter aber auch ihre Anstellungsfähigkeit (neudeutsch „employability") erhalten, vielleicht sogar ihren Marktwert steigern. Das Unternehmen wiederum kann aufgrund der verbesserten Wettbewerbslage sichere Arbeitsplätze anbieten und die Mittel bereitstellen, die für PE-Maßnahmen erforderlich sind.

Dies ist bereits das nächste Stichwort: Personalentwicklung erfordert Geld, Zeit und innere Beteiligung (Aufnahme des vermittelten Wissens, Umsetzung in betriebliches Handeln). Damit ist Personalentwicklung aus betriebswirtschaftlicher Perspektive eine Investition in Menschen, analog der Anschaffung oder Modernisierung einer Maschinenanlage. Doch da endet die Analogie auch schon: Denn das Problem besteht darin, die Wirkungsweisen und vor allem die Erfolge der Personalentwicklung so darzustellen, dass die Entscheidungsträger den erzielten Nutzen beurteilen können. Zunächst aber zur Vorgehensweise.

4.2 Stellung der Personalentwicklung im Beratungsprozess

Personalentwicklung kann jederzeit unabhängig von Stellenbesetzungen durchgeführt werden, wenn bei einem oder mehreren Mitarbeitern bereits Entwicklungsbedarf erkennbar wird, z. B. aufgrund neuer Aufgabenzuweisungen (Beförderungen, „job rotation"), aufgrund der Einführung neuer Techniken (z. B. Einführung eines neues Redaktionssystems in einer Zeitungsredaktion) oder im ungünstigen Fall aufgrund unzureichender Aufgabenerfüllung. Die Zielrichtungen sind:

– Definition des Profils für die neue Herausforderung
– Abgleich des vorhandenen Profils mit dem erforderlichen Profil (Soll-Ist-Profil als Ergebnis)
– Definition der notwendigen Maßnahmen, um die Lücken zwischen Soll und Ist zu schließen, einschließlich eines Zeitplans (bis wann sind die einzelnen Schritte zu absolvieren?) und eines Budgets (mögliche Kosten, möglicher Zeitaufwand, z. B. für eine Freistellung zum Besuch von Seminaren etc.)

Notfalls muss durch Evaluationstechniken (Bestandsaufnahme anhand von standardisierten Vorlagen, Einzelassessments, Management Appraisals, Leistungstests usw.) das momentane Leistungsvermögen geprüft und darauf aufbauend der konkrete Entwicklungsbedarf bestimmt werden.

Nach der Neubesetzung einer Stelle bietet sich die beraterische Begleitung und Personalentwicklung des neuen Mitarbeiters an, um dessen erfolgreiche Einarbeitung am neuen Arbeitsplatz zu sichern und langfristige

Entwicklung im Unternehmen zu unterstützen. Auch hierzu kann ein Soll-Ist-Profil entwickelt und mit einem geeigneten Maßnahmenplan unterfüttert werden. Ein PE-Plan hat in diesem Fall folgende Aufgaben:

- *die arbeitsplatzqualifizierende Einarbeitung:* Welche Unterweisung muss erfolgen, um am neuen Arbeitsplatz die zugewiesenen Aufgaben fachlich ausreichend wahrnehmen zu können (z. B. das Erlernen einer unternehmensspezifischen Software, ebenso auch Vermittlung noch fehlender Kenntnisse und Prüfungen, um die Stelle wahrzunehmen, z. B. die Ausbildereignungsprüfung nach AEVO absolvieren)?
- *die formalorganisatorische Einbindung:* An welchen Gremien, Konferenzen, Arbeitskreisen etc. sollte der neue Mitarbeiter teilnehmen, um entsprechend seiner Aufgabe die notwendigen Informationen zu erhalten und in die relevanten Entscheidungsprozesse eingebunden zu werden (z. B. die Moderation von Gruppenarbeiten und Arbeitskreisen, anhand einer ausgewählten Moderationsmethode nach der Metaplan- oder der Moderatio-Methode etc.)?
- *das persönliche Einleben:* die Begleitung im Sinne eines Mentorings oder Coachings, um die neuen Eindrücke und Erlebnisse zu verarbeiten und die Sensibilität für erfolgskritische Verhaltensweisen zu wecken bzw. zu stärken.

Hierzu bietet es sich an, für die ersten drei, sechs oder zwölf Monate ein Einarbeitungs- und PE-Programm aufzustellen. Welche Möglichkeiten es dazu gibt und wie Sie den Bedarf praktisch erheben, erfahren Sie in den folgenden Abschnitten.

4.3 Möglichkeiten der Aus- und Weiterbildung

Grundsätzlich stehen eine Fülle an Aus-, Fort- und Weiterbildungsangeboten zur Verfügung, die sich anhand ihrer Trägerschaft, ihrer gesetzlichen Vorgaben und anderer Elemente wie Geld- und Zeitaufwand oder Eingangsvoraussetzungen voneinander unterscheiden.

4.3.1 Angebote des tertiären Bildungssektors

Die Bildungsangebote des tertiären Bildungssektors werden in der Regel auf curricularer Basis angeboten und mit einer staatlichen oder einer vergleichbaren Abschlussprüfung beendet. Sie unterliegen bestimmten Eingangsvoraussetzungen, wie z. B. eine Schulausbildung, eine Berufsausbildung in einem nach dem Bundesbildungsgesetz anerkannten Ausbildungsberuf oder eine bestimmte Berufserfahrung. Dazu zählen vor allem:

– Fachschulausbildungen, die eine abgeschlossene Berufsausbildung und/oder Berufspraxis voraussetzen und mit einer Prüfung abschließen (z. B. bei einer Hotelfachschule mit dem Diplom zum staatlich geprüften Hotelfachwirt)
– Studiengänge an Universitäten, Fachhochschulen, Berufsakademien, deren erfolgreicher Besuch mit einem Hochschuldiplom, einem Magisterabschluss, einer Doktoratsurkunde oder seit kurzem auch mit einem Bachelor- oder Master-Abschluss bestätigt werden, wobei deren Qualität zum Teil sehr schwankend ist
– Studiengänge an privaten Akademien (z. B. Bayerische Akademie der Werbewirtschaft mit ihren Ausbildungsgängen zum Fachwirt für Direktmarketing etc.)
– Fachlehrgänge der Industrie- und Handelskammern und anderer berufsständischer Vereinigungen (z. B. Lehrgang zum Personalfachkaufmann oder Bilanzbuchhalter, Steuerberaterprüfung, Ausbildereignungsprüfung etc.)

Der Vorteil dieser Ausbildungsgänge beruht auf einer gewissen Standardisierung der Ausbildungsinhalte und damit einer relativ guten Transparenz, so dass zumindest über den theoretischen Nutzen der Ausbildung kaum Zweifel bestehen. Die Akkreditierung eines Studienganges durch eine anerkannte Stelle kann dafür ein weiteres Argument sein. Zudem wird durch die EU-Verpflichtung, in Zukunft ein so genanntes „diploma supplement" allen akademischen Zeugnissen anzuhängen, die europaweite Vergleichbarkeit etwas verbessert. Nachteilig sind der hohe Zeitaufwand sowie die Gebühren, die zumindest mit IHK-Lehrgängen, dem Besuch von privaten Akademien oder einem Zweitstudium an einer staatlichen Hochschule verbunden sind. In der Zeit der Ausbildung sind die

Mitarbeiter nur begrenzt im Unternehmen verfügbar. Zudem verbinden die Mitarbeiter mit der Ausbildung eine höhere Kompetenz, die sie in höherem Einkommen und/oder einem vergrößerten Verantwortungsbereich wieder finden wollen.

4.3.2 Fachspezifische Fortbildungsmaßnahmen

Eine große Anzahl an Verbänden, gemeinnützigen Organisationen und professionellen Weiterbildungsinstituten bietet Fortbildungen an, in Form von Seminaren, Tagungen und Kongressen, Erfahrungsaustauschgruppen („Erfa-Gruppen"), Supervisionsgruppen (in Berufen mit hoher mentaler Belastung), Planspielen, Simulationen und auch als Trainingsmaßnahmen.

Diese Fortbildungsmaßnahmen stehen in der Regel für sich und können mit einem verhältnismäßig geringen Aufwand von mehreren Stunden oder Tagen absolviert werden. Je nach Angebot werden sie extern oder im Unternehmen („inhouse") durchgeführt. Sie verlangen in der Regel keine formalen Eingangsvoraussetzungen, auch wenn der Teilnehmerkreis und der zu behandelnde Stoff gewisse Grenzen zieht. Folglich müssen der Teilnahmepreis, der Veranstaltungsort und vor allem die nachgewiesene Kompetenz des Anbieters für die Qualität stehen. Qualitäts-Checks wie derjenige der „Süddeutschen Zeitung" in ihren Samstagsausgaben (unter der Rubrik Stellenmarkt/Beruf und Karriere) sind erste Ansätze, die aber (noch?) keine flächendeckende Bewertung ermöglichen.

4.3.3 Innerbetriebliche Fortbildungsprogramme

Die dritte große Gruppe an Fortbildungsmaßnahmen umfasst betrieblich organisierte Angebote, die eine Weiter- oder Höherqualifizierung nach bestimmten Standards vorsehen. Ihre Inhalte sind aber normalerweise nicht formal zertifiziert. Dazu zählen insbesondere:

– Traineeprogramme
– Teilnahme an Fördergruppen
– Praktika bzw. Hospitanzen in anderen Abteilungen, um neue oder andere Arbeitsfelder kennen zu lernen
– Praktika bzw. Hospitanzen in anderen Unternehmen, um vergleichbare Arbeitsabläufe zu studieren und für eigene Anwendungen zu übernehmen
– „job rotation" (Tausch mit anderen Arbeitsplätzen), auf Zeit oder unbefristet
– „job enrichment" (Übertragung einer umfangreicheren Verantwortung, einer weitergehenden Bearbeitung der Aufgaben)
– „job enlargement" (Übertragung von mehr Aufgaben)

Die einzelnen Maßnahmen sind am wirksamsten, wenn sie die individuellen Voraussetzungen des Kandidaten mit einbeziehen, was inzwischen meistens auch der Fall ist.

Teilnehmer an Seminaren, Kursen etc. freuen sich immer, wenn sie ein Zertifikat erhalten, um so gegenüber Arbeitgeber und bei zukünftigen Bewerbungen ihre Weiterbildungsbereitschaft zu dokumentieren. Dazu sollte jeder Teilnehmer eine Urkunde im Format DIN A 4 erhalten (ob auf einfachem Papier oder einer höherwertigen Kartonage, ist unerheblich), die die wesentliche Punkte dokumentiert:

Teilnahmebestätigung/Zertifikat: Herr/Frau xy hat am <datum> am Kurs/Seminar <titel> in <ort> mit Erfolg teilgenommen. Inhalte des Kurses/Seminars waren: (kurze stichwortartige Aufzählung von drei bis acht wesentlichen Elementen, ggf. als Spiegelstrichaufzählung. Der Kurs stand unter Leitung von <referentenname>. Ort, Datum, Unterschrift des Ausstellers, Bezeichnung des Veranstalters.

Je nach Gusto kann dieser Text variiert werden.

4.3.4 Individuelle Maßnahmen

Selbstverständlich helfen auch individuell ergriffene Maßnahmen weiter, sei es die Lektüre von Fachbüchern oder (etwas kostspieliger) Coachinggespräche und Karriereberatung. Solche Maßnahmen leben davon, dass sie der Einzelne motiviert und diszipliniert nutzt.

4.4 Anwendungsbeispiel

Sie sind eingeladen! Überprüfen Sie Ihre eigenen Fähigkeiten, eine PE-Bedarfssituation zu analysieren und einen Lösungsvorschlag zu erarbeiten. Gehen Sie dabei von einem Budget von maximal 2 000 Euro aus und einem Zeitraum von maximal sechs Monaten, in denen die einführenden PE-Maßnahmen absolviert sein müssen.

Die Situation

Die Gesellschafter einer Buchhandels-GmbH bestellen eine neue Geschäftsführerin. Die Buchhandlung hat zwei Standorte in einer Universitätsstadt (ca. 250 000 Einwohner, davon 14 000 Studenten) mit 900 qm Verkaufsfläche (Innenstadt-Geschäft) und 120 qm Verkaufsfläche (Filiale in Universitätsnähe). Es werden insgesamt 33 Mitarbeiterinnen und Mitarbeiter in Vollzeit und Teilzeit (einschließlich mehrerer studentischer Aushilfen) beschäftigt, einschließlich drei Auszubildenden. Die Buchhandlung erzielt einen Jahresumsatz von ca. 5,5 Mio. Euro.

Die Daten der neuen Geschäftsführerin

35 Jahre alt, nach der Mittleren Reife Berufsausbildung zur Buchhändlerin, danach 2 Jahre im Ausland, (1 Jahr Au pair in Frankreich, 1 Jahr Aushilfe im Buchhandel im einem britischen Fremdenverkehrsort), dann 3 Jahre wieder im Buchhandel (allgemeines Sortiment), dabei Fachabitur (Abendschule), an-schließend Studium der Betriebswirtschaft mit dem Abschluss Diplom-Betriebswirtin (FH). Vor der Berufung zur Geschäftsführerin war sie 7 Jahre bei einem Buchverlag, zunächst 4 Jahre lang als Abteilungsleiterin im Versandhandel (2 Mitarbeiter, 550 000 Euro Jahresumsatz, anschließend 3 Jahre lang als Leiterin der stationären Buchhandlung des Verlages mit 5 Mitarbeiterinnen und einem Jahresumsatz von ca. 1 Mio. Euro Umsatz). Die Gesellschafter sehen in der neuen Geschäftsführerin eine Person mit viel Potenzial, aber auch einigen Schwächen. Sie wollen ihr durch Personalentwicklung und Coaching die Einarbeitung erleichtern.

Die ersten Fragen lauten:

– Welche Stärken und Schwächen hat die Geschäftsführerin?
– Was sollte sie unternehmen, um die neue Stelle gut auszufüllen?

Auf der Basis des folgenden Fragebogens können Sie als Personalberater zunächst einmal ein Profil erstellen und anschließend Entwicklungsmaßnahmen vorschlagen:

Bestimmung des Soll-Ist-Profils

Hinweis:

- Soll-Profil mit grünem Stift eintragen: 1 = sehr wichtig, 2 = wichtig, 3 = eher wichtig, 4 = eher unwichtig, 5 = unwichtig, 6 = absolut unwichtig
- Ist-Profil mit rotem Stift eintragen: 1 = stark ausgeprägt, 2 = deutlich ausgeprägt, 3 = erkennbar ausgeprägt, 4 = eher nicht vorhanden, 5 = nicht vorhanden, 6 = deutlich nicht vorhanden

Fachliche Qualifikationen

Sortimentskenntnisse Buch	1	2	3	4	5	6
Sortimentskenntnisse Nonbook (z. B. CDs)	1	2	3	4	5	6
Schaufenstergestaltung/Ladengestaltung	1	2	3	4	5	6
Marketingkenntnisse	1	2	3	4	5	6
Kostenrechnung	1	2	3	4	5	6
Controlling	1	2	3	4	5	6
Personalwesen	1	2	3	4	5	6
Ausbildereignung (AdA/AEVO)	1	2	3	4	5	6
Arbeitsrecht	1	2	3	4	5	6
Handelsrecht	1	2	3	4	5	6
Zivilrecht	1	2	3	4	5	6
Wettbewerbsrecht	1	2	3	4	5	6
Recht Sonstiges _____	1	2	3	4	5	6
EDV-Textverarbeitung	1	2	3	4	5	6
EDV-Buchhaltung	1	2	3	4	5	6
EDV-Tabellenkalkulation	1	2	3	4	5	6
EDV-Warenwirtschaftssysteme	1	2	3	4	5	6
allgemeine Kenntnisse EDV-Hardware	1	2	3	4	5	6
EDV Sonstiges: _____	1	2	3	4	5	6
Fremdsprache Englisch	1	2	3	4	5	6
Fremdsprache Französisch	1	2	3	4	5	6
Fremdsprache _____	1	2	3	4	5	6

Soziale Qualifikationen

Führungsfähigkeit	1	2	3	4	5	6
Moderation	1	2	3	4	5	6
Gesprächsführung	1	2	3	4	5	6
Konfliktbearbeitung	1	2	3	4	5	6

Persönliche Qualifikationen

Rhetorik	1	2	3	4	5	6
Selbstorganisation	1	2	3	4	5	6

erstellt am: _____ durch: _____

Dieses Profil kann natürlich bei Bedarf erweitert, ergänzt oder auch verkürzt werden: So wird im vorliegenden Beispiel den Fremdsprachenkenntnissen eher keine Rolle zukommen, hingegen den Führungskompetenzen eine große. Denn der Sprung von der Verantwortung für ein kleines Team mit einem relativ kleinen Umsatzvolumen auf eine Stelle mit einer im Buchhandel sehr umfangreichen Verantwortung ist beträchtlich, und dieser Sprung will gut abgesichert sein. Das skizzierte Profil bietet somit die Gewähr, dass zum einen alle relevanten Kriterien besprochen werden und zum anderen ein Entwicklungsprofil entsteht. Dieses Entwicklungsprofil ergibt sich dort, wo die rot markierten Werte schwächer ausgeprägt sind als die grün markierten Werte.

Eine andere Möglichkeit besteht darin, die Kriterien in ein Formblatt einzutragen, in dem in der ersten Spalte die Kompetenzen stehen, und in den nächsten Spalten die Bereiche „Grundkenntnisse", „alltägliche Anwendung", „Anwendung auf Führungsebene" und „Anwendung auf Trainerebene". Diese Einteilung wird vor allem der Führungsposition einer Person gerecht, aber zeigt das Entwicklungsdefizit nicht so gut auf.

Nach der Bestandsaufnahme und des daraus abgeleiteten Entwicklungsbedarfs kommt es darauf an, geeignete Maßnahmen zu entwickeln. Dazu bietet sich ein weiteres Schema an, in dem zum einen die PE-Schritte definiert werden, zum anderen aber auch das Zeit- und Geldbudget und vor allem die Erfolgskriterien. Im Beispiel muss man davon ausgehen, dass die neue Führungskraft möglichst kurzfristig zur Verfügung stehen soll, die Zeitkomponente also wichtig ist. Das vorgesehene Geldbudget wird in der Regel nicht mehr als 3 000 – 4 000 Euro umfassen, zu undeutlich sind Aufwand und Nutzen für die meisten Auftraggeber miteinander verwoben. Neben einem Beratungshonorar von vielleicht 1 000 – 1 500 Euro (dem steht ein durchschnittlicher Beratungsaufwand von ca. 1,5 bis 2 Tagewerken gegenüber) stehen folglich nur noch 2 000 bis maximal 3 000 Euro zur Verfügung. Von daher sollte man sich auf die Auswahl von wenigen, aber dafür gut geplanten Maßnahmen beschränken und diese mit einem konkreten Entwicklungsziel verbinden.

Im Beispiel kommt es darauf an, die Führungskompetenzen der neue Geschäftsführerin zu verbessern und sie für ihre eigenen Stärken und Schwächen zu sensibilisieren. Neben themenspezifischen Seminaren liegt hier die Begleitung durch einen Coach in der Einarbeitungszeit nahe.

Außerdem sollten noch vorhandene Lücken im Fachwissen geschlossen werden. Nachfolgend der seinerzeit vorgeschlagene Maßnahmenplan:

Definition der erforderlichen PE-Maßnahmen

Ziel der PE-Maßnahme	Inhalte und Einzelschritte	Zeitraum Erforderliches Budget	Kriterien der Zielerreichung
Konfliktführung	Tagesseminar zur Gesprächsführung Tagesseminar zur Konfliktbewältigung Angebot eines Führungs-Coaches	In den nächsten 6 Monaten Ca. 1 300 Euro für die beiden Tagesseminare Ca. 700 Euro für das Coaching (6 – 7 Sitzungen à 100 Euro)	Konflikte werden partnerschaftlich bewältigt erkennbar an der Fluktuation der Mitarbeiter/dem Klima, Selbsteinschätzung der neuen Leiterin
Einführung in das buchhändlerische EDV-Warenwirtschaftssystem (WWS)	Einführung in das EDV-System durch Systembetreuer	Innerhalb der nächsten 4 Wochen, ca. 150 Euro für zweistündige Unterweisung	Selbständige Auswertung der WWS-Daten
Usw.			
Abschlussgespräch mit Berater	Reflektion der bisherigen Einarbeitung und des „Wohlfühlens", sowohl mit Geschäftsführerin als auch mit Gesellschaftern	Nach ca. 5 – 6 Monaten Einarbeitungszeit (Ende Probezeit!), ca. 250 Euro Beratungshonorar	Selbsteinschätzung der Geschäftsführerin, Einschätzung der Gesellschafter, ggf. kurze Umfrage unter ausgewählten Mitarbeitern, Auswertung wichtiger Umsatz-Kennzahlen als Indikator für die Leistungsfähigkeit (gibt es eine nichtsaisonale Entwicklung, die mit dem Wirken der neuen Geschäftsführerin in Zusammenhang gebracht werden kann?)

Sie haben eine Problematik sicher schon bemerkt: Wie kann man die Erfolgskriterien sinnvoll definieren? Bei einer EDV-Schulung lässt sich der Schulungserfolg relativ leicht nachweisen – kann der Betreffende das System sicher bedienen oder nicht? Dazu kann man notfalls Arbeitsaufgaben stellen. Ob aber eine Unterweisung in Führungsverhalten und Konfliktmanagement den erhofften Erfolg mit sich bringt, kann nur – wie im Beispiel dargestellt – indirekt erhoben werden. Hierzu ist es hilfreich, mehrere Kriterien zu definieren, die zusammen ein verlässliches Bild ergeben können. Generell stehen zur Verfügung:

- Die Zufriedenheit des PE-Teilnehmers mit seiner Maßnahme
- Die Zufriedenheit der Vorgesetzten mit dem Leistungsbild des PE-Teilnehmers
- Eine gesteigerte Arbeitsmenge und Leistung
- Die Bewährung in einer neuen, höherwertigen Aufgabe
- Die Übernahme zusätzlicher Aufgaben
- Die sichere Bewältigung bisher problematischer Situationen
- Indirekt auch die Zufriedenheit der zugeordneten Mitarbeiter und Kollegen

> Die Erfolgskriterien für eine PE-Maßnahme erarbeitet man am besten in Zusammenarbeit mit der betreffenden Person, damit diese ein Gefühl für die eigene Entwicklung bekommt.

Die Elemente der Erfolgskontrolle gelten prinzipiell auch für das nun vorgestellte Coaching.

4.5 Coaching als Personalberatungsinstrument

4.5.1 Grundsätze des Coachings

Unter Coaching versteht man die professionelle Begleitung einer Person (dem „Coachee") durch einen Berater oder Trainer (dem so genannten „Coach") bei der Ausübung von komplexen Handlungen. Dabei möchte man dem Coachee ermöglichen, seine Handlungsweisen zu reflektieren und im Hinblick auf ein bestimmtes Ziel zu optimieren.

Dieser Begriff kommt ursprünglich aus dem Sport, hat aber wie so manches andere den Weg in die Betriebswirtschaftslehre und auch in andere Bereiche gefunden. So lassen sich Mediziner in leitenden Stellungen ebenso coachen wie Seelsorger oder auch Manager aller Branchen. Gegenstand des Coachings können sowohl Themen aus dem persönlichen wie aus dem beruflichen Kontext sein. Den größten Erfolg erzielt das Coaching dann, wenn es gelingt, die beruflichen und die privaten bzw. persönlichen Ziele und Vorhaben in Einklang zu bringen („work-life-balance").

Coaching beruht darauf, dass der Coach gemeinsam mit seinem Coachee dessen Lebenssituation mit allen Stärken und Schwächen, Chancen und Risiken zunächst einmal unkommentiert aufnimmt. In einer zweiten Gesprächsrunde wird der Coachee dann:

– Zukunftsüberlegungen entwickeln, wohin er möchte,
– warum er dies möchte,
– welche Vorteile er davon hat und gegebenenfalls auch welche Einschränkungen er dafür hinnehmen muss,
– was er unternehmen muss, um diese Zukunftsvisionen umzusetzen,
– und wie der Erfolg der einzelnen Maßnahmen und Entwicklungsschritte überprüft werden kann.

Dem Coach kommt dabei die Rolle des Beraters zu, der durch kluge Fragen, Provokationen etc. die Vorstellungen des Coachees auf Standfestigkeit und Stringenz hin überprüft. Auf diese Weise durchdenken Coachee und Coach gemeinsam die Handlungsmöglichkeiten, suchen bei Bedarf nach besseren Handlungsalternativen und stellen so ein optimales Planungsergebnis sicher. Der Coach muss darauf achten, dass er dem anderen nicht seine eigene Meinung überstülpt und ihn manipuliert. Der Erfolg des Coachings liegt vielmehr darin, dass der Coachee selbst eigene Vorstellungen entwickelt und im Gespräch hinterfragt.

Ein Coaching-Prozess sollte auf Freiwilligkeit basieren und von gegenseitigem Vertrauen getragen sein. Wird der Personalberater von einem Vorgesetzten beauftragt, für einen bestimmten Mitarbeiter ein Coaching-Verfahren zu übernehmen, muss sichergestellt werden, dass der Coach gegenüber dem Auftraggeber Stillschweigen bewahrt. Es darf höchstens allgemeine Auskünfte darüber geben, wie oft die Coaching-Sitzungen statt fanden (als Basis für die Abrechnung der Leistung) und ob es eine konstruktive Form des Miteinanders ist. Alles andere würde die Vertrauensbasis stören. Insofern ist es auch gefährlich, wenn Vorgesetzte aus sicher wohl gemeinten Überlegungen heraus ihren Mitarbeitern anbieten, als Coach tätig zu werden. Im Übrigen sehen Vorgesetzte durchaus nach drei bis vier Monaten, ob das Coaching Erfolge zeitigt oder nicht, z. B.

durch eine wiederhergestellte Stabilität des betreffenden Mitarbeiters, durch ein Nachlassen der Anspannung, durch eine wieder steigende Leistungsfähigkeit oder aber auch durch die gutbegründete Bitte um eine andere Verwendung im Unternehmen.

Vorteilhaft für den Coachee ist die Möglichkeit, mit einem Dritten über seine gesamte Persönlichkeit zu sprechen, über berufliche wie private Angelegenheiten. Dauerhafter Erfolg im Beruf ist abhängig von privater Zufriedenheit, ebenso wie privates Glück bei den meisten Menschen - gerade bei Leistungsträgern in Wirtschaft und Verwaltung - mit einer beruflich zufrieden stellenden Position einhergeht. Probleme in einem der beiden Bereiche können nur für einen kürzeren Zeitraum durch Glück und Zufriedenheit im anderen Bereich aufgefangen werden. Längerfristig strahlt die Unzufriedenheit auf die gesamte Lebensführung aus. Ein Coach sollte daher alle Aspekte der Lebensführung seines Coachees im Auge behalten. Die nachfolgende Übersicht zählt dazu einige Aspekte auf.

Ansatzpunkte für ein Coachinggespräch

Beruflicher Bereich	Privater Bereich
a) *Aus- und Weiterbildung* – Ausbildungsstand – Weiterbildungsmöglichkeiten – „Veralten" des erworbenen Wissens	a) *Ich-Bereich* – Materielle Verfassung – Eigene Zufriedenheit mit sich selbst – Wohnsituation – Religiöse Orientierung/Wertebasis – Hobbys – Reisen
b) *Fachliche Herausforderungen* – Aufgabenstellungen – Karriere – Anregungen	b) *Familie* – Lebenspartner – Kinder – Geschwister – Eltern – Übrige Verwandte

c) *Benefits*
– Gehalt
– Nebenleistungen
– Anerkennung durch Vorgesetzte/
  Kollegen
– Karriereperspektiven
– Angenehme Büroatmosphäre
– Teilnahme an Gremien, Arbeits-
  kreisen, Projektgruppen
	c) *Soziales Umfeld*
	– Freunde
	– Mitgliedschaft und Engagement in
	  Vereinen, Arbeitskreisen,

d) *Soziale Strukturen am Arbeitsplatz* – Image des Arbeitgebers – Kollegenschaft (Umgang/Atmosphäre)	

Diese Aufstellung erhebt keinen Anspruch auf Vollständigkeit und soll lediglich als Anregung gelten, welche Aspekte in einem Coachinggespräch thematisiert werden können. Der Coachee wird nach mehr oder weniger langem Nachdenken sicher die für ihn wichtigen Aspekte definieren, entsprechend seiner eigenen Wertestruktur. Es sollte aber sowohl dem Coach als auch dem Coachee klar sein, dass viele Aspekte miteinander in Beziehung stehen.

> Wer Arbeitsmaterialien sucht: In Hamburg existiert am Lehrstuhl von Prof. Dr. Harald Geißler eine Coaching-Datenbank: www.coach-gutachten.de. Eine gute Darstellung von Coaching-Beratungsangeboten bietet z. B. die Firma Coachworld-Consultants: www.coachworld.de.

Inwieweit auch hier die Bestimmungen des AGG anzuwenden sind muss differenziert gesehen werden: Geht es bei der Coaching-Maßnahme um eine Unterstützung bei der beruflichen Orientierung, geht es um das Aufspüren von Defiziten und Festlegung von Maßnahmen zu deren Beseitigung. Oder führt die Coaching-Maßnahme letztlich zu disziplinarischen Maßnahmen (z. B. wenn die Defizite durch eine übermäßige familiäre Belastung aufgrund von fehlender Kinderbetreuung auftreten). Mangels fehlender Rechtsprechung zum AGG in solchen Fällen kann zum jetzigen Zeitpunkt keine andere Empfehlung gegeben werden als: Vorsicht!

Abschließend ein Hinweis: Coaching erfordert ein gewisses Maß an Lebens- und Berufserfahrung. Nicht allein, um gegenüber dem Klienten die eigene Kompetenz nachzuweisen, sondern auch, um sich profund in verschiedene Arbeits- und Lebensumstände einfühlen zu können. Hilfreich ist es auf alle Fälle, eine Coaching-Ausbildung zu besuchen, in der man bestimmte Handwerkszeuge kennen lernt. Derartige Angebote umfassen in der Regel mehrtätige Seminare bzw. einen sich über mehrere Termine erstreckenden Ausbildungskurs und eventuell auch ergänzende schriftliche bzw. E-Learning-Elemente. Unseriöse Anbieter sind nicht immer leicht zu erkennen. Allerdings haben bewährte Anbieter in der Regel eine Referenzliste von ehemaligen Teilnehmern, bei denen man sich über Inhalte und Vorgehen erkundigen kann.

Ergänzend sollte man eine Liste an Psychotherapeuten für bestimmte Notfälle besitzen. Es kann durchaus vorkommen, dass die Dynamik der Coaching-Situation plötzlich persönliche Probleme an den Tag bringt,

denen nur ein entsprechend therapeutisch ausgebildeter Mensch ge-
wachsen ist. Genauso gibt es immer Fälle, in denen Menschen mit psychologischen Problemen sich vor einer Therapie scheuen und ihr Heil in
einem Coaching suchen. Auch hier sollte man schnell an entsprechende
Fachleute verweisen können.

4.5.2 Anwendungsbeispiel

Ein einfaches Beispiel hierzu: Ein Coachee, als Verlagsleiter in einem
Zeitschriftenverlag beschäftigt und in dieser Funktion für ca. sechs Mil-
lionen Euro Umsatz und etwa dreißig Mitarbeiter verantwortlich, möchte mit seinem Lebenspartner und den beiden Kindern eine vierwöchige
Urlaubsreise nach Australien unternehmen. Der Wunsch resultiert zum
einen aus einem lang gehegten Traum, zum anderen aus einem Verspre-
chen, das dem Lebenspartner gegeben wurde: „Spätestens zur Silber-
hochzeit ..." Da die beiden Kinder bereits größer sind und bald eigene
Wege gehen, wird dies daher auf lange Zeit die letzte Gelegenheit sein,
eine gemeinsame Urlaubsreise „als Familie" zu unternehmen. Im Zeichen
der Work-Life-Balance wäre diese Reise sehr zu wünschen, denn sie
bietet private Chancen (Selbstverwirklichung, Pflege der Familie) ebenso wie berufliche Chancen, wie z. B. Erholung, Inspiration, Abstand von
bremsenden Elementen des Arbeitsplatzes, eventuell Hilfe bei einer beruflichen Neuorientierung oder auch schlichtweg die Erkenntnis, dass die
aktuelle berufliche Situation durchaus passabel ist und daher fortgeführt
werden sollte.

Eine derartige Reise ist allerdings nur dann denkbar, wenn die eigene Ab-
kömmlichkeit am Arbeitsplatz und der finanzielle Aufwand gesichert
sind, was wiederum nur dann geht, wenn die Arbeitssituation keine
größeren Probleme macht. Ein Coach würde nun mit dem Coachee
zunächst die Wichtigkeit dieser Reise reflektieren, dann einen Zeit- und
Maßnahmenplan erarbeiten und abschließend mit dem Coachee darüber
sprechen, wie sich der Erfolg darstellen und vor allem in den weiteren Le-
bensablauf integrieren lässt. Auf diese Erfolge zu achten, ist eine wichtige Aufgabe des Coachs, denn Zufriedenheit oder Unzufriedenheit in Be-
rufs- und Privatleben hängen mit greifbaren oder ausbleibenden Erfolgen, also Bestätigungen zusammen. Und Bestätigung wird aus dem Erreichen von allen realistischen und sinnvollen Zielen gewonnen. Der

Coach muss seinem Coachee daher verdeutlichen, welche Chancen bestimmte Vorhaben bieten, welche Umständen und Rücksichtnahmen damit verbunden sind und in welchem Zeitraum das Vorhaben umgesetzt
werden muss, damit sich der gewünschte Erfolg auch einstellt. Zugegebenermaßen ein sehr einfach gestricktes Beispiel, aber es zeigt die unterschiedlichen Facetten sehr gut auf.

4.5.3 Exkurs zur Supervision

Abschließend ein Hinweis: Coaching ist verwandt mit der Beratungsform
„Supervision". Darunter versteht man eine Form gegenseitiger Begleitung in besonders herausfordernden beruflichen Umständen, wie z. B. der
Seelsorge und der Psychotherapie, oder auch der Polizeiarbeit. Eine
Gruppe an Personen in gleichen Berufs- bzw. Lebensumständen trifft sich
regelmäßig, um sich über berufliche Probleme und Herausforderungen
auszutauschen. Die Supervisionsarbeit verfolgt dabei mehrere Ziele.
Zunächst einmal sollen sich die Teilnehmer gegenseitig aus der Praxis für
die Praxis beraten. Jeder Teilnehmer merkt, dass er mit seinen Problemen
und Herausforderungen nicht allein steht. Schließlich können die Teilnehmer an einer Supervisionsgruppe aufgefangen werden, wenn ihnen
die Probleme über den Kopf wachsen.

Die Supervisionsgruppe steht dabei in der Regel unter Leitung von ein
oder zwei speziell ausgebildeten Personen, die das Gespräch leiten und
bei Bedarf mit fachlichen Tipps intervenieren. Manche verstehen Coaching daher oft auch als Einzelsupervision. Eine Supervisionsgruppe zu
leiten, kann für Personalberater ebenso eine beraterisch anspruchsvolle
Tätigkeit sein wie das Coaching. Bevorzugt sollten Sie sich dabei an Personenkreise wenden, für deren Problemkonstellationen Sie Einfühlungsvermögen und Vorstellungskraft entwickeln können. Wer vor seiner
Tätigkeit als Personalberater in der Arzneimittelforschung tätig war, für
den ist die Supervision von Mitarbeitern der pharmazeutischen Industrie
oder Führungskräften von Forschungseinrichtungen vielleicht ein interessanter Arbeitsbereich.

Für Beratungsangebote im Bereich Coaching und Supervision sind nicht nur eine ausreichende Lebens- und Berufserfahrungen erforderlich, sondern ebenso auch geeignete Ausbildungsmaßnahmen (von Gesprächsführung bis hin zu psychotherapeutischen Arbeitsformen), mit deren Hilfe komplizierte Situationen erfasst und bewältigt werden können. Gerade wer Menschen in schwierigen Situationen begleiten möchte, muss darauf gefasst sein, manchen Klienten mit den eigenen Mitteln nicht mehr helfen zu können. Deshalb ist es notwendig, sich in solchen Fällen auf ein Netzwerk an psychologisch und therapeutisch geschulten Personen verlassen zu können, an die man im Bedarfsfall schnell weiter verweisen kann. Es geht dabei nicht um feige Weitergabe von Verantwortung, sondern um schnelle Hilfe und das durchaus verantwortungsbewusste Eingeständnis, nicht in allen Lebensfragen kompetent zu sein und auch nicht kompetent sein zu müssen!

4.6 Erfolgskontrolle in der Personalentwicklung

Maßnahmen der Personalentwicklung sind zeitaufwändig, binden Mitarbeiterkapazitäten und erfordern je nach Maßnahmen auch gewisse Geldbeträge. Zudem werden die Erfolge nicht immer gleich sichtbar oder direkt einer einzelnen Maßnahme zuzuordnen sein. Der Auftraggeber bzw. die Führungskraft, der beteiligte Mitarbeiter und nicht zuletzt der Personalberater selbst sollten daher geeignete Maßnahmen integrieren, mit denen sich der Entwicklungserfolg abbilden lässt. Die Vorteile einer Erfolgskontrolle liegen auf der Hand: Der Einsatz von Ressourcen und Kosten wird gesteuert, ein etwaiger „Neid" bei Mitarbeitern oder Kollegen wird ausgeschaltet, wenn diese auch davon profitieren, und schließlich werden die Beratungskosten legitimiert.

Der Erfolg einer PE-Maßnahme bemisst sich vor allem in Zufriedenheit:

– Zufriedenheit des Mitarbeiters selbst
– Zufriedenheit der Führungskräfte mit der Umsetzung der neu gelernten Inhalte
– Zufriedenheit der Zugeordneten, der Kollegen auf gleicher Ebene und Kunden (bei 180°- oder gar 360°-Feedback)
– hinzugewonnene Leistungsfähigkeit des Mitarbeiters
– Übertragung des neuen Wissens und Könnens auf den Betrieb (z. B. durch Seminare für Kollegen, Einweisung am Arbeitsplatz, in der

Fähigkeit, als neuer Ansprechpartner für bestimmte Fragen zur Verfügung zu stehen)
– längerfristig in der beruflichen Entwicklung (Karriere, Arbeitszufriedenheit etc.)

Eine Erfolgskontrolle erfordert, dass zwischen Führungskraft und Mitarbeiter im Dialog tatsächlich konkrete Zielvorstellungen vereinbart
wurden. Sie kennen sicher die AROMA-Hierarchie: Akzeptabel – realistisch – operationalisierbar – mitteilbar – attraktiv. Eine gut strukturier-
te Nacharbeit ist genauso wichtig, da ansonsten der Erfolg der Maßnahme nicht lange anhält. Wer nur die Unterlagen im Arbeitsumfeld kur-
sieren lässt, hat die Inhalte schnell vergessen.

Eines dürfen Sie nicht vergessen: Die Freistellung für externe Bildungs-
maßnahmen ist nicht nur berufliche Qualifizierung. Sie hat oft auch den
Charakter einer Incentive-Maßnahme, als Anerkennung für besonderen
Einsatz. Von daher kann auch die allgemeine Leistungsbereitschaft als
Kriterium angesetzt werden. Wenn zudem den anderen Mitarbeitern
durch die „Erfolgskontrolle" verdeutlicht wird, dass es nicht allein um
ein Divertimento ging, sondern auch um die Pflege und den Ausbau der
Leistungsfähigkeit, wird die gewährte PE-Maßnahme auf eine höhere
Akzeptanz unter den Kollegen treffen.

4.7 Personalentwicklung als Teil der Organisationsentwicklung

Oft wird die Personalentwicklung als Teilaspekt einer unternehmens-
oder zumindest abteilungsweiten Politik begriffen. Dieser Ansatz hat seine Berechtigung, da damit nicht nur einzelne Personen „vorankommen",
sondern ganze Organisationen oder Organisationsteile. Eine organisati-
onsübergreifende Personalentwicklung richtet sich an Grundsätzen aus
wie z. B. dem Unternehmensleitbild. Aus den Unternehmenszielen bzw.
den daraus abgeleiteten Abteilungszielen ergeben sich die Anforderungen
an die jeweiligen Mitarbeiter. Dazu gleich mehr.

5 Beratung in der Organisationsentwicklung

Definiert man Personalberatung als jede Form der Beratung zu Personalfragen, so kommen neben den Aufgabenfeldern rund um die Stellenbesetzung viele weitere Aufgabenfelder hinzu, wie z. B.

– die Entwicklung von Leitbildern,
– die Gestaltung von Aufbau- und Ablaufstrukturen einer Organisation („Change Management").

Der besondere Konkurrenzvorteil, den Sie als Personalberater in solchen Beratungsfeldern einsetzen können, ist Ihr Verständnis für Menschen und deren berufliche Arbeitsfelder, möglichst gepaart mit einer umfangreichen Beratungserfahrung. Hat ein Kunde erst einmal Vertrauen zu Ihnen, weil Sie einen oder mehrere gut geeignete Mitarbeiter vermitteln und bestens in das Unternehmen zu integrieren verstanden, wird man Ihnen oft die Weiterarbeit an anderen Problemen des Unternehmens zutrauen.

Allerdings lauert in den nachfolgend dargestellten Beratungsfeldern auch eine Gefahr. Die Problemfelder sind sehr vielschichtig und lassen sich nicht mit einem relativ überschaubaren Projektplan wie bei einem Personalsuchauftrag vergleichen. Sie werden in diesen Beratungsfällen konfrontiert mit

– persönlichen Interessen von Mitarbeitern und Führungskräften, wie z. B. Arbeitsplatzsicherheit, Ehrgeiz und Karrierestreben, Machterhalt oder auch allgemeinen, diffusen Ängsten vor Veränderung, die für sich gesehen durchaus ernst genommen sein wollen,
– Gruppeninteressen, von Abteilungen und Bereichen, Tochterunternehmen oder Anteilseignern, die ähnlich gelagert sein können wie die persönlichen Interessen.

Sie müssen in der Lage sein, auch komplexe Aufgaben und Prozesse, die sich zum Teil über Jahre erstrecken können, zu meistern. Fehlschläge oder unbefriedigende Projektergebnisse sprechen sich schnell in der Branche des Kunden herum, und Ihre Reputation kann hierunter noch stärker und nachhaltiger leiden als unter einer fehlgeschlagenen Personalbe-

setzung. Zudem kann dies auch das Kompetenzprofil eines Personalberaters verwischen, wenn dem Kundenkreis der Zusammenhang zwischen
Ihren Kompetenzen und den daraus abgeleiteten Arbeitsfeldern nicht klar
ist. Von daher entscheiden sich viele Personalberater bewusst, diese Arbeitsfelder nicht anzubieten. Es ist Ihre Aufgabe für sich zu entscheiden,
ob Sie sich als breit aufgestellter Personalberater positionieren wollen
oder als Spezialist für bestimmte Arbeitsfelder wie der Personalsuche
bzw. -vermittlung.

Argumentationsmatrix
zur Bestimmung der Dienstleistungsbreite

	Dies spricht dafür	Dies spricht dagegen
Breit aufgestellte Beratungsdienst-leistungen	– Breiter gestreutes Unternehmensrisiko/ mehr Märkte – Möglichkeit, Kunden umfassend zu betreuen	– Umfangreiche Kompeten-zen erforderlich, evtl. in Zusammenarbeit mit ande-ren (Mitarbeiter, Partner, Beraternetzwerk)
Beschränkung auf eine Dienst-leistung (z. B. Personalsuche)	– Spezialisierung erlaubt Vertiefung des jeweiligen Wissens – Möglichkeit zur klaren Definition des Profils	– Geringe Dienstleistungs-breite und damit weniger Erlösquellen – Nur sequentielle Zusam-menarbeit mit Kunden

In den Beratungsfeldern der Organisationsentwicklung und -beratung
kommt es noch viel stärker darauf an, dass Sie neben einem gesunden
Menschenverstand und Menschenkenntnis auch gute Kenntnisse zu betrieblichen Abläufen, menschlichen Verhaltensweisen und den Möglichkeiten organisationeller Entwicklung besitzen. Auch die Fähigkeiten zu
systematischer Analyse, zum Weiter- und Querdenken sowie solide Fachkenntnisse aus früheren Berufstätigkeiten sind hilfreiche Kompetenzen.
Diese Beratungsfelder sollten daher nur nach gründlicher Einweisung
und mit einer ausreichenden Berufserfahrung angegangen werden. Vier
bis fünf Berufsjahre, möglichst schon mit Leitungs- und Führungserfahrung verbunden, sollten als unabdingbares Muss angesehen werden. Ein
gewisses Lebensalter kann helfen, als Gesprächspartner bei den Betroffenen ernst genommen zu werden. Und nicht zuletzt hilft ein erfolgreich
absolviertes Studium bei dieser Form der Beratungsarbeit. Dabei kommt
es nicht unbedingt auf ein spezifisches Fachstudium an. Je umfangreicher
Ihre Berufserfahrung ist, desto mehr zählen die dabei gewonnenen Er-

fahrungen und desto weniger bedeutsam sind bestimmte Titel in bestimmten Disziplinen. Auch eine Diplom-Biologin oder ein Kunstge-
schichtler können die Anforderungen erfolgreich bewältigen, wenn sie
auf sechs Jahre Geschäftsführung in einem Fachverlag oder langjährige
Projektleitung in einem Industrieunternehmen zurück blicken. Besonders
wichtig ist es, Kenntnisse in der Steuerung von Gruppenprozessen zu besitzen, wie z. B. Moderationsschulungen und Methoden der Großgrup-
penarbeit („open space" etc.). Ohne eine derartige Vorbildung sollte man
sich nicht in diesem Beratungsbereich bewegen. Auch Kenntnisse von ein-
zel- und gruppentherapeutischen Techniken sind hilfreich.

In Anbetracht der zahlreichen und hochwertigen Literatur zur Unternehmensberatung generell (v. a. NIEDEREICHHOLZ, 2000 und 2001) und
zur Leitbildentwicklung bzw. Organisationsentwicklung speziell (z. B.
PROSCH, 2000) genügt es an dieser Stelle, die wichtigsten Elemente an-
zuführen.

5.1 Leitbild-Beratungen

Unter einem Leitbild werden Aussagen zum Selbstverständnis eines Unternehmens, einer Organisation verstanden. Dies umfasst in erster Linie:

– Aussagen zur besonderen Stellung der eigenen Produkte oder Dienstleistungen am Markt, mit der man sich von der Konkurrenz abhebt und
  die oft auf die Gründer des Unternehmens zurück verfolgt werden
  („Wir sind ...")
– Aussagen gegenüber den Anteilseignern („Wir bieten unseren Ak-
  tionären/Gesellschaftern eine marktgerechte/risikogerechte Verzinsung
  des eingesetzten Kapitals und sorgen für eine nachhaltige Steigerung
  des Unternehmenswertes.")
– Oft auch Aussagen zur Gesellschaft („Wir bekennen uns zur Verantwortung des Unternehmens für die Gesellschaft ... besonderes Augen-
  merk gilt dem Umweltschutz ...")
– Aussagen zum Umgang mit Kunden („Wir bieten unseren Kunden ...")
– Aussagen zum Umgang der Mitarbeiter untereinander („Wir gehen offen, fair und partnerschaftlich miteinander um ...")

Böse Zungen fragen an dieser Stelle oft, welchen Stellenwert die letztge-
nannten Kunden und Mitarbeiter wohl noch besitzen. Es kommt daher
darauf an, diese Reihenfolge nicht als Rangfolge, sondern ohne Gewichtung zu definieren, denn nur wenn sich die Ziele gegenseitig stützen, können alle Stakeholder dauerhaft befriedigt werden.

In der Managementliteratur geistern oft auch Begriffe wie „Corporate
Mission", „Mission Statement" und Ähnliches herum. Letztendlich geht
es immer um das Gleiche: um Basisaussagen zum Selbstverständnis des
Unternehmens, seiner besonderen Leistung für Markt, Anteilseigner und
Mitarbeiter. Kein Wunder, dass gute Leitbilder in den meisten Unternehmen ähnlich aufgebaut sind und oft auch wie voneinander abge-
schrieben wirken.

Bei der Entwicklung von Leitbildern wurde früher oft der Fehler gemacht, möglichst alle Mitarbeiter in allen Stadien einzubeziehen und die
Ergebnisse für Führungsgrundsätze und alle möglichen Entscheidungssituationen aufzubereiten. Dadurch kamen oft mehrere Zentimeter dicke
Handbücher heraus, die viel Zeit gekostet haben und kaum beachtet wurden. Heute hat sich die Erkenntnis durchgesetzt, dass ein Leitbild die
wichtigsten acht bis zwölf Basisaussagen enthalten und auf eine Seite
DIN A 4 passen sollte. Es umfasst gruppierte Aussagen zum Selbstverständnis des Unternehmens und der Art und Weise, wie man mit Kunden, Anteilseignern, Mitarbeitern und dem gesellschaftlichen Umfeld
umgehen möchte. Um diese Basisaussagen zu erarbeiten, genügt es meist,
aus dem Kreis der Anteilseigner, der Führungskräfte und der Mitarbeiter einige Vertreter gezielt auszuwählen und mit ihnen folgenden Prozess
zu initiieren:

– Moderierte Workshops, einen mit Anteilseignern und Führungskräften, einen zweiten mit ausgewählten Mitarbeitern: Was ist uns am Unternehmen wichtig? Welche Rolle soll das Unternehmen in den nächsten Jahren am Markt und im gesellschaftlichen Umfeld spielen, dabei
  auch Hinweis auf die Zielsetzung des Leitbildes, z. B. als Basis eines
  Organisationsentwicklungsprozesses (jeweils 0,5 – 0,75 Tage Dauer in
  beiden Gruppen)
– Redaktionelle Bearbeitung der Ideen, Zusammenfassung zu einem Ar-
  beitsvorschlag (Arbeitsaufwand ca. 1 – 1,5 Tagewerke)

– Präsentation des Entwurfs in einem Arbeitskreis aus Anteilseignern, Führungskräften und Mitarbeitern mit der Bitte, den Entwurf zu kommentieren, die Aussagen zu operationalisieren und ggf. zu ergänzen bzw. zusammen zu führen (maximal 1 Tag Aufwand)
– Endgültige redaktionelle Bearbeitung, Freigabe durch Geschäftsführung, ggf. gemeinsam mit Anteilseignern
– Bekanntgabe/Übergabe an Mitarbeiter, Überführung in ein Handlungsprogramm für das bekannte Ziel, im Rahmen eines moderierten Workshops (0,5 – 1 Tag Dauer, je nach weiterer Verwendung)

Besonders hilfreich ist die Arbeit im Team. Zwei oder drei Berater können sich bei der Moderation der Workshops ebenso wie bei der redaktionellen Bearbeitung und der Erarbeitung von Vorschlägen für die weitere Verwendung gut ergänzen.

Ein derartiger Prozess lässt sich normalerweise in vier bis acht Wochen gut bewältigen. Wichtig dabei ist, auf die Anschlussverwendung zu achten, also darauf, dass das Leitbild das künftige Zusammenwirken im Unternehmen auch tatsächlich beeinflusst. Sonst geht die Akzeptanz bei den Anteilseignern bzw. Gesellschaftern und vor allem bei den Mitarbeitern schnell verloren. Steht das Leitbild nur für sich und ist ohne praktische Auswirkungen auf die Unternehmenskultur oder den Führungsstil, gerät man in den Ruch, nur nutzloses Papier zu produzieren.

Gute Leitbilder werden von allen Mitarbeitern mitgetragen, unabhängig von ihrer Funktion – auch eine Raumpflegerin wird wissen, dass ihr Beitrag für ein gutes Arbeitsklima wichtig ist, ohne dass sie das Leitbild auswendig aufsagen kann oder will. Gute Leitbilder bieten folglich eine tragfähige Basis z. B. für Führungssysteme nach dem Prinzip „Führen mit Zielvereinbarung" ebenso wie für die Entwicklung neuer Dienstleistungen und Produkte.

5.2 Entwicklung der Aufbauorganisation

Unternehmen sind dynamische Systeme. In der ständigen Auseinandersetzung mit dem Markt, der Konkurrenz und mit dem Technologiefortschritt werden Funktionen übernommen oder weiterentwickelt, ohne im gleichen Zuge die Aufbauorganisation (d. h. die Zuweisung der betrieblichen Funktionen zu bestimmten Bereichen oder Abteilungen) entsprechend anzupassen. Die Folge sind langwierige Entscheidungsprozesse, Doppel- und Mehrfacharbeiten, unklare oder doppelte Zuständigkeiten. Unternehmenszukäufe, die Gründung von Tochtergesellschaften usw. können diese Problemlage zusätzlich verschärfen. Im Rahmen einer Organisationsentwicklung (OE) ist es die Aufgabe des Beraters, die formale Organisation des Unternehmens (Abteilungs- und Stabsstellengliederung, Zuweisung von Verantwortungen etc.) kritisch zu prüfen und Verbesserungspotenziale zu bestimmen. Dies kann durch Analyse von Organisationsplänen geschehen, aber auch durch Mitarbeiterbefragungen, Planspiele und Workshops bzw. anderen Gruppenarbeitsformen. Im Umgang mit den betroffenen Mitarbeitern und Führungskräften kann sich die besondere Kompetenz des Personalberaters – der Umgang mit Menschen und die Suche nach geeigneten Personen für bestimmte berufliche Positionen – besonders gut entfalten.

Prozesse der Organisationsentwicklung sollten auf alle Fälle in einem größeren Projektteam und nur auf der Basis einer sorgfältigen Analyse der Ausgangssituation angegangen werden. Die Veränderung wird von vielen Mitarbeitern zunächst als Bedrohung wahrgenommen, da sie – so der landläufige Eindruck – zu oft mit Rationalisierungsmaßnahmen und Personalentlassungen verbunden sind. „Berater im Haus!" ist mancherorts eine Schreckformel. Es kommt daher für den involvierten Berater darauf an, auch die Chancen zu verdeutlichen und den Mitarbeitern Perspektiven zu geben. Dazu können verschiedene Methoden wie Workshops, Mitarbeiterbefragungen, Auswertungen von Unternehmensdaten etc. eingesetzt werden. Die nachfolgende Abbildung zeigt das mögliche Instrumentarium auf, wobei diese Aufzählung nicht abschließend sein muss – die Dynamik der Beratungslehre ergibt regelmäßige neue Instrumente.

Ausgewählte Methoden der Organisationsentwicklung im Projektablauf

Projektphase	Geeignete Instrumente
Projektstart	Vorgespräche mit Entscheidungsträgern (Führungskräfte, Anteilseigner, Betriebsrat, evtl. auch Kunden), Kick-off-Workshops mit Mitarbeitern, ggf. unter Einbezug von Stakeholdern
Informationssuche und -auswertung	Moderierte Workshops zur Problemdefinition, Auswertung von Unternehmensdaten (Kostenrechnung, Controlling, Vertrieb, Geschäftsberichte etc.) und Branchendaten, Großgruppenmethoden wie „open space" und Info-Markt, Mitarbeitergespräche/Interviews, Mitarbeiterbefragungen, Arbeitsanalysen, ...
Mitarbeiterbeteiligung bei Auftragsbearbeitung	Arbeitsaufträge an Einzelne und/oder Arbeitsgruppen, Mitarbeiter-Workshops
Erarbeitung von Vorlagen	Ausarbeitung von Organisationsplänen/Organigrammen und Stellenbeschreibungen und von anderen organisationsrelevanten Unterlagen
Projektabschluss	Abschlusspräsentation

Ein bewährtes Ablaufschema für OE-Prozesse kann wie folgt aussehen:

– *Eröffnungsplenum:* In kleineren Unternehmen mit allen Mitarbeitern, in größeren Unternehmen mit repräsentativ ausgewählten Mitarbeitern aus allen betroffenen Abteilungen/Bereichen, max. 40-50 Teilnehmer (ansonsten bei Bedarf eine Großgruppen-Methode). Das Eröffnungsplenum soll die Problemlage verdeutlichen, Transparenz bezüglich des gemeinsamen Arbeitsprozesses (Zielsetzung, Inhalt, ungefährer Zeitplan) schaffen und die Mitarbeiter aktivieren
– *Analyse von Unternehmensdaten:* Je nach Bedarf verbunden mit Mitarbeiterbefragung (z. B. Einzelinterviews, Intranet-Fragebogen)
– *Zwischenbericht für den Auftraggeber:* Das sind die erkennbaren Probleme, auf diesem Weg lassen sich die Probleme bearbeiten, so viel Zeit wird etwa benötigt

- *Bearbeitungsworkshop:* Das sind die bis dato erkannten Probleme, teilen die Mitarbeiter die Problemeinschätzung, wie können die Probleme bewältigt werden (Zusammenführen der Einzelprobleme zu Problemfaktoren, Vereinbarung von Arbeitsaufträgen zur Problembewältigung)
- *Beraterische Begleitung des Prozesses:* Einzelgespräche, Moderation von Kleingruppenworkshops, Überwachung des gemeinsam vereinbarten Arbeitsplanes, Entgegennahme der Projektergebnisse
- *Abschlussbericht mit Maßnahmenplan*
- *Präsentation der Ergebnisse:* Zusammenkunft mit den Teilnehmern des Eröffnungsplenums

Ein derartiger Beratungsprozess erfordert die Mitwirkung von mindestens zwei, besser aber drei oder vier Beratern. Als Zeitraum können vier bis acht Monate veranschlagt werden. Treten gravierende Probleme erst im Verlauf des Prozesses auf (und das ist verhältnismäßig oft der Fall!), so können sich schnell auch zwölf oder fünfzehn Monate Dauer ergeben, und manchmal auch noch mehr.

Wichtig ist es auf alle Fälle, die Mitarbeitervertretung, falls vorhanden, möglichst frühzeitig in den Prozess einzubeziehen. Dies liegt nicht allein im Wesen des Betriebsverfassungsgesetzes und den dort verankerten Mitbestimmungs- und Mitwirkungsrechten (§§ 74 ff. BetrVerfG, insb. §§ 90 f.) begründet. Es ist auch von der psychologischen Seite her förderlich, wenn die Mitarbeitervertretung frühzeitig involviert wird und die einzelnen Maßnahmen besser gegenüber den Mitarbeitern kommuniziert werden.

Man muss der Ehrlichkeit halber hinzufügen, dass trotz aller Chancen, die eine Organisationsentwicklungen bietet, in vielen Fällen auch personelle Maßnahmen, sprich Kündigungen oder sonstige Regelungen, erforderlich sind. Zu oft sind bestimmte Mitarbeiter mit einer neuen Organisation oder Arbeitsweise nicht einverstanden und stehen der Veränderung im Weg oder der Personalbestand muss grundsätzlich reduziert werden. Für sie sollte im Bedarfsfall eine Outplacement-Beratung (siehe Kapitel 6) zur Verfügung stehen. Als Berater sollten Sie keine verbrannte Erde hinterlassen und nicht zuletzt auch den Vorgesetzten in einer misslichen Situation helfen – niemand nimmt Entlassungen oder Freisetzungen gerne vor und viele sind für jede Art von Unterstützung dankbar.

Allerdings sollten Sie sich nicht in die Rolle des Sündenbocks drängen lassen – so manche Führungskraft ist dankbar, wenn sie sich bei unangenehmen Entscheidungen hinter dem Rücken des Beraters verschanzen kann.

5.3 Entwicklung der Ablaufstrukturen

Analog zur Aufbauorganisation können auch Prozesse im Arbeitsablauf (Workflow) analysiert und auf Verbesserungsmöglichkeiten hin überprüft werden. Die Ablauforganisation ergibt sich regelmäßig aus den Verantwortungs- und Kompetenzzuweisungen der Aufbaustruktur und hängt demzufolge unmittelbar mit ihr zusammen. Folglich ist es sinnvoll, nach einer Überprüfung der Aufbauorganisation auch den Ablauf der Arbeitsprozesse unter die Lupe zu nehmen.

Der besondere Kompetenzvorteil eines Personalberaters resultiert aus seinen Fähigkeiten, die Eignung von Personen für bestimmte Aufgaben zu bestimmen. Als Personalberater ist man in der Lage, Stellenbeschreibungen mit der Qualifikation des Stelleninhabers und den tatsächlichen Leistungen und Anforderungen abzugleichen und bei Bedarf eine Anpassung vorzuschlagen. Die Anpassung ist dabei in zweierlei Richtung möglich: die Stelle selbst kann der Person angepasst werden, oder aber zu der Person muss die passende Stelle gesucht werden. Arbeitsmethoden des Personalberaters können z. B. sein:

– Mitarbeiterinterviews und Mitarbeiterbefragungen, zum Arbeitsumfeld und zum Arbeitsablauf
– Potenzialbestimmungen von Personen (Überschneidung mit der Personalentwicklungsberatung), bis hin zu Management Appraisals, d. h. der Bewertung von Managementleistungen von Führungskräften, evtl. Bestimmung des erforderlichen Personals
– Beobachtung und Auswertung von Arbeitsabläufen
– Moderierte Workshops der Mitarbeiter einzelner Arbeitsgruppen und Abteilungen, zur Definition und Bewältigung problematischer Arbeitsabläufe
– Erstellung bzw. Überarbeitung von Organisationsvorlagen, insbesondere einzelne Stellenbeschreibungen

Dieses Beratungsfeld wird allerdings eher im kaufmännisch-verwaltenden Bereich gefragt sein, da in gewerblichen Arbeitsabläufen (Industrie-
produktion, Handwerk) in der Regel Refa-Fachkräfte gefragt sind.

Ein weitere beraterische Aufgabe in diesem Bereich ist die so genannte
Organschafts-Evaluation, z. B. bei Aufsichtsräten von Kapitalgesellschaften und Genossenschaften oder Vertreterversammlungen von Genossenschaften. Die relevanten Fragen ähneln denen, die man Abteilungen in einem Unternehmen stellt:

– Wie arbeiten diese Organschaften zusammen?
– Nach welchen Kriterien werden Sachausschüsse besetzt und wie arbeiten diese?
– Sind die Geschäftsverteilungspläne einer Mehr-Personen-Geschäfts-
  führung sachgerecht und qualifikationsgerecht erstellt?
– Können die in der Organschaft vorhandenen Personen ihre Aufgaben
  sachgerecht wahrnehmen, oder gibt es gravierende Qualifikations-
  defizite? Und wenn ja, wie können diese ausgeglichen werden?

Eine Aussage zur Kalkulation eines derartigen Auftrages ist schwierig, da
sich der Aufwand sehr stark an der individuellen Problemlage ausrich-
ten wird. Eigene Erfahrungen zeigen, dass Aufträge zur Überprüfung von
Aufbau- und Ablauforganisationen im Bereich von einigen wenigen Tagewerken bis hin zu Projekten mit fünfzig und mehr Tagewerken belau-
fen können. Die Projektlaufzeit erstreckt sich manchmal über Jahre und
besteht zum Teil sogar aus mehreren aneinander gereihten Teilprojekten.
Insofern ist es sinnvoll, einem potenziellen Auftraggeber zunächst einmal
eine Teilleistung (z. B. eine Problemdefinition) anzubieten, die mit ca.
fünf bis zehn Tagewerken veranschlagt wird. Allerdings befürchten Auftraggeber – leider oft genug zu Recht, da sich in diesem Beratungsfeld immer wieder schwarze Schafe tummeln – mit einer derartigen Angebotserstellung eine unüberschaubare Reihe von vermeintlich erforderlichen
Folgeprojekten. Es ist folglich sehr wichtig, am Ende des ersten Teilpro-
jektes eine konkrete Zielposition zu bestimmen, die für den Auftraggeber auch akzeptabel ist. So erhält der Auftraggeber eine relativ verlässliche Wegmarke.

5.4 Wissensmanagement als Personalberatung

Wissen wird seit Jahren als entscheidender Produktionsfaktor für erfolgreiche Unternehmen propagiert. Das Problem hierbei ist: Wissen ist an Personen gebunden, da das Wissen in der Regel nicht schon aus sich heraus wirksam werden kann, sondern sich erst in einer konkreten Anwendung entfaltet. Es muss also Mitarbeiter geben, die das Wissen im entscheidenden Moment richtig interpretieren und auf die relevante Fragestellung anwenden. Aus der Anwendung heraus kann neues Wissen generiert oder bestehendes Wissen verändert oder gar verworfen werden.

Das Wissen des Unternehmens ist also an die Mitarbeiter gebunden. Bestandteile des Wissens sind

– die Allgemeinbildung der Mitarbeiter,
– ihre Berufsausbildung,
– ihre Fort- und Weiterbildungen und
– ihre mit den Berufsjahren wachsenden Erfahrungen.

Die Wissensinhalte lassen sich unterteilen in:

– *Prozesswissen* (z. B. bei einer Unternehmensberatung über die Gestaltung einer Strategie und deren erfolgreiche Implementierung beim Kunden, bei Logistikern über die Gestaltung einer Lieferkette etc.)
– *Fachwissen* (z. B. bei Werbeagenturen zur Wirkung von Medien und Werbemitteln oder Werbebotschaften, bei Rechtsanwälten das Wissen um gesetzliche Rahmenbedingungen und die aktuelle Rechtsprechung, bei Medizinern das Wissen um aktuelle Behandlungsmethoden etc.)
– *Ressourcenwissen* (z. B. bei der Personalberatung eine Bewerberdatei, bei der Gründungsberatung die Information zu Fördermöglichkeiten der öffentlichen Hand, bei der Lobbyarbeit gute Kontakte zu Entscheidungsträgern etc.)
– *Markt- und Branchenwissen um Kunden, Wettbewerber und gesellschaftliche Rahmenbedingungen* (z. B. in der Marktforschung und im Vertrieb über das Marktpotenzial sowie das typische Nachfrageverhalten und die erfolgskritischen Merkmale des Kaufprozesses)

Genauso wichtig kann für ein Unternehmen die Frage sein, inwiefern das Wissen innerbetrieblich ausgetauscht wird, um auf diese Weise Synergien herzustellen. Ein triviales Beispiel: Das Fachwissen aus der Vertriebsabteilung und der Produktionsabteilung kann man für die Forschungsabteilung so zusammenführen, dass sich ein neues, kundengerechtes Produkt entwickeln und zu konkurrenzfähigen Preisen herstellen lässt. In einer Behörde kann die EDV-Abteilung bestimmte Verwaltungsvorgänge so abbilden, dass mehrere Arbeitsschritte zu einem einzigen Schritt verkürzt werden, der sich von einem einzigen Sachbearbeiter bewältigen lässt. Oder eine Marketingabteilung erkennt anhand der hinterlegten Kundendaten und der Erkenntnisse der Fertigungsabteilung, welche Bedürfnisse die Kunden tatsächlich haben, und stellt die Werbung entsprechend um.

Schließlich kann das vorhandene Wissen auch die betriebliche Aus- und Fortbildung beeinflussen. Wissen, das in Abteilung A vorhanden ist, muss nicht zwangsläufig durch externe Personalentwicklungsmaßnahmen ein zweites Mal erworben werden. Vielmehr lässt es durch interne Schulungen oder Dokumentationen schneller und kostengünstiger weitergeben, zumal das Wissen bereits in einem unternehmensrelevanten Kontext aufbereitet ist. Eine aufwändige Adaption ist nicht mehr erforderlich. Personalentwicklung und Wissensmanagement sind also eng miteinander verknüpft.

> Die einfache Formel lautet: Weiß das Unternehmen, was es weiß, wo das Wissen ist und was es in Zukunft wissen muss? Wissensmanagement gelingt durch eine kluge Kombination aus Speicherung, regelmäßiger Aktivierung, Austausch und Weiterentwicklung.

Für viele Verantwortungsträger stellt sich früher oder später die Frage, welches Wissen eigentlich im Unternehmen vorhanden ist und wie das Wissen unabhängig von einzelnen Personen gespeichert und verwendet werden kann. Und welches Wissen wird in Zukunft gebraucht? Veraltetes Wissen blockiert Kapazitäten und kann sogar schädlich wirken. Wissensmanagement ist also zu einem guten Teil auch „Vergessensmanagement".

Solange Mitarbeiter konstruktiv ihre Arbeitsleistung erbringen und ihre Kollegen bereitwillig am eigenen Wissen teilhaben lassen, wird dies keine Probleme aufwerfen. Kritisch ist die Situation, in der Einzelne ihr Wissen für sich behalten (z. B. um gegenüber anderen ihre Macht zu demonstrieren oder um in Zeiten des Beschäftigungsabbaus ihren eigenen Arbeitsplatz zu erhalten). Oder sie nehmen ihr Wissen an einen neuen Arbeitsplatz in einem anderen Unternehmen mit.

In Großunternehmen wird das Thema Wissensmanagement in der Regel durch Stabsstellen im Bereich Personal oder Informatik/EDV und bestimmte Dokumentations- und EDV-Strukturen angegangen. Formalisierte Abläufe sollen die Wissenssicherung garantieren. Zudem bewahrt auch die Tatsache, dass oft mehrere Mitarbeiter mit derselben Aufgabe betraut sind, das Unternehmen davor, relevantes Wissen leichtfertig zu verlieren.

In Klein- und Mittelunternehmen basiert das Wissensmanagement hingegen häufig auf informellen Strukturen, die es zu erkennen und zu pflegen gilt. Formalisierte Vorgaben sind kaum akzeptabel, wenn eine Abteilungen nur aus ein bis zwei Mitarbeitern besteht. Fällt ein Mitarbeiter weg und mit ihm das entsprechende Wissen, so macht sich dies im Vergleich mit einem Großunternehmen gleich deutlich bemerkbar.

Der Einsatzbereich eines Personalberaters ergibt sich auch hier aus seiner Fachkompetenz. Sie können Großunternehmen ebenso wie Klein- und Mittelunternehmen helfen, ein System des Wissensmanagements zu entwickeln und zu implementieren. Über ausreichend Wissen zur Organisationsberatung sollten Sie selbstverständlich verfügen und sich bei Bedarf auch die Unterstützung von weiteren Beratern (z. B. Informatik-/EDV-Berater) sichern.

Systematisch lassen sich drei verschiedene Typen des Wissensmanagements unterscheiden:

Personengestütztes Wissensmanagement	Papiergestütztes Wissensmanagement	EDV-gestütztes Wissensmanagement
– Erfahrungsaustausch – innerbetriebliche Schulungen und ähnliche Maßnahmen – informeller Austausch	– Archiv – Bibliothek – Umläufe – Aushangmedien – Mustervorlagen/-formulare	– EDV-Archiv – EDV-gestützte Datenbank – Intranet im Unternehmen – E-Mail-Rundbriefe

Je nach Einsatzzweck und dem zu hinterlegenden Wissen bietet sich die
eine oder andere Form an, zumal jede ihre eigenen Möglichkeiten und
Vorteile bietet. In der Praxis wird eine Kombination erfolgreich sein und
Synergieeffekte bringen. Nachfolgend finden Sie vier Beispiele aus der
obigen Aufzählung genauer ausgeführt.

Anwendbarkeit einzelner Module des Wissensmanagements

Art	Nutzung	Handhabung	Variabilität
Datenbanken	Spezielles Interesse: Suche nach bestimmten Inhalten	Leichter Zugriff, Suche muss nach durchdachten Schlüsselbegriffen möglich sein	Gering, durch feste EDV-Architektur – durchdachte Vorbereitung!
Mustervorlagen (Papier/EDV)	Spezielles Interesse: Suche nach bestimmten Instrumenten/ Vorlagen	Leichter Zugriff, Suche muss nach durchdachten Mustern/Ordnern möglich sein	Hoch, je nach Einsatzzweck, teilw. muss Programmierung/Gestaltung erklärt/hinterlegt sein
„Flurfunk": informelle Gespräche zwischen Mitarbeitern	Zufall oder spezielles Interesse	Leichter Zugriff, wenn man die „richtigen Leute" ansprechen kann	Hoch, je nach Bedarf
Schulungen und Präsentationen	Nach Vereinbarung: Beispiele für ein bestimmtes Vorgehen	Zeitaufwändig, da alle Mitarbeiter anwesend sein sollten	Gering, da an Präsentationsmodus gebunden

Wissensmanagement lebt von der Akzeptanz und Pflege durch die Mitarbeiter. Es ist sinnvoller, eine einfache Struktur zu entwerfen, in der vielleicht 75 Prozent des Wissens eingebracht und regelmäßig abgerufen werden, als eine komplexe Struktur einzuführen, die 95 Prozent des Wissens aufnimmt, aber aufgrund komplizierter Nutzung oder bürokratischem Aufwand nicht akzeptiert wird. Ein klassischer Kommentar in solchen Fällen: „Nicht noch ein Formular!"

Der Umfang einer Beratungsleistung in Fragen des Wissensmanagements ist ebenso schwer abzuschätzen wie in den Feldern der Aufbau- und Ablauforganisation. Er hängt sehr stark von der Größe des Unternehmens und den bereits erfolgten Vorarbeiten ab. Folglich empfiehlt es sich auch hier, zunächst ein Vorprojekt zur Problemdefinition durchzuführen, um darauf aufbauend ein problemlösendes Projekt zu definieren.

6 Outplacement-Beratung

6.1 Grundsätzliches

Bei der Outplacement-Beratung ist die Hilfe zur Suche nach einer neuen Stelle durch die Zwangslage des Klienten bedingt. Ein Mitarbeiter (oder eine Gruppe von Mitarbeitern) soll freigestellt werden, und das Unternehmen möchte diesem Mitarbeiter dabei helfen, eine neue Perspektive zu finden. Die Leistungen der Outplacement-Beratung werden dabei regelmäßig vom freistellenden Unternehmen getragen.

Bis zum Jahresende 2004 konnten Outplacement-Beratungen auf der Basis des § 161c SGB III von der Bundesagentur für Arbeit mit bis zu 50 Prozent bezuschusst werden. Durch die Novellierung des SGB III ist diese Bestimmung inzwischen weggefallen. Allerdings könnte eine Anfrage bei der örtlichen Agentur für Arbeit andere Fördermöglichkeiten aufzeigen.

Generell unterscheidet man in zwei Formen von Outplacement-Beratung:

- *Individual-Outplacement,* konzentrierte Beratung einer einzelnen Person, regelmäßig auf der oberen und mittleren Führungsebene angewandt
- *Gruppen-Outplacement,* Beratung einer kleineren oder größeren Personengruppe, oftmals auf der Ebene gewerbliche Arbeitnehmer, kaufmännische Sachbearbeiter und untere Führungsebene

Des Weiteren kann eine Outplacement-Beratung als Bestandteil eines Auflösungsvertrages auf die Abfindungssumme angerechnet werden. Vorteilhaft kann dies für den Arbeitnehmer werden. Gegebenenfalls bei einer möglichen Anrechnung der Abfindung auf das Arbeitslosengeld.

Vor allem bei den verbleibenden Arbeitnehmern sorgt es vielleicht für ein gewisse Beruhigung zu sehen, dass der Arbeitgeber „sich kümmert". Bei den ausscheidenden Arbeitnehmern hingegen kommt es auf die Persönlichkeitsstruktur an, ob sie die Outplacement-Beratung als Hilfestellung betrachten oder ob sie sich durch die Kündigung als gesamte Person so angegriffen fühlen, dass sie diese Dienstleistung nicht wertschätzen können.

6.2 Anforderungen

Wer als Outplacement-Berater tätig sein will, muss über gute diagnostische Fähigkeiten und umfangreiches Wissen über die Anforderungen in den einzelnen Bereichen verfügen. Auch hier sind berufliche Erfahrungen und ein gewisses Maß an Lebenserfahrungen hilfreich. Weniger wichtig, aber durchaus von Nutzen, kann ein gutes Netzwerk an Kontakten zu potenziellen Arbeitgebern, Existenzgründungsberatern etc. sein. Denn das sollten Sie zu Beginn einer Outplacement-Beratung wissen: Es geht nicht darum, dem Klienten eine Stelle zu vermitteln. Es geht darum, dem Klienten zu helfen, eine neue Herausforderung zu entwickeln!

Zweck der Outplacement-Beratung ist es also, dass sich der Klient über seine Stärken und Schwächen im Klaren (beruflicher wie privater Natur!) wird wie auch über seine beruflichen Wünsche und seine Entwicklungsmöglichkeiten. Nach dieser Klärung wird gemeinsam mit dem Outplacement-Berater eine geeignete Strategie entwickelt und in Einzelschritten umgesetzt. Eine neue Perspektive könnte beispielsweise sein:

– Eine neue Stelle in vergleichbarer Funktion (ein Vertriebsleiter eines Verlages kommt in einer ähnlichen Position bei einem anderen Medienunternehmen unter)
– Eine neue Stelle in einer anderen Position, einer anderen Branche (der Verlagsleiter entwickelt sich zum Unternehmensberater bei einer Strategieberatungsgesellschaft und nutzt so seine Fach- und Branchenkenntnisse oder er tritt eine Stelle als Geschäftsführer eines Großhandelsunternehmens für Büroartikel an und nutzt so seine Führungskompetenzen)
– Eine Existenzgründung, z. B. Gründung eines Beratungsunternehmens, oder Selbständigkeit in einem völlig neuen Feld (z. B. kann die Abteilungsleiterin Anzeigenmarketing dank der Outplacement-Beratung einen Reiterhof aufmachen und so ihr Hobby zum Beruf entwickeln)

Nach entsprechenden Branchenerfahrungen können 60 – 80 Prozent der Aufträge auch erfolgreich umgesetzt werden. Die Erfolgsquote ist dabei abhängig von der inneren Beteiligung und dem Erfolgswillen des Klienten, der Arbeitsmarktlage und den vom Berater gewählten Arbeitsschritten und -instrumenten.

6.3 Vorgehensweise

Die Outplacement-Beratungen folgen in der Regel einem Grundmuster aus mehreren Arbeitsschritten:

- Vorgespräch mit dem auftraggebenden Unternehmen zu den Hintergründen der Freistellung, den finanziellen und weiteren Rahmenbedingungen (Kann der zur Freistellung vorgesehene Klient weiterhin Ressourcen des Arbeitgebers nutzen, wie z. B. ein Büro, PC mit Internet-Anschluss etc.?)
- Erstgespräch mit dem Klienten, zur Einschätzung seiner eigenen Situation
- Beratungsgespräche mit dem Klienten zur Definition seiner eigenen Stärken und Schwächen und seiner Vorstellungen hinsichtlich seiner beruflichen und privaten Zukunft
- Hilfen bei der Festlegung einer Suchstrategie (Auswertung von Stellenmärkten, Recherche im beruflichen Netzwerk/„verdeckter Stellenmarkt", Inanspruchnahme von Beratungsleistungen wie z. B. die Existenzgründerberatung der IHK) bis hin zur Hilfe bei der Erstellung geeigneter Bewerbungsunterlagen.
- Coachinggespräche zu den Erfolgen der bisher ergriffenen Maßnahmen
- Coachinggespräche vor Vorstellungsgesprächen, mit anschließendem Auswertungsgespräch
- Abschlussgespräch bei erfolgreichem Abschluss, ggf. Abbruchgespräch bei ergebnislosem Verlauf und Feedback-Gespräch mit dem Auftraggeber

Manchmal können noch begleitende Gespräche mit Familienmitgliedern hinzukommen, da in den Familien nicht immer das notwendige Verständnis für die Zwangslage des Klienten und die notwendigen Maßnahmen vorhanden ist. Freigesetzt zu sein bedeutet nicht automatisch, nun mehr Zeit zu haben. Oft ist es gerade notwendig, sich nicht zu sehr in das familiäre Umfeld zurückzuziehen, da ansonsten das berufliche Netzwerk reißt und damit eine wichtige Chance verloren geht, über diese Kontakte eine neue Stelle zu finden.

Je nach persönlicher Konstellation können sich diese Schritte über mehrere Wochen oder Monate hinziehen. Ein derartiger Prozess wird in der Regel ca. acht bis zwölf Beratungsgespräche erfordern, die am Anfang

vielleicht zwei bis drei Stunden erfordern, im weiteren Verlauf vielleicht
30 bis 90 Minuten. Später können auch Telefonate die persönliche Begegnung teilweise ersetzen. Eine entsprechende Beratungsleistung kann
daher mit ca. sechs bis zehn Tagewerken gut kalkuliert sein. Nach einschlägigen Berichten können aber auch Honorarvereinbarungen getroffen werden, die sich nach dem zuletzt erzielten Bruttoeinkommen des Arbeitnehmers plus Verwaltungskostenpauschale berechnen.

Sollte sich eine Begleitung von mehr als sechs Monaten abzeichnen, wird
es vermutlich schwierig werden, die Outplacement-Beratung erfolgreich
zu Ende zu bringen. Auch dies kann eine denkbare, wenn auch überaus
unbefriedigende Situation sein. Dennoch überwiegen die erfolgreichen
Abschlüsse bei weitem. In diesem Fall sollte man sich selbst, aber auch
seinem Klienten gegenüber eine ehrliche Analyse betreiben, woran es gelegen hat.

6.4 Gruppen-Outplacement

Bei der Schließung unrentabler Abteilungen und Betriebsteile werden viele Arbeitnehmer gleichzeitig freigesetzt. Das klassische Outplacement
lebt von einer individuellen Arbeit mit dem einzelnen Klienten. Bei umfangreicheren Personalfreisetzungen wird eine derart individuelle Form
der Begleitung allerdings schnell an ihre organisatorischen und finanziellen Grenzen stoßen. Von daher gehen Unternehmen immer wieder dazu über, den Betroffenen ein so genanntes „Gruppen-Outplacement" anzubieten. Die Mitarbeiter werden in Gruppen betreut und erhalten zusätzliche individuelle Betreuung auf Bedarf. Damit werden die Vorteile
des Outplacements weitestgehend gewahrt, bei einem wirtschaftlich ver-
tretbaren Aufwand.

Die Arbeitsschritte ähneln denen der individuellen Outplacement-Beratung und umfassen vor allem:

– Einzel- und Gruppengespräche zur persönlichen Situation
– Hilfen bei der Erstellung von Bewerbungsunterlagen
– Gemeinsame Entwicklung einer Bewerbungsstrategie (Definition
  interessanter neuer Arbeitgeber/neuer Tätigkeitsfelder)

– Angebot oder Vermittlung weiterer Dienstleistungen, wie z. B. eine
  sozialpsychologische Begleitung von Härtefällen
– In bestimmten Fällen auch Qualifizierungsberatung oder Schulung
  zur Weiterqualifizierung.
– Nachbetreuung bei der Integration am neuen Arbeitsplatz

So genannte Beschäftigungsgesellschaften, in denen die betroffenen Mitarbeiter weiter qualifiziert und auch vermittelt werden, sind letztlich auch
eine Form von Outplacement.

Der Aufwand für derartige Maßnahmen richtet sich nach den konkreten
Bedürfnislagen der Betroffenen, der jeweiligen Arbeitsmarktlage in der
Region (viele Arbeitnehmer, die von einer Betriebsschließung betroffen
sind, sind aus familiären oder anderen persönlichen Erwägungen heraus
auf den Umkreis ihres Wohnortes festgelegt) und anderer Gesichtspunkte. Die Komplexität dieser Rahmenbedingungen legt nahe, auf einen Vorschlag für eine Kalkulationsbasis zu verzichten – dies wäre nicht seriös.

7 Personalberatung bei Interims-Management-Aufgaben

7.1 Grundsätzliches

Interims-Management ist Management auf Zeit, als Aushilfe mehrere Wochen oder Monate. Es kann durchaus vorkommen, dass die so angeheuerten Manager aufgrund ihrer Leistung anschließend einen längerfristigen Vertrag angeboten bekommen. Dies ist jedoch eher die Ausnahme. Die Vorteile, die Sie als Personalberater aus einem entsprechenden Dienstleistungsangebot ziehen können, sind folgende:

– Ergänzung zur eigenen Leistung: Wenn dringender Handlungsbedarf besteht (z. B. plötzliches Ausscheiden von Führungskräften aufgrund Krankheit, Tod oder auch aufgrund einer kurzfristigen „Trennung im gegenseitigen Einvernehmen"), kann die Beratung zum Auffinden eines Interims-Managers eine gute ergänzende Dienstleistung sein, vor allem dann, wenn kurzfristig verfügbare Kandidaten in der eigenen Kandidatendatei vorhanden sind;
– Möglicherweise besteht im Angebot Interims-Management auch ein Konkurrenzvorteil gegenüber anderen Personalberatungen, wenn z. B. klar ist, dass die Stellenbesetzung aufgrund spezifischer Anforderungen und einer entsprechend engen Marktlage schwierig ist;
– Schließlich können so auch verfügbare Kandidaten aus der Bewerberdatei eine Tätigkeit vermittelt bekommen, die sie herausfordert und für einen kontinuierlichen Lebenslauf sorgt, womit sie ihren Marktwert erhalten können.

Für die Vermittlung von Interims-Managern gelten im Prinzip dieselben Kriterien wie für die Hilfe bei der Auswahl neuer Mitarbeitern generell. Es gilt, das Profil des suchenden Unternehmens und des suchenden Bewerbers auf Übereinstimmung zu überprüfen. Hinzu kommt das zeitliche Problem: Interims-Manager werden meistens sehr kurzfristig gesucht. Insofern ist es sinnvoll, dafür nur Personen vorzusehen, von deren Profil man sich bereits vorab einen Eindruck verschaffen konnte. Es ist außerdem nahe liegend, mit Unternehmen zusammenzuarbeiten, die mit einem entsprechenden Kundenkreis zu tun haben, wie z. B. Banken und Insolvenzverwalter oder auch auf Sanierungsberatung spezialisierte Unternehmensberatungen.

Aufträge zur Vermittlung eines Interims-Managers beziehen sich fast ausschließlich auf die erste und zweite Ebene der Unternehmensführung, also Geschäftsführer, Vorstände und Prokuristen. Auf den nachgelagerten
Ebenen verfügen die Unternehmen meistens über ausreichende Vertretungsregelungen und genügend qualifiziertes Personal. Auch der Bedarf
ist meist nicht so dringend, dass nicht ein ordentliches Ausschreibungs-
verfahren bevorzugt wird.

Nie selbst als Interims-Manager in dem Unternehmen auftreten, für das Sie auch andere Personalberatungsaufgaben wahrnehmen (z. B. Personalsuche und -auswahl)!
Die Aufgaben kollidieren womöglich mit der Beratungsarbeit und gefährden die unabhängige Betrachtungsweise „von außen".

7.2 Vorgehensweise

Bei einer Beratung zum Interims-Management kommt es darauf an, folgende Aspekte zu beachten:

– Aus welchem Grund wird ein Interims-Manager gesucht?
– Auf welcher Ebene soll der Interims-Manager angesiedelt sein, und mit
  wem muss er zusammenarbeiten? An wen soll er berichten, wem ist er
  übergeordnet?
– Welche Ziele soll das Interims-Management verfolgen? Pure „Fort-
  führung", eigene Gestaltung und Veränderung?
– Wie schnell wird der Interims-Manager gesucht?
– Auf welche Zeit soll der Einsatz angelegt sein?
– Welche Finanzmittel stehen als Entlohnung für den Interims-Manager
  zur Verfügung?
– Welche Kompetenzen werden übertragen?

Die solchermaßen geklärten Fragen können Basis eines Vertrages sein
und das Erwartungsprofil an den gesuchten Kandidaten definieren. Je
nach Zeitdruck sollten dann innerhalb einiger Tagen, seltener innerhalb
von zwei bis drei Wochen geeignete Kandidaten vorgestellt werden. Eine gut gepflegte Datei an möglichen Kandidaten ist hier eine feine Sache!
Nicht zuletzt deshalb gibt es auf Interims-Management spezialisierte Berater.

8 Der professionelle Beratungsabschluss

8.1 Grundsätzliches

Wie beenden Sie einen Beratungsauftrag korrekt? – Sie verabschieden sich vom Auftraggeber, reflektieren das gemeinsam erreichte Ziel und die dafür unternommenen Arbeitsschritte. Sie können auch auf Misserfolge, in seltenen Fällen auch auf die Gründe für ein „ergebnisloses" Projekt eingehen. Und last but not least ist dies der Zeitpunkt, an dem Sie Ihre Leistung abrechnen.

Der Abschlussbericht kann außer der Auflistung der Arbeitsschritte und der dabei erzielten Ergebnisse auch Handlungsempfehlungen enthalten, sofern diese von Ihnen auftragsgemäß erarbeitet worden sind. Zudem können Sie auf zusätzlich erbrachte und ggf. auch zusätzlich abzurechnende Leistungen näher eingehen, mit einem Verweis auf die Notwendigkeit, ggf. auch mit einem Verweis auf ein zusätzliches Angebot oder eine zusätzliche Vereinbarung.

Zu einer Rechnung gehört also ein Beratungsbericht. Wenn eine vier-, fünf- oder vielleicht sogar sechsstellige Honorarsumme abgerechnet wird, so wird dies mit Bericht viel eher akzeptiert als eine „pure Rechnung". Dies gilt unabhängig davon, ob die Summe bereits vertraglich vereinbart wurde oder nicht – Geldsummen ohne „Begleitmusik" wirken einfach höher.

8.2 Abschlussbericht

8.2.1 Funktion eines Beratungsberichtes

Der Beratungsbericht erfüllt mehrere, in sich verwobene Funktionen:

- Dokumentation des Vorgehens und der eventuell noch abzuarbeitenden Arbeitsaufträge
- Beigabe zur Abschlussrechnung
- formeller Abschluss des Beratungsauftrages
- Möglichkeit, sich beim Auftraggeber zu bedanken

Diese Funktionen sollten erfüllt sein, gemäß der Maxime: so viel Erläuterung wie nötig, so wenig Text wie möglich. Es bringt relativ wenig und kann bei Übertreibung sogar ins Gegenteil umschlagen, wenn dürre Ergebnisse auf zwanzig und mehr Seiten dargelegt werden. Beratungskunden haben erstens nicht so viel Zeit übrig, um dicke Ausarbeitungen zu studieren. Zweitens haben sie durchaus ein Gespür dafür, ob hier etwas unnötig in die Länge gezogen wurde.

8.2.2 Aufbau des Abschlussberichts

Beratungsberichte sollten die wesentlichen Arbeitsschritte dokumentieren und dem Auftraggeber die zentralen Ergebnisse leicht fassbar darbieten. Dazu hat sich das nachfolgende Muster bewährt:

– Inhaltsübersicht und Vorbemerkungen
– bei einer Beratung außerhalb der eigentlichen Personalbesetzung: Zentrale Ergebnisse als Management Summary
– Wiederholung des Auftrages
– Beratungsablauf mit Zeitschiene und wesentlichen Arbeitsschritten, wobei Ergänzungen und Veränderungen gegenüber dem geplanten Ablauf kurz begründet werden sollten
– Beratungsergebnisse
– Handlungsempfehlungen, mit Begründung bzw. Perspektive und einem Zeithorizont für die Umsetzung
– Abschlussblatt: Dank für die Zusammenarbeit, Bereitschaft zur weiteren Zusammenarbeit
– Datum, Unterschrift von beteiligten Beratern (bei größeren Beratungsunternehmen von Geschäftsführer und Projektleiter)
– Ggf. im Anhang notwendige Unterlagen wie z. B. Anzeigentexte, tabellarische Aufstellungen wichtiger Auswertungen etc.

Derartige Zusammenstellungen können bei einer Beratung zur Stellenbesetzung oder einer Personalentwicklung mit etwa zehn bis zwölf Seiten Text auskommen. Dazu können auch vorformulierte Textbausteine verwendet werden, die dementsprechend ergänzt oder umformuliert werden. Sie lassen sich relativ leicht in ca. ein bis zwei Stunden erstellen. Bei anderen Beratungsaufträgen stellen sich umfangreichere Anforderungen an den Inhalt, so dass sie ausführlicher und sorgfältiger zu formulieren sind. Dies kann durchaus einen halben bis einen ganzen Tag Arbeitszeit erfordern, in Einzelfällen sogar noch mehr.

> Auch wenn die meisten Berichte nach kurzem „Überfliegen" in den Aktenschrank wandern, sollten sie dennoch sorgfältig erstellt und am besten von einer zweiten Person Korrektur gelesen werden. Der Bericht erinnert noch nach längerer Zeit an den Beratungsauftrag und den Berater – wenn der Bericht schlampig, fehlerhaft oder anderweitig mangelhaft ist, so bleibt dies sehr lange schwarz auf weiß dokumentiert.

8.3 Nachfassen als Akquisition

Zufriedene Kunden sind die beste Empfehlung, sei es als Multiplikatoren in der berühmten „Mund-zu-Mund-Propaganda" oder als mögliche Geschäftspartner in Zukunft. Wer mit einer gelungenen Stellenbesetzung einen guten Eindruck hinterlassen hat, wird mit hoher Wahrscheinlichkeit auch bei der nächsten Vakanz oder bei einem Problem zur Personalentwicklung gefragt.

Gerade Personalthemen bieten sich für Nachfassaktionen an. Jeder Arbeitsvertrag besitzt eine Probezeit, jedes Personal- oder Organisationsentwicklungsprojekt wird irgendwann auf seinen Erfolg hin überprüft (im Beraterdeutsch „evaluiert"). Genau das sind gut geeignete Zeitpunkte, mit seinem Auftraggeber ein Nachfassgespräch zu vereinbaren bzw. von sich aus nochmals anzurufen und nach dem Erfolg der gemeinsamen Arbeit zu fragen. Besonders gut geeignet sind:

– bei Personalbesetzungen: der Zeitpunkt, an dem die Probezeit abläuft, mit dem Hinweis darauf, dass man sich erkundigen wollte, wie der neue Mitarbeiter ankommt
– bei Personalentwicklungsprojekten: etwa drei bis vier Wochen vor dem Zeitpunkt, zu dem sich Führungskraft und betreffender Mitarbeiter zu einem Evaluationgespräch zusammensetzen wollen
– bei Organisationsentwicklungsmaßnahmen ca. ein Jahr nach Abschluss des Projektes, da dann erste Zahlen und Ergebnisse vorliegen
– bei Outplacement-Beratungen: Der Zeitpunkt, an dem der betreffende Mitarbeiter bei einem anderen Unternehmen eine neue Stelle gefunden und die Probezeit überstanden hat

Derartige Nachfassaktionen können telefonisch oder als persönliches Gespräch geführt werden. Am besten ist es, diese Kontaktaufnahme bereits bei Projektabschluss anzukündigen, damit der Auftraggeber nicht überrascht ist. Zudem kann man den Termin für den Telefonanruf oder das persönliche Gespräch einige Tage vorab ankündigen und fragen, ob ein vorzuschlagender Zeitpunkt dafür geeignet ist oder ob der Auftraggeber lieber zu einem anderen Zeitpunkt in den nächsten Tagen kontaktiert werden will. Zufriedene Auftraggeber werden in der Regel darauf eingehen und für das Gesprächsangebot danken, womöglich auch gleich einen Wunsch für ein Folgeprojekt vorstellen. Unzufriedene Kunden hingegen werden Ihnen gegenüber möglicherweise verschiedene Reaktionen zeigen: von Kontaktverweigerung bis hin zu ernsthaftem Interesse an einem Gespräch, um sich über ihre Befindlichkeit zu äußern und auf einen Lösungsvorschlag zu hoffen. Dies kann durchaus auch ein Ansatzpunkt sein, um zu einem nächsten Projekt zu gelangen, zumindest aber die Qualität der eigenen Beratung kritisch zu hinterfragen.

9 Hinweise

9.1 Aus- und Weiterbildung in der Personalberatung/-vermittlung

Personalberater und -vermittler kommen aus vielen Ausbildungs- und Berufsbereichen (z. B. Ökonomen, Juristen, Psychologen, Personalleiter, Lehrer u. v. a. m.). Wer bisher bei einem Personaldienstleister eine Ausbildung absolvierte, lernte den Beruf des Bürokaufmanns oder der Bürokauffrau. Das ändert sich am 01.08.2008: Dann gibt es einen neuen Ausbildungsberuf: den Personaldienstleistungskaufmann oder die Personaldienstleistungskauffrau. Ein 3-jähriger Ausbildungsberuf, für die Bereiche Arbeitnehmerüberlassung, Personalberatung und -vermittlung. Das Berufsbild wurde von den Verbänden BZA, IGZ und AVMP erarbeitet.

Die Tabelle benennt Ausbildungs- und einige Studien- und Weiterbildungsmöglichkeiten in der Branche.

Was/Wie	Abschluss	Erläuterung	Seit wann
Ausbildung/ Vollzeit	Personaldienstleistungs- kaufmann/-frau	3-jähriger Ausbildungsberuf *http://berufenet.arbeitsagentur.de/berufe*	Seit 01.08.2008
Weiterbildung/ Berufsbegleitend	Fachwirt/in		Voraussichtlich 2011
Qualifizierung/ Berufsbegleitend	IHK-Fachkraft/ Personalberatung und -vermittlung	Zielgruppe: Praktiker aus dem Personalwesen, Einsteiger in Personalberatung/-vermittlung	Seit 2004 IHK'en Wuppertal, Berlin u. a. Orte
Studium/Vollzeit	Bachelor	Grundständiges Vollstudium	In Planung SRH Hochschule Heidelberg
Studium/Vollzeit	Bachelor	Grundständiges Vollstudium BWL, Fachrichtung Personalwirtschaft und Personaldienstleistungen	Geplant ab Oktober 2010, iba Heidelberg u. a. Orte
Studium/ Berufsbegleitend	Zertifikatsstudiengang Management von Arbeitsmarktintegration	Berufsbegleitendes Studium	Seit 2005 SRH Hochschule Heidelberg
Postgradualer Universitäts- lehrgang/ Berufsbegleitend	Master of Science	Studiengang Personaldienstleistungs-Management, 4 Semester, gebührenpflichtig *www.donau-uni.ac.at/de/studium/personaldienstleistungsmanagement*	Seit September 2009 Donau-Universität Krems

Seit Aufhebung der Erlaubnispflicht haben sich die Personaldienstleister zur Aufgabe gemacht, Ausbildungs-, Weiterbildungs- und Qualifizierungsmöglichkeiten zu schaffen. Das Ergebnis kann sich sehen lassen: Seit 2002, in nur 5 Jahren, ist es gelungen, für alle Qualifikationsgruppen, die in der Personaldienstleistung tätig werden wollen, Möglichkeiten anzubieten. Für Berufsanfänger, Studieninteressierte, Seiteneinsteiger, Wiedereinsteiger und Praktiker, die ihre Kenntnisse aktualisieren bzw. erweitern wollen, gibt es eine Möglichkeit in Voll- und Teilzeit oder auch berufsbegleitend. Es gibt keine andere Branche, in der in so kurzer Zeit eine komplette Palette der Aus- und Weiterbildung geschaffen wurde.

BDU
Anbieter von regelmäßigen Kongressen und Seminaren zu Beraterthemen, www.bdu.de

DGFP
Anbieter von personalwirtschaftlichen Themen, mit mehreren Standorten im Bundesgebiet, www.dgfp.de

Haufe-Akademie
Freiburg/Brsg., Anbieter von personalwirtschaftlichen Themen, www.haufe.de

Peiniger Personalberatung GmbH, Solingen
Anbieter von Basic-Seminaren für Existenzgründer in der Personalberatung und Personalvermittlung, www.peiniger-personalberatung.de

9.2 Qualitätsmanagement/Zertifizierung

Am 27.03.2002 wurde die Erlaubnispflicht für die private Arbeits-/Personalvermittlung per Gesetz aufgehoben. Seitdem reicht es aus, ein Gewerbe für die Personalvermittlung anzumelden, um tätig zu werden. Die Politik gab aber den Verbänden die Aufgabe, Qualitätsstandards zu schaffen. Diese Aufgabe wurde umgehend erfüllt: Unter Moderation des damaligen Bundesministeriums für Wirtschaft und Arbeit (BMWA) erarbeiteten Berufsverbände, Vertreter des Bundesagentur, DIHK, BDA u. a. Qualitätsstandards für die Branche. Am 13.12.2003 wurden diese Standards von den Verantwortlichen unterzeichnet. Diese Standards bilden eine Grundlage für individuelle Qualitätsregeln, so z. B. die Berufsgrundsätze der Verbände.

Seit dem Wegfall der Erlaubnispflicht werden von den Berufsverbänden verschiedene Möglichkeiten der nachhaltigen Qualitätssicherung immer wieder diskutiert. Es gibt dabei vorrangig drei Themen: Qualitätsstandards – Qualitätssicherungsmaßnahmen – Zertifizierung. Allen Beteiligten geht es vor allem darum, pragmatische, transparente und für jeden verständliche Regelungen zu treffen.

Die von einigen favorisierte „Zertifizierung nach DIN Norm" wird von einer Vielzahl der Verbände nicht als geeignet angesehen, um die Qualität in der Personalberatung und -vermittlung nachhaltig zu sichern. Bei der Zertifizierung werden Prozesse abgebildet. Bei den Personaldienstleistern sind jedoch andere Dinge wichtig wie z. B. Seriosität, Verhaltensethik, Fachkompetenz. Statt Zertifizierung sehen viele die verschiedenen Aus- und Weiterbildungsmöglichkeiten für Personaldienstleister (siehe Kapitel 9.1) als Qualitätsgrundlage an. Der BPV z. B. arbeitet mit dem Motto: „Mit Aus- und Weiterbildung Zukunft gestalten und Qualität nachhaltig sichern".

9.3 Versicherungen

Auch für Personalberater bestehen Risiken, die es gilt abzusichern. Zu unterscheiden ist, ob der Berater sein Geschäft alleine betreibt oder ob Mitarbeiter beschäftigt werden. Auch ist je nach Unternehmensform zu unterscheiden. Folgende Versicherungen werden beispielhaft genannt: Vermögensschadenshaftpflicht-Versicherung (u. a. wegen der Risiken aus dem Allgemeinen Gleichbehandlungsgesetz), Feuer-Einbruch-Diebstahl-Versicherung, Betriebshaftpflicht-Versicherung. Nicht zu vergessen: die neue Möglichkeit, sich auch als Selbstständiger gegen Arbeitslosigkeit zu versichern (bei der Agentur für Arbeit). Wenn Sie allein tätig sind, sollten sie auch an eine Betriebsausfall- und Krankentagegeldversicherung denken. Lassen Sie sich von erfahrenen Versicherungsexperten beraten. Passen Sie Ihre Versicherungen (laufend) den wirklichen Risiken an und vermeiden Sie, besonders am Anfang, teure Zusatzleistungen!

9.4 Nützliche Adressen

Die Zahl der Mitspieler auf dem Markt der Personalberatung verändert sich ständig. Die meisten Adressen sind durch Internetrecherche oder Recherche in Nachschlagewerken leicht zugänglich. Andere Werke (z. B. MEHRMANN, 2004, S. 193ff.) haben hier bereits verdienstvolle Inventur geleistet. Deshalb beschränkt sich die Auswahl hier auf wenige, ausgesuchte Adressen, bei denen Sie die gewünschten Informationen relativ schnell und aktuell erhalten, insbesondere die Branchenverbände und Verbände der Personalwirtschaft:

Bundesverband Deutscher Unternehmensberater e.V. (BDU)
Büro Bonn: Zitelmannstraße 22, 53113 Bonn, 0228/91 61-0;
Büro Berlin: Kronprinzendamm 1, 10711 Berlin, 030/8 93 10 70,
www.bdu.de
Mit einer Fachabteilung für Personalberater, und vielen Fortbildungsangeboten für Beraterdienstleistungen allgemein; BDU-Mitglieder sind am Kürzel „BDU" hinter ihrer Firmenbezeichnung zu erkennen, was mit bestimmten Qualitätsanforderungen verbunden ist.

Bundesverband Personalvermittlung e.V. (BPV)

Prinz-Albert-Straße 73, 53113 Bonn, 0228/63 00 78,
www.bpv-info.de
Der größte und älteste Verband der Personalvermittler (gegründet
1994) mit ca. 800 Vermittlungsstandorten. Die Mitgliedschaft kommt
einem Gütesiegel gleich.

Deutscher Bundesverband Coaching e.V. (DBVC)

Hannoversche Straße 3, 49084 Osnabrück, 0541/5 80 48 08,
www.dbvc.de

Deutsche Gesellschaft für Personalführung e.V. (DGFP)

Postfach 11 03 47, 40503 Düsseldorf, 0211/5 97 80, www.dgfp.de
Ein führender Anbieter von qualifizierten Weiterbildungsmaßnahmen
zu allen Personalthemen, die auch für Personalberater sehr interessant
sein können, für Mitglieder mit Ermäßigungen verbunden.

Executive Recruiter News

Die führende Quelle für Informationen über Executive Search
www.kennedyinfo.com

Personalberater und Research in Deutschland

Personalberater-Portal und Handbuch über Research in Deutschland,
Verlag Management & Karriere, www.management-karriere.de

Österreichischer Verband Zeitarbeit und Arbeitsvermittlung (VZA)

Gardegasse 4, A-1070 Wien, 01/523 20 00-0, www.vza.at

Swissstaffing

Stettbachstrasse 10, CH-8600 Dübendorf, 044/388 95 40,
info@swissstaffing.ch

Wirtschaftsjunioren

über die örtliche IHK zu erfragen, Bundesverband: Wirtschaftsjunioren Deutschland e.V., Breite Straße 29, 10178 Berlin-Mitte
030 / 20308-1515/-1517, www.wjd.de
Als Vereinigung für Selbständige und Führungskräfte bis 40 Jahre,
gerade für jüngere Personalberater/innen ein hilfreiches Netzwerk,
das teilweise auch sehr gute Fortbildungsveranstaltungen organisiert.

9.5 Weiterführende und verwendete Literatur

Aus der Vielzahl der Literatur zur Unternehmensberatung und zu Personalthemen können folgende Werke besonders beachtet werden:

Arbeitsgesetze, 64. Aufl. (Beck-Texte im dtv), München: dtv 2004.

BACKHAUS, KLAUS: Investitionsgütermarketing, 3. Aufl., München: Vahlen 1992.

BERG-PEER, JANINE: Outplacement in der Praxis, Wiesbaden: Gabler 2003 (eine der besten Darstellungen zur Praxis des Outplacements).

BIRKENBIHL, MICHAEL: Train the trainer, 18. Aufl., München/Frankfurt: Redline 2005.

BOHLEN, FRED N.: Das Bewerber-Auswahl-Gespräch, 2. Aufl., Leonberg: Rosenberger 2002.

DAHL, HOLGER u. a.: Personaldienstleister in Deutschland (Reihe Personalwirtschaft), Köln: Luchterhand bei Wolters Kluwer 2009. (vier Juristen beleuchten die Thematik, vor allem im Hinblick auf allgemeinen rechtlichen Aspekte der Personaldienstleistungen. Durch die Musterverträge im Anhang hilfreich).

DINCHER, ROLAND; GAUGLER, EDUARD: Personalberatung bei der Beschaffung von Fach- und Führungskräften (FBS-Schriftenreihe Nr. 58), Mannheim: FBS 2002 (eine an und für sich sehr interessante Untersuchung zur Praxis der Personalberatung, die leider eine Schwäche hat – der Erhebungszeitraum lag vor dem Konjunkturknick von 2001, womit die Ergebnisse nur noch bedingt gelten).

EGLE, F., BENS, W.: Talentmarketing – Strategien für Job-Search, Selbstvermarktung und Fallmanagement, 2. Auflage, Wiesbaden: Gabler 2004.

EGLE, FRANZ; NAGY, FRANZ (Hrsg.): Arbeitsmarktintegration: Grundsicherung, Fallmanagement, Zeitarbeit, Arbeitsvermittlung, 2. Aufl., Wiesbaden: Gabler 2008 (eine gute Einführung in die Arbeit der Agentur für Arbeit, für Personalvermittler sehr lohnend).

ESCHBACH, HORST: Hofmann gegen Hofmann, in: Handelsblatt-Karriere vom 04.07.2003, S. K 1.

HAMANN, ANGELIKA, HUBER, JOHANN H.: Coaching, 6. Aufl., Leonberg: Rosenberger 2007.

HARTENSTEIN, MARTIN u. a.: Der Weg in die Unternehmensberatung 2007/2008 – Consulting Cases erfolgreich bearbeiten, Wiesbaden: Gabler 2006

HERBOLD, ISABEL: Personalberatung und Executive Search, Sternenfels: Wissenschaft und Praxis Dr. Brauner, 2002 (das erste Werk, das den Beratungsteil Personalsuche umfassend aus wissenschaftlicher Sicht beleuchtet).

HESSLER, ANDREA: Der souveräne Umgang mit Headhuntern, in: Absatzwirtschaft, Nr. 1/1997, S. 60-62.

HILLEBRECHT, STEFFEN W.: Aufgaben, Grenzen und Entwicklungsmöglichkeiten der Personalberatung, in: PERSONAL, 55. Jg., Nr. 7/2003, S. 60-63.

HILLEBRECHT, STEFFEN W.; SCHLAUS, ANTONIA: Möglichkeiten der transparent gestalteten Personalauswahl, in: Der Betriebswirt, 43. Jg., Nr. 1/2002, S. 8-14.

HUBER, GÜNTER: Das Arbeitszeugnis in Recht und Praxis, Freiburg/ Brsg.: Haufe 2004.

KLEINMANN, MARTIN: Assessment Center, Göttingen: Verlag für angewandte Psychologie, 1997.

KRACHT, PETER: Extra Genuss, in: Capital, Nr. 16/2006, S. 72-77.

LORENZ, MICHAEL; ROHRSCHNEIDER, UTA: Personalauswahl – schnell und sicher Top-Mitarbeiter finden, Freiburg/Brsg. u. a.: Haufe 2000.

LÜNENDONK GmbH: Lünendonk®-Listen 2007, unter www.luenendonk.de/listen.php, Aufruf vom 12.08.2007.

MEHRMANN, ELISABETH: Der Weg in die Personalberatung, Wiesbaden, Gabler 2004 (Einführung in das Berufsfeld der Personalberatung, v. a. für Hochschulabsolventen als Orientierung zum Berufsfeld gut geeignet).

NIEDEREICHHOLZ, CHRISTEL: Unternehmensberatung, Band 1: Beratungsmarketing und Auftragsakquisition, 3. Aufl., München: Oldenbourg 2001.

NIEDEREICHHOLZ, CHRISTEL: Unternehmensberatung, Band 2: Auftragsdurchführung und Qualitätssicherung, 2. Aufl., München: Oldenbourg 2000 (beide Werke der Autorin können als sehr gute allgemeine Einführungen in die Unternehmensberatung angesehen werden, gelten demzufolge als Standardwerk und sind v. a. für jene interessant, die neben der Personalauswahl weitere Beratungsleistungen anbieten wollen).

Personal (Verlagsgruppe Handelsblatt), Ausgabe Nr. 05/2006: Schwerpunkt Personalberatung.

PROSCH, BERNHARD: Praktische Organisationsanalyse, Leonberg: Rosenberger 2000.

PÜTTJER, CHRISTIAN; SCHNIERDA, UWE: Assessment-Center-Trainer für Führungskräfte, Frankfurt/Main: Campus 2004.

QUIRING, ANDREAS: Die Organisation der Personalberatung aus steuerlicher Sicht - Personalberater als Freiberufler oder Gewerbetreibender? In: Sattelberger, Thomas (Hrsg.) Handbuch der Personalberatung, München: C. H. Beck 1999, S. 70-81.

QUIRING, ANDREAS: Executive Search unter dem AGG, in: Zeitschrift der Unternehmensberatung 2/2007, S. 75-80.

SATTELBERGER, THOMAS (Hrsg.): Handbuch der Personalberatung, München: C. H. Beck 1999 (ein guter Überblick über alle Facetten der Personalberatung, in dem renommierte Autoren fast alle Aspekte beleuchten, allerdings lassen nicht alle wirklich einen Blick hinter ihre Kulissen zu).

STEPPAN, RAINER: Teilsieg für Headhunter, in: Personal, 56. Jg., Heft 5/2004, S. 58-60.

WESTHOFF, KARL u. a. (Hrsg.): Grundwissen für die berufsbezogene Eignungsauswahl nach DIN 33430, Lengerich: Pabst Science Publishers 2004.

WEYAND, GISO: Die 250 besten Checklisten für Berater, Trainer und Coaches, München: mi bei Finanzbuchverlag, 2008 (enthält viele gute Tipps für die Selbstvermarktung).

9.6 Fachzeitschriften

Erfolgreiche Personalberater sind auf stete Fortbildung und Informationen über Branchenentwicklungen angewiesen. Die nachfolgend genannten Zeitschriften können dazu wertvolle Hilfen liefern, wobei natürlich noch andere Fachzeitschriften und zunehmend auch Online-Angebote in Frage kommen. Die Angaben beziehen sich auf den Stand Januar 2010.

HR Services
Die Welt der Personaldienstleistungen
Datakontext Fachverlag, Frechen (www.datakontext.com)

managerSeminare
managerSeminare Verlags GmbH, Bonn (www.managerseminare.de)

OrganisationsEntwicklung
Verlagsgruppe Handelsblatt, Düsseldorf (www.zoe.ch)

Personal
Verlagsgruppe Handelsblatt, Düsseldorf (www.personal-im-web.de)

Personalführung
Verlag der DGFP Deutsche Gesellschaft für Personalführung, Düsseldorf (www.dgfp.de)

Personalwirtschaft
Wolters Kluwer, Köln (www.personalwirtschaft.de)

Personalmagazin
Haufe-Verlag, Freiburg/Brsg. (www.personal-magazin.de)

Zeitschrift der Unternehmensberatung (Zub)
Ende 2009 eingestellt. Erschienene Beiträge sind online erhältlich.
Erich Schmidt Verlag, Berlin (www.zubdigital.de)

Zu den Autoren

Prof. Dr. Steffen Hillebrecht, Jahrgang 1965, Studium der Betriebswirtschaft in Trier und Maastricht, Abschluss als Dipl.-Kfm. Nach Stationen als Mitarbeiter am Lehrstuhl für Marketing der Universität Trier und als kaufmännischer Leiter eines Dienstleistungsunternehmens sieben Jahre als Unternehmensberater bei einer Branchenberatungsgesellschaft in München tätig, davon fünf Jahre als Leiter des Bereichs Personalservices. Daneben vier Jahre Mitglied im Aufsichtsrat eines Presseverlages.

Seit 2009 Professor für Medienwirtschaft, insbesondere Projektmanagement, an der Fachhochschule Würzburg-Schweinfurt, seit 1994 regelmäßig als Fachautor und Trainer mit den Themenkreisen Marketing, Personal und Führung tätig.

Anke Peiniger, Jahrgang 1952, Betriebswirtschaftliche Ausbildung. Personalleiterin in einem Industrieunternehmen mit 500 Mitarbeiter/innen. Geschäftsführerin eines technischen Dienstleisters. Ehrenamtliche Richterin am Arbeits- und Sozialgericht, Mitglied in verschiedenen Fachausschüssen, vereidigte und öffentlich bestellte Gutachterin für Berufskunde und Tätigkeitsanalyse, Gutachterin für Personaldienstleistungen, Vorsitzende des Bundesverbandes Personalvermittlung e.V., Bonn. Mitwirkung an Aus- und Weiterbildungsmaßnahmen sowie Qualitätsstandards für die Personaldienstleistungs-Branche.

Seit 1993 selbstständig als Personalberaterin, geschäftsführende Gesellschafterin der Peiniger Personalberatung GmbH, Solingen, mit den Schwerpunkten Personalberatung, Personalvermittlung, Personalentwicklung und -organisation.

Stichwortverzeichnis

Lesenswertes für Personalberater

👁 **Michael Mohe (Hrsg.)**
Innovative Beratungskonzepte
Ansätze, Fallbeispiele, Reflexionen
2005, 319 Seiten mit Abbildungen, gebunden
ISBN 978-3-931085-51-3

„Für Neulinge auf dem Beratermarkt eine gute Methodenübersicht.
Der erfahrene Berater indes erfährt Spannendes über künftige Entwicklungen
auf dem Markt der Beratung." (Training aktuell)

👁 **Friedemann Stracke**
Menschen verstehen – Potenziale erkennen
Die Systematik professioneller Bewerberauswahl
und Mitarbeiterbeurteilung
3. Aufl. 2009, 259 Seiten mit 20 Abbildungen, gebunden
ISBN 978-3-931085-52-0

„Nur selten erhält eine Neuerscheinung gleich das Etikett ‚Klassiker' – hier ist es ange-
bracht. [...] Ungemein klar gegliedert und geschrieben, kombiniert er wissenschaftliche
Erkenntnis mit Praxiswissen und zeigt, wie unzureichend die Suchinstrumente vieler
Personalabteilungen sind, wenn es darum geht, die geeignete Persönlichkeit für eine
Position zu finden. Stracke offeriert dann aber auch eindeutige Handlungsempfehlun-
gen. Dieses Standardwerk sollte Pflichtlektüre für jeden Personaler sein. Exzellent."
(Hamburger Abendblatt)

👁 **Andreas Patrzek**
Fragekompetenz für Führungskräfte
Handbuch für wirksame Gespräche mit Mitarbeitern
5. Aufl. 2010, 363 Seiten mit 30 Abbildungen, gebunden
ISBN 978-3-931085-41-4

„... Wer dieses Buch gelesen hat, ist um keine Frage mehr verlegen!"
(Online-Redaktion CoachNet.de)

Rosenberger-Bücher
gibt es direkt beim
Verlag und überall
im Buchhandel

👁 **Sie finden Leseproben**
auf unserer Internetseite

Rosenberger
Fachverlag

Bücher für Berater
und Führungskräfte
Postfach 1616 · D 71206 Leonberg
Telefon 07152.22627 · Fax 24321
info@rosenberger-fachverlag.de
www.rosenberger-fachverlag.de